# 香港人的大食堂

## 再創嚐樂新世紀

王惠玲
高君慧⋯⋯著

# 序一

蔡寶瓊

香港中文大學教育學院

教育行政與政策學系客座副教授

十年前，「大家樂」創業 40 週年，第一次為企業立傳[1]；倏忽十年，適逢創業 50 週年，「大家樂」出版本書《香港人的大食堂──再創嚐樂新世紀》，反思走過的路。本書兩位作者王惠玲和高君慧用細緻、具體的觀察和筆觸，在快餐企業的時序、空間和與社會互動三個層面敘述，使讀者能夠更全面地了解這個在香港土生土長，同時又擴展到中國內地，及到過外國發展的香港飲食企業集團。

20 多年前，香港回歸中國前夕，學術界內外出現大量關於香港政治和社會史的著作。一方面香港回歸在即，的確吸引了不少國際目光；另一方面，政權轉換給香港人帶來危機感（或契機），使我們不得不重新回顧自己的歷史，發掘我城與其他中國內地城市不同的性質以及其來由。20 多年來，這個自我歷史尋溯仍然繼續：從宏觀的政治／社會／經濟發展史、中觀的制度史（如教育、銀行、郵政等等），到微觀的、與日常生活相關的社會生活史（如飲食、娛樂等）等，每年持續有新作推出。從這角度看，「大家樂」的故事，既豐富了香港歷史的書寫，也間接鞏固了香港人的身份

---

1　2008 年由天地圖書出版，作者蔡利民、江瓊珠，書名《為您做足 100 分──大家樂集團四十年的蛻變與發展》。

認同。

　　1969 年在銅鑼灣出現的第一間「大家樂」餐廳，售賣簡單中式粉麵，其中最顯眼的是「hamburger」，餐廳效法美國街頭即做即賣的模式，利用煎牛肉和洋葱的香味來吸引附近看電影、在街上閒逛的市民。50 年後的今天，「大家樂」已由個體餐廳發展成為上市的企業集團，旗下連鎖快餐店增至 170 間，還不計旗下其他品牌的分店，以及在華南的 100 間「大家樂」分店。今天「大家樂」供應的菜式推陳出新，但依然跟當初一樣，有中有西，以至廣東與外省、日本、東南亞等不同地方的飲食元素。這正是香港的特色：不同地域文化在這片土地上混雜或混和（hybridity），不斷產生嶄新的文化產品。單看一味「大家樂」名菜「一哥焗豬扒飯」，讀者就見到中外的烹調元素，菜式中西難辨，只可以說是香港特有的食物。

　　文化混雜當然不只見於食物菜式。本書詳細敘述「大家樂」以家族小生意起家，如何在香港的社會經濟環境及商業法律制度下逐漸擴充，建立其生產及銷售、聘用及管理制度。這過程也顯示著香港獨有的文化混雜特色。舉例說，集團各部門有清晰嚴明的獎賞、物資採購與使用，以及品質監控等制度；同時，我們又見到個別員工與僱主之間可以建立長期而親和的關係。又舉另一個例子：「大家樂」集團是一個商業機構，其持續發展的推動力當然是追求最大利潤；可是，1983 年，「大家樂」中環幾間分店員工投入額外勞動力，每天預備 2,000 多個飯盒，送往越南難民禁閉營；還有，在 2003 年沙士肆虐時，「大家樂」集團與其員工慨然擔負起送飯給醫院隔離病房的醫護人員，及身在隔離營的淘大花園居民的責任。這些舉措都大大超越公司賺取利潤的考慮，進入社會承擔的行動範疇了。

　　一間飲食機構過了 50 年仍然巍然不動，自然在於公司制度、組織、採購、生產過程及市場定位等各方面，都能夠隨著社會變化而不斷更新，當中的細節兩位作者在書中都已詳細敘述了。作為旁觀者，我倒有一些關於「大家樂」與社會變遷的互動

的小觀察，願與讀者斟酌。

　　書中說1987年「大家樂」在屯門山景邨開設本區第一間分店，開張兩個月來，「早午茶晚四個市都很旺」。那時候屯門交通十分不便，但已建好七個公共屋邨。午飯的顧客全是建築工人和工廠工人，但值得深思的卻是晚飯的顧客。原來這時「大家樂」已推出中式晚飯小菜套餐，來光顧的很多是年輕的雙職夫婦。記得1960年代末到1980年代中，電視是普羅大眾生活的重要部份，無綫電視晚上的綜藝節目《歡樂今宵》的開場曲是這樣寫的：「日頭猛做，到而家輕鬆下。食過晚飯，要休息番一陣……」（書面語：白天起勁工作，現在要輕鬆一下。吃過晚飯，要休息一會）。那個年代，足有二、三十年的光景，工人階級對晚飯的想像仍然是一家大小圍在家中桌旁，一起吃主婦做的晚飯。不過，這只是一個想像而已。實際上，先是在交通不便的新市鎮，繼而在市區的家庭，雙職家庭的主婦（或少數的主夫）在下班後已沒有時間和精力回家準備一家大小的晚飯。

　　打從1970年代開始，商業區高速擴張，低收入家庭在市區重建的浪潮下，從市區遷徙到偏遠的新市鎮，入住以核心家庭為分配單位的公共房屋，遠離本來可以在人力上支援他們（例如幫忙做飯、帶孩子等）的上一代或舊日的鄰居。在這情況下，「大家樂」這類快餐店就為中下階層的年輕家庭解決他們的晚飯需要。一碟家庭式小菜（廣東人稱為「餸」），外加白飯、「老火湯」（廣東人「在家吃飯」的重要文化符號），甚至一杯中國茶，也許不能完全代替「回家吃飯」，但在辛勞的一天後，可算提供了一點方便，甚至慰藉。

　　到今天，沒有時間在家中做飯，不單是新市鎮居民的狀況了。近年關於工作時數的跨國調查發現，香港人的工時之長竟冠絕全球，達平均每星期50小時，比全球平均工時多38%[2]。長工時對家庭生活的影響包括一家人難得一起在家吃飯。現代社會的趨勢是，家庭的功能大幅減少：經濟生產的功能早已交給公司、機構、商

2　〈香港打工仔全球工時之冠，南韓政府領頭「7點強制熄電腦」，遏止加班文化〉，*Fortune Insight*, 2018年5月14日。http://fortuneinsight.com/web/posts/13765

店、工地等等，本來還剩下生育、育兒和照顧起居飲食等功能，現在部份功能已轉移到市場經濟的領域去了。要不是東南亞國家輸出女性家務勞工，香港中產家庭的起居飲食和育兒工作，也許早就全外判到家以外的商業機構了。因此，外出晚飯成為非常普遍的現象。

另一個香港家庭結構轉變的趨勢是，愈來愈多遲婚人士和單身家庭。不單只因為獨身，因為各種理由，也有想自己一個人靜靜地吃飯、不想被人打擾的時候，這個時候，去快餐店就最適合不過。「大家樂」的套餐設計正好符合一個人吃飯的情景，點一份中式小菜連老火湯和清茶套餐，或者一人火鍋吧。

「大家樂」的自助服務設計，與保持個人清靜和避免太多人際接觸的氣氛有不謀而合之處。到「大家樂」這類集團連鎖食店吃飯的體驗，與在同價的茶餐廳吃飯是完全不同的。在「大家樂」進膳，顧客先從近門口牆上的餐牌選擇食物，在旁邊的售票櫃檯付錢取單，甚或使用點餐機，然後找位置坐下。食物準備好，顧客就到出菜的櫃檯憑單取餐；在某些分店（如集團旗下的「一粥麵」），顧客購票時領取的電子顯示儀會引領服務員送食物到座位。在整個過程中，顧客與店內的員工毋須有太多語言溝通。售票及櫃檯水吧的員工是很有禮貌的，但如無必要，服務員不會無故逾越人與人之間的社交界線，大家保持一個舒適的人際距離，你不會感到被怠慢，但又不會覺得被騷擾。

讀者也許留意到，到同價的茶餐廳吃飯，經驗完全不同。伙記對顧客何時坐下了然於胸，若果你坐下超過一個時間仍未點餐的話，伙記會不時前來「查詢」，有時甚至會聽到淨飲雙計的「忠告」；除非是「熟客」，不然坐久了會覺得自己「佔用」座位而有不安的感覺。在自助式的快餐店則沒有先來或後至之分，這裡沒有茶餐廳侍應向顧客施以壓力，相反，顧客覺得在快餐店有足夠的自我空間，就算與鄰桌只相隔兩呎，又甚至四人座位坐了互不相識的客人，這種空間不會對保護私隱的主觀感覺產生任何減損。除了固定的四人座位外，不少「大家樂」分店店中央也設

有長檯，這裡面對面的座位距離頗寬，照明很好，有點像大學圖書館的大閱讀桌。這個安排似乎最適合單身客人，一坐下來，與對面或旁邊陌生人的心理距離彷彿比坐在四人座位更遠。

「大家樂」和其他同類的集團式快餐店雖說是快餐，但除非是顧客高峰時段，否則客人都可以坐上一段時間，而不會感受到有人嫌棄你佔用座位的目光。從快餐店樂意為客人提供免費開水這點，就知道他們不介意客人久坐。今天，個人對家庭（尤其是核心家庭以外的大家庭）的向心力減弱，舊日的社群，如鄰里、同事，甚至親屬等網絡的凝聚力也下降。就像鄭國江先生所作《似水流年》一曲的歌詞般，似小木船的心，在人海中每天掙扎，感覺到外面的世界是陌生而危險的，所以最好減少接觸，但又渴求一個容讓自己短暫停留的避風港，希望這個世界對自己友善一些，縱然（或幸好）只停留於表面。「大家樂」快餐店的安排，似乎能顧及現代人這種既想保持距離又想獲得關顧的矛盾心情。

這幾十年來，香港的社會面貌經歷了很大變化，「大家樂」不單能屹立不倒，更能在快餐業中高踞首位，其中一個原因，想必是企業集團能配合時代變化而發展，甚至能搶先一步，製造具體條件去迎接社會宏觀的變化。

# 序二

沈祖堯

香港中文大學
莫慶堯醫學講座教授

「大家樂」，一個香港人熟悉的名字，不經不覺已成立半個世紀了。印象中我第一次光顧「大家樂」是在我中學時期，偶爾會到銅鑼灣的大家樂吃午餐，我最喜歡的是焗豬扒飯，無論堂食或外賣，焗飯都是熱騰騰的，冬天吃尤其美味。

時光荏苒，我再嚐「大家樂」應該是在威爾斯親王醫院工作的日子，因醫院飯堂由「泛亞」餐飲經營，亦屬「大家樂」集團。令我印象最深刻的是 2003 年沙士期間，醫院飯堂為防止疫症傳播，把醫生區的飯枱架上「保護屏」，即在枱中間放了一塊透明膠板，以免大家吃飯時把飛沫傳播。另外，抗疫期間，醫院部門主管每天都開午餐會，醫院飯堂職工每天準時送上營養飯盒，默默地支持我們，可說是我們抗疫時的後盾啊！沙士雖然把人隔離，但人心是團結的，但願疫症不要再來。

我亦是因為沙士，第一次接觸「大家樂」集團的家族管理人羅德承博士（Peter）。沙士疫情穩定後，香港中文大學醫學院希望添置一個防疫研究實驗室，當時羅桂祥基金就一口答應捐贈港幣 500 萬元。在 2005 年 5 月 12 日，中大醫學院舉行了「羅桂祥防疫研究實驗室」命名典禮，我以中大防疫研究中心主任身份

出席，第一次見到羅桂祥基金主席 Peter，覺得他好隨和，充滿正能量。後來我擔任香港中文大學校長，積極推動學生全人發展 I-CARE 博群計劃，有一次 I-CARE 要舉辦一個中大服務日，讓中大學生帶著 100 個來自基層家庭的小朋友到中大玩一天。小朋友來到中大，要給他們一個美味的午餐，在籌備活動的時候，剛好與 Peter 開會，閒談間提起這個活動，我就問問 Peter「大家樂」可否贊助活動當天的飯盒，Peter 二話不說就答應了。後來才知道作為「大家樂」的高層也沒有特權送飯盒，這 100 個飯盒是 Peter 自掏腰包買的，再送給我們。

「大家樂」服務香港 50 年，與香港經歷了許多變遷，希望大家繼續努力，明天會更好。

# 序三

麥華章

香港經濟日報集團董事總經理

《香港經濟日報》社長

「獨樂樂不如眾樂樂」，這出自《孟子・梁惠王下》的典故，雖然談的是享受音樂，但我很認同它「與眾同樂」的觀點，所以我很欣賞「大家樂」這個企業名稱。而談「大家樂」也必須提一提我個人的良好顧客體驗。

與「大家樂」的情誼要從那些年說起，1990年代初，仍是《經濟日報》的成長初期，公司位於北角近鰂魚涌區，馬路對面的模範里正有一家「大家樂」。「鐵腳、馬眼、神仙肚」是傳媒人的忙碌寫照，食無定時的不單是記者，也有跑業務、管理印刷及發行的我，「大家樂」就是我經常光顧的地方。燒味部的四寶飯可以說是我的「常餐」；即使忙過了頭，錯過了午飯時間，我仍會到「大家樂」享用它價廉物美的下午茶餐。在「大家樂」碰到同事是家常便飯，其中一位不說不知，就是經濟日報集團的主席兼創辦人馮紹波。

馮主席與我經常光顧「大家樂」的原因很簡單：快、靚、正。事實上，「大家樂」選點便利優越，食物質素良好、穩定，經常推出新菜式營造新鮮感，都是它成功的要素。當年那家「大家樂」現已搬往另一地點，但依然是咫尺之遙，十分便利。

「大家樂」於 1970 至 1980 年代由漢堡包小店發展成為連鎖快餐店集團，正是發揮香港企業精神的成功個案。它並不是一味大刀闊斧式的前進，而是小心翼翼的不斷嘗試；《經濟日報》辦報初期，同樣是摸著石頭過河，累積經驗，畢竟資源是有限的，有效運用是關鍵。

　　「大家樂」由小變大，對內要建立一套良好的管理系統，對外要經營品牌形象，缺一不可。企業發展至一個階段便要擴張，「大家樂」既從地域著手，擴展至內地；也作多元化嘗試，包括機構飯堂、學校飯盒，以至拓展多元化餐飲品牌，包括意粉屋、利華超級三文治、一粥麵、米線陣、上海姥姥等，這些發展都經過深思熟慮，配合社會趨勢。同樣地，《經濟日報》在上了軌道後，便作多元化發展，至今包括傳統印刷及數碼媒體如《經濟日報》、《晴報》、《U 周刊》、*e-zone*、*iMoney*、*ULifestyle*；另闢有以經濟通為代表的財經通訊社、資訊及軟件業務；以及其他不同範疇，這都建基於有成長空間及能產生協同效應的考慮。

　　「大家樂」一直保持敏銳觸覺，面對當前社會及經濟狀況迎難而上，配合新一代的飲食文化，推出不同款式的餐飲服務。此書除了記載著「大家樂」的成長故事，還錄下了香港昔日點滴，回望歷史細訴當年情，值得大家珍藏細閱。

　　我欣賞「大家樂」的，不光是名字，還有它靈活應變的企業精神。謹此恭賀「大家樂」金禧誌慶，業務繼續蒸蒸日上。

# 主席序

羅開光

大家樂集團主席


2018年是「大家樂」50歲壽辰，我感到非常欣慰，不經不覺「大家樂」已經走過半世紀的歲月。

感謝蔡寶瓊教授、沈祖堯教授、麥華章先生為我們打氣，讓我們更加肯定「大家樂」和社會、市民之間是那麼親近。我們衷心感謝王惠玲博士和高君慧博士兩位學者，她們細心聆聽「大家樂」同寅細訴這50年來的故事，更親身走訪不同的分店，與員工訪談及觀察分店的營運，以認真的態度細心求證，然後有系統地將所有資料整理成書，為我們記下企業的歷史，以延續企業的精神和文化，讓我們充滿信心地迎接未來的挑戰。

現在，我謹代表集團，將這書獻給那些對「大家樂」非常重要的人士。

首先，我想獻給「大家樂」的員工。集團能走過半世紀，並得到現在的成績，全憑上下各級員工的努力。無論是現任員工、已退休的員工，甚或已離任的員工，我都代表集團表示最懇切的謝意。

這書有很多大家樂的故事，勾起我種種回憶，有些珍貴的小故事未及在全書各篇章中呈現，讓我在序言與大家分享，以作補

充。「大家樂」是一個大家庭，我們對每一位員工的貢獻，同樣珍惜、平等對待，包括容易被人忽略的基層員工。記得有一次到中環分店，見到已經 70 歲、臉上總掛著開朗笑容的恬姐，她已經在「大家樂」服務了十多年，分店上下兩層地方被勤奮的她打掃得乾乾淨淨；我上前問候恬姐：「咦，怎麼還未退休呀？」她帶著如常的笑容告訴我，孩子們已經長大了，現在家中尚算寬裕，雖然孩子都勸她退休，但她認為既然自己有能力，做人應該要有所貢獻，每天能夠返回這個大家庭，是很好的寄託，也令她感到欣喜。

「大家樂」員工與顧客之間也保持著大家庭氣氛。雖然太子道 108 號分店的樓面空間較小，但人與人之間的距離卻很親近，其中一個原因是店裡有一位靈魂人物——珍姐。不要小看負責樓面服務的珍姐，她擅於跟不同職務的員工打成一片，經常給予大家鼓勵；見到面熟的客人立即叫聲早晨、加一句問候，令這個小小的分店充滿溫暖。

對於廠房的同事，我們也不忘適時送上鼓勵和嘉許。記得有一年大埔廠房成功獲得 ISO 認證，我們知道員工花了很多工夫，按計劃順利完成任務，於是專程往工廠送上賀禮，召來了雪糕車，以雪糕慰勞員工，讓大家互相分享喜悅。員工取得成功時我們送上祝福，他們遭遇困難時我們送上鼓勵，所以我總會抽時間到分店探訪，聆聽員工直接訴說工作上開心與不開心的事情，保持大家庭互相關懷的氣氛。

回憶中也有一些傷感的場景。沙士期間，我到醫院探望「泛亞」飯堂的員工，醫院正採取隔離措施，我只能靜靜地走一圈，見到同事們戴著口罩，默默工作，飯堂內的醫護人員正在面向同一方向吃飯，大家只吃飯不說話，我唯有離開，心裡戚戚然不暢快。遇上社會大事時，我們的員工不會臨陣退縮；遇到外來的變故，「大家樂」人會加倍用功，跨過困難，盡心盡力做好工作，這種敬業樂業的精神並非金錢可以換取得來。

「大家樂」的成就全賴員工的幹勁和專業精神，我再次表達

深深的謝意。

　　我對離開了「大家樂」的員工一樣要感謝，每人在各自的人生路上都有不同的階段，有人從「大家樂」退休，我感謝他們對集團的貢獻；有人在其他企業得到鍛煉後重返「大家樂」，我感謝他們再次為集團付出；有人選擇在別處尋求機遇，我感謝他們將所學所得，繼續貢獻餐飲業的發展。

　　香港是知識型社會，我們重視終身學習、不斷提升自我。「大家樂」有幾位總經理，正是終身學習、不斷提升自我的表表者。幾位都是在「大家樂」長大的資深員工，數十年來拾級而上，擔任過不同職務，從實戰中培養專業知識，並將「大家樂」的企業精神充份發揮。蔡景橋是「活力午餐」總經理，1982 年初見阿橋時，他是一名二廚，多年後調任「活力午餐」，以廚務背景兼任廠務後防和前線推廣，運用科技和國際標準提升生產學童飯盒的效率和品質；許錦波是「泛亞飲食」總經理，阿波由水吧做起，擔任過多種職務，是「大家樂」進駐中國市場的先鋒，雖然經歷艱辛，調回香港後仍保持積極進取的精神；練美芳是「一粥麵」總經理，我們交給她一間賣粥麵的小店，她把粥麵店拓展為一個有獨立形象的品牌，現在「一粥麵」已經是深受歡迎的中式粥麵店了；梁祖成是現任首席執行官顧問，2004 年我們派阿祖到華東長駐十年，回來時他的女兒已經由小女孩長成亭亭玉立的少女，他要同時兼顧家庭和工作，絕不輕鬆，阿祖為我們累積了在中國做餐飲的寶貴經驗，現時正將幾十年來的經營心得培育後輩。

　　我想說的是，專業知識可以透過書本學習，亦可以透過經驗累積，關鍵之處在於人的反思能力，我們這幾位「紅褲子」總經理是最好的借鏡。新加入「大家樂」的員工有較高的教育水平，有些更擁有專業資格，我期望大家能結合知識和經驗，通過反思和不斷從實踐中學習，細心觀察市場變化，以不斷提升顧客體驗為己任。

　　談到結合知識和經驗、以細心和專業態度持續提升餐飲服務

品質的最佳典範，我認為非羅碧靈小姐莫屬。羅小姐擁有良好的教育背景，仍然願意由前線崗位開始，全身投入推進「大家樂」的快餐業務；她時刻從實踐中反思求變，使「大家樂」快餐品牌不斷創新。一直以來，羅小姐為了推動公司的業務發展，凡事親力親為，全力以赴，與前線同事一起乘風破浪，無懼風雨；在培訓新同事方面，羅小姐將她累積多年的經驗和知識，傾囊以授，對提升集團的人才質素貢獻良多。我謹代表集團對羅小姐表示謝意。

我亦將這書獻給剛加入、或未來將會加入集團的新同事，希望他們可以細讀一下書中內容，跟我們一起重溫「大家樂」50年來的歷程，分享我們的成功、失敗、喜悅和成就，最重要是能夠體會「大家樂」發展至今所累積下來的企業精神，將「大家樂」的企業文化承傳下去。

「大家樂」一直承蒙市民大眾的支持，我對此表達真誠的感謝。通過這書，我們跟市民一起見證香港的成長和進步。我記得多年前駕車入屯門山景邨和馬鞍山恒安邨探訪兩區的新店，當年那裡只有兩三個公共屋邨，四周仍然在開山闢石之中，顧客大多是小家庭，晚上放工回來在快餐店吃飯；第二年小家庭開始帶著小孩來，兩個人吃一個餐，慢慢孩子成長了吃得下一整份早餐；然後孩子長大、結婚、搬離，大家再一起到快餐店時，已是三代同堂了；再接下來，新來港人士取代了舊家庭遷入屋邨。由此可見，集團的發展與家庭的變化實在息息相關。

最後，我必須多謝「大家樂」的業務伙伴，無論是供應商抑或機構伙伴，通過大家的衷誠合作，讓我們攜手共同促進餐飲業的發展和進步。

過去半個世紀，香港和中國內地都經歷了急遽的變化，希望大家透過本書分享「大家樂」的故事時，同時也可重溫個人的經歷和社會的變遷。

# 導讀

王惠玲、高君慧

　　2015 年 5 月，我們主動聯絡羅開光先生，向他介紹家族企業口述歷史的構思。當時羅開光先生是「大家樂」首席執行官，正為「大家樂」集團的傳承而忙著，相信他是被我們建議「記錄企業家的成長閱歷、企業精神、在不同歷史時代下所採用的企業策略、以至對企業成功的見解」所說服，認為剛好與他正忙著的企業傳承工作有不謀而合的地方，因而同意我們為「大家樂」的企業家進行口述歷史研究。於是，2015 至 2017 年間，我們與「大家樂」的家族成員進行深入訪談。

　　適逢其會，2018 年是集團創辦 50 週年。2017 年 7 月，羅德承先生邀請我們為「大家樂」構思 50 週年誌慶專書的內容。細閱「大家樂」家族成員的口述歷史，我們看到兩條主線：一、企業者的閱歷、見解和企業精神；二、中國的歷史和香港的社會變遷，若我們能將兩條主線糅合成為「大家樂」的故事，讀者必能從一個企業的故事，追溯更大的社會脈絡，重溫香港的成長故事。可是，只有幾位家族成員的口述歷史，尚未可以全面地整理出「大家樂」的企業故事。於是，羅德承先生慷慨地答允，容許我們與企業的成員進行深入訪談。於是在之後的半年內，我們與「大家樂」的退休員工、部門主管、各階層員工約 30 人，透過深入訪談，記錄他們在「大家樂」的工作經驗和感受。

然後，我們將前後 30 多個訪談記錄整理成「大家樂」的成長故事。「大家樂」人的口述歷史觸及 50 年來不同時空下的情境和經驗，綜合起來，告訴了我們一個多視角、多面向的企業故事，並且讓我們兩個外行人體會到何謂「企業精神」，活靈活現地讓我們想像到，中式快餐業的經營、快餐作為香港市民的日常生活，是如何與香港社會的發展息息相關的。

因此，我們敘述「大家樂」50 年來的故事時，同時表達三條互相交織的主線：企業的組織和發展、企業的文化精神，以及香港社會的脈絡；至於中國的脈絡，我們通過與當時已屆 100 歲高齡的創辦人羅騰祥先生的口述，深刻地理解到中國與東南亞之間透過移民流動所帶出的香港歷史，但因為今次是以「大家樂」為主體敘述的專書，我們將有關中國的敘述調整到「大家樂」進駐中國市場之下的時代脈絡。

在這三條互相交織的主線之下，我們開拓了三方面的視野。

## 敘述「大家樂」的企業故事

我們採用了人物敘述的方式來講企業的成長故事。書寫的方法刻意凸顯一些人物主角，透過人物的憶述，交代情景和經過，亦可以通過分享憶述者的情感和思想，理解人的元素在構成企業成功之中的重要性。

「大家樂」是餐飲業集團，餐飲業是人力密集的行業，「大家樂」亦深知集團的成功，是由創辦人、管理層、前線的分店員工和負責支援前線的後防工作者等，一直努力不懈的集體結晶。為表現這個人的元素，我們特意將一些重要的憶述，以複述形式表達出來。第一章有創辦人及主要的創業成員的口述故事；第二章有資深員工憶述由 1970 年代至今，在分店發生的前線故事；第三章至第五章內，由部門主管講述工作團隊開創新的業務範疇的經過。

引用個人憶述並非要吹噓個人的成就，而是從活潑的角度，

表達企業家特質和企業精神。所謂「企業家特質」，常見的說法是富冒險精神、具創意、懂得把握時機等，這是以「個人」為單位的描述。而「大家樂」的故事則表現了以「企業」為單位的企業家特質，由創辦人以至分店經理，各階層、各部門的成員各司其職，一起創造「大家樂」的故事，讓我們見識到多樣化的企業家特質。有人勇於創新，突破既有的經營模式；有人富冒險精神，不斷摸索前行；有人觀察入微，持續改善經營細節；有人不輕言退縮，在挫敗中尋求出路；有人高瞻遠矚，改革制度，制訂長遠計劃；有人因應環境，靈活應變中抓住商機。

即使上下各層的成員具有不同的企業家特質，但他們都有一個共同的信念，就是以正面的態度看待挫敗，將之視為鍛煉的機會。在競爭激烈的商業世界中，無論是小企業或大集團，困難與失敗比比皆是。「大家樂」團隊若沒有接受挫敗的志氣，願意從逆境中學習，以迎戰下一階段的挑戰，恐怕早已被市場所淘汰。

創辦人羅騰祥講過，他不認為自己是什麼企業家，只是他賭運氣賭贏了，而大家又愛追逐成功者、遺忘失敗者，相信不少失敗了的生意人也曾有過具創意的舉措，只是當時間未被大家所接受。猶如當年他引入自助服務的模式，由客人捧著餐盤領取食物的方法，被批評為將客人貶為討飯的乞丐一樣，但他和其他幾位創辦人不願放棄，深信這將是香港餐飲業的新潮流，靈活應變地協助顧客適應這個創新的模式。「大家樂」的員工也傳承了這種企業精神，因此，「大家樂」能由快餐連鎖店發展為多品牌的餐飲集團，在開拓大學飯堂、醫院餐廳、學校飯盒以至休閒特色餐飲的過程中，雖然經驗未到，但前線管理層和員工團隊，憑著不斷學習、敢於嘗試的精神，將快餐的經驗和系統轉化為配合新環境的創新品牌。

## 探索快餐業的成功與挑戰

　　香港企業以中小規模為主，快餐業也不例外。例如以2016年的統計所見，聘用50名以下僱員的快餐店共919間，佔全港快餐店總數97%；其中10名僱員以下的快餐店，佔72%[1]。在芸芸眾多的小企業中，能持續經營、且能擴大規模的，可說是少之又少。「大家樂」在起步時，也只是一間小食店，經過了50年的擴展，集團員工數目擴展至10,000多名。

　　這個發展模型，與香港製造業的模型相當接近。戰後香港製造業起飛，也是由中小企業主導的，生產也是側重量產，於是憑成本優勢成為歐美品牌的世界工廠；1970年代是香港製造業的高峰，紡織、成衣、鐘錶和玩具的出口量，在全球數一數二。

　　過去50年，「大家樂」這個快餐集團，也是以量產和成本優勢發展起來的，能夠做到連鎖式擴展、統一餐單、產品標準化、量產煮製，正是它的成功所在。以製造業模式開拓服務業，是作者借香港製造業的發展軌跡，來分析「大家樂」的成功，以印證這個集團的視野和魄力。然而，以平價、量產取勝的製造業模式早已面對挑戰，同樣以平價、量產取勝的快餐業，是否面對相同挑戰？

　　事實上，以勞工密集、大量生產為主的製造業一直存在隱憂。製造業發展帶動租金和工資上升，加上勞工供應緊絀，成本不斷增加，逐漸失去成本優勢；面對新加坡、台灣、韓國的技術發展，東南亞地區以低成本為競爭優勢，香港的非技術製造業已沒有生存能力，社會上曾出現建立品牌、提高生產技術、發展高增值產品等意見。不過，中國的開放政策，扭轉了香港製造業的發展方向，避過了技術升級和發展品牌的新挑戰，可惜製造業的產值佔香港國民生產總值的比重不斷下降，1994年時只得10%，2015年更跌至1.1%[2]。

　　今天，香港的快餐業面對同樣的挑戰，食材價格、租金、勞工成本均持續上升，勞工供應緊

1　《進出口貿易、批發及零售業以及住宿及膳食服務業的業務表現及營運特色》，2017年，頁32。
2　《香港統計年刊》，2017年，頁105。

絀也是一個難題。可是，餐飲業不同於製造業，不能以北移越過難關，始終餐飲業的對象是所在地的消費者。因此，「大家樂」集團在應對成本和人力短缺的挑戰時，正好以品牌發展和技術升級解決難題。「大家樂」已是為人熟悉的快餐品牌，能夠令170間分店保持既定的服務水準，是需要一套有效的管理系統和方法的，於是，集團應用科技於整套快餐管理系統之上，以物有所值立足於香港快餐市場。另一個重大挑戰是將香港品牌帶入中國內地市場。有異於生產線北移，將香港的飲食消費模式帶出境外，在一個生活習慣、文化、制度全異的場景下立足，「大家樂」正發展出一套相應的營運模式，在中國內地開創另一番成功。

## 見證香港及內地的社會經濟發展

因此，「大家樂」這個餐飲集團可作為一個案例，映照出香港城市變遷、社會發展的立體圖像。

「大家樂」於1970年代引入快餐，這正是香港工商業騰飛的年代，市民收入增加，工作時間愈來愈長，婦女勞動參與率愈來愈高，令都市生活模式相應改變，不單只假期，平日外出用膳的需要愈來愈普遍，而且由一日兩餐（午飯和晚飯）變成一日四餐（早、午、茶、晚），年輕人口增加和消費能力提高，促使餐飲市場日益擴張，同時市民的消費口味日趨複雜。「大家樂」與社會時勢並進，及時抓緊商機，將快餐經驗拓展至其他餐飲範疇，我們可從「大家樂」提供的餐飲服務模式，見證家庭在飲食活動中的角色愈來愈少，專業分工的趨勢越見明顯，飲食需要由餐飲機構以專業方式供應，日常飲食成為消費生活的主要部份，這些現象正標示香港都市化的程度。

我們亦透過「大家樂」連鎖店的地理分佈，重溫香港城市人口遷徙、新市鎮發展，以及由經濟發展帶動的都市生活模式；透過「大家樂」的成長故事，我們確認香港都市化的軌跡；反過來，經濟愈成熟，市民的社會意識相應提高，食物安全、環境保

護、企業的社會責任等議題，對「大家樂」以至整個餐飲業亦構成挑戰，促使餐飲業尋找新的營運概念和對策。例如在應對食物安全、環保和顧客知情權的新趨勢下，「大家樂」採用專業化的管理系統，這正與知識型經濟的發展趨勢吻合[3]，增加使用資訊科技和設備於管理系統中，由基層至高層的管理者都學習應用數據和客觀資訊來規劃不同範疇的工作。

至於中國內地方面，「大家樂」自 1992 年起在內地發展已有 25 年，見證了內地經濟改革的起伏跌宕，集團的順境、逆境，都與內地變幻莫測的經濟政策息息相關。今天，「大家樂」在華南的定位是中高檔休閒餐飲，以特色餐飲吸引中層消費者，這個經營方向，間接引證了內地開放改革所帶來的社會變化，中產階層崛起，創造了龐大的消費市場。有學者分析，以 2015 年計算，中國的中產消費市場於全球排名第二，僅次於美國之後，估計於 2020 年，中國的中產消費金額將高踞全球首位，佔全球中產消費總額 16%[4]。「大家樂」在華南持續發展，開拓這個極具潛力的中產市場，見證了中國經濟發展下這個新現象。

## 口述歷史的可信性

口述歷史常被質疑它的可信性，通常是關於人的記憶力，毋庸置疑，記錯、混淆是記憶的毛病。口述歷史研究與其他研究一樣，都需要嚴謹的求證工夫，盡量追查事實的真相，但什麼才是真相？即使文字檔案也是由人編整出來的，也有出錯的可能，所以，研究者通常將多種不同來源的資料，互相核證和對照。同樣地，我們都做過嚴謹的求證工夫，這書除了引用口述歷史外，我們還翻查文獻、公司刊物（包括員工內部刊物、招股文件、公司年報等）、新聞報道、政府統計及其他刊物等，將個人記憶與社會背景及企業資料互相對照、核證，找出最可信的詮釋角度。

談到企業的歷史，有人可能質疑受訪者傾向

---

3　香港已進入知識型經濟，政府於 2007 年開始編製統計報告，以說明香港邁向知識型經濟的發展情況，其中包括兩個重要的指標，一是工商機構使用電腦和互聯網的程度和支出，另一是香港人口的大專教育程度。資料來源：《香港——知識型經濟》(2007-2017，歷年 )。香港：政府統計處。

4　Kharas, 2017.

隱惡揚善，在資料有偏頗的情況下，有關企業的自傳，大多是自我吹噓、歌功頌德。的確，從訪談獲得的資料容易帶有主觀性，主觀和立場，是個人經驗隨時間而沉澱和凝結成記憶的重要酵酶，記憶並不包括過去的每一細節，我們通常只會將有意義的東西保留在記憶中，當遇到一些觸動，例如訪談者的提問，才會以語言的方式重現出來。口述歷史研究者的職責，除了查證記憶中的真實性，還要捕捉敘述記憶時所要表達的信息。

我們相信「大家樂」人口述歷史的真實性，因為我們在訪談中領會到受訪者所要表達的信息，無論家族成員抑或前線員工，他們都將一生大部份青春投放在建立這個企業集團之上，企業的成長差不多等於他們職業生涯中的價值和意義。從他們坦誠和真摯的憶述，我們沒有感到對方企圖干擾研究者的客觀思考，反而讓我們經常以代入的角度，理解他們在某種情景下作出的決定和做法，過程中有挫折、也有突破，憶述者回憶個人的情感投入、見解和心得時，令我們明白到箇中的細節。有趣的是，一段憶述有時會從側面映照出另一位受訪者的身影，又或者一個見解正好解釋了另一位受訪者的某段經歷。於是，綜合這許多主觀的憶述，以及縱橫交錯的聯繫，反而令我們找到這些口述歷史的客觀性、願意相信這些口述歷史的真實性。大家的共同經驗，從不同角度所產生的不同觀察，正好提供了立體的視角，使本來是個人的、片碎的記憶得到多角度的引證和更豐富的詮釋。

的確，我們沒有將所有研究所得的資料都鋪陳出來。我們尊重「大家樂」管理層的要求，有關公司的商業機密資料必須受到保護，這是出於研究道義的原則，受保護的資料是以略過或從簡的方式處理。

## 本書結構

我們沒有採用常見的時序式編排本書的結構，而是採用主題式編排素材，將各個篇章綜合起來，便可縱觀「大家樂」50 年

來的成長和發展。

　　全書共分六個篇章。第一章〈連鎖快餐品牌的誕生〉是創業和成長故事，「大家樂」突破餐廳的常規，引入自助快餐模式，建立有效的管理制度，提升品牌實力和形象，並成為上市公司。第二章〈與城市發展同步〉講「大家樂」快餐版圖的擴展，配合香港社會的需要，在港九新界的地區建立分店，同時見證香港城市和市民生活的轉變。第三章〈開飯喇！〉透過講「大家樂」將快餐模式擴展至其他餐飲領域，分析這個快餐集團演變為餐飲集團的經過。第四章〈從農場到餐桌〉說明集團如何回應現代社會對食物質素和安全的要求，從採購食材開始，到食品中央產製、倉存、記錄系統、成本管理，既要做到創新口味，還要保障安全，從而可供應物有所值的產品。第五章〈下一站，中國〉回顧「大家樂」進軍中國內地餐飲市場過去25年來的經驗，從零開始逐步掌握在內地的經營模式，找到在香港境外發展的定位和方向。第六章〈承傳創新〉討論集團如何秉承「大家樂」精神，將品牌、人才及企業管治三方面傳承下去；同時闡釋集團的持續發展政策，如何將企業文化與社會持續發展的理念融合一起。

　　無論你是否大家樂的員工、曾否品嚐「大家樂」旗下的餐飲、有否持有它的股份，只要你對企業人物故事、企業成長經歷、香港飲食文化、城市生活，以至社會經濟遷變感興趣的話，歡迎你成為這書的讀者，發掘書中的樂趣。

# 鳴謝

首先，我們感謝「大家樂」30多位受訪者參與口述歷史訪談，透過每位受訪者坦誠和活潑的分享，令我們對「大家樂」集團得到全面和深入的認識，得以整理成書。受訪者包括羅騰祥、羅開光、羅碧靈、羅開親、陳裕光、羅德承、羅名承、林洪進、楊斌、林明豐、吳子超、李偉基、侯湘、劉利芳、許棟華、陶遵國、丘清樺、梁祖成、許錦波、蔡景橋、練美芳、劉穎、鄭家華、吳振鋒、馬淑珍、冼見明、黎志強、伍伯勤、羅麗玲、周文標、朱劍萍、林偉民、李樂游，以及其他曾提供資料和協助的企業成員。特別感謝企業傳訊部趙樂思小姐及梁瑞琼小姐的協助，使訪談和資料蒐集得以順利進行。

我們亦感謝葉貴嫦、黃家路、黃佩詠、蔡美恩及陳菁宏的協助，全憑她們的耐性，細心地將訪談錄音逐字騰寫成訪談稿，方便我們整理成書。

此外，我們多謝三聯書店出版部，尤其李毓琪小姐及寧礎鋒先生，使本書得以面世。

最後，我們感謝羅開光先生及羅德承先生，讓我們深入了解這個土生土長、名副其實「香港製造」的品牌，並容許我們將研究所得整理成書。我們還要感謝兩位特別的朋友，鄭家成先生和陳美華小姐的支持，鼓勵我們進行家族企業口述歷史的工作。

# 目次
Table of Contents

# 1

## 連鎖快餐品牌的誕生

這篇章追溯「大家樂」連鎖快餐品牌的創建經過。

「大家樂」創辦人是來自廣東梅縣羅氏家族的成員，這個家族並非赫赫有名的大家族，相反，家鄉是一條位處山區的貧窮客家村落，因不甘窮困而離鄉背井，父祖輩到南洋謀生，為後代開創了在城市發展的機緣。這群客家小子，由貧窮山區、漂泊南洋、接受教育、經歷戰亂，以至追求事業發展，是一個以中國近代史為序幕，配合香港城市發展下的奮鬥故事。

雖說「大家樂」由家族成員創辦，但卻不是常見的夫妻檔或父子檔等核心家庭組合；雖然出身自山區的村落，但創辦人絕不是目不識丁之輩，都曾接受過現代教育，於創辦「大家樂」之前有豐富的企業管理經驗；雖說是白手興家，但又不是全無根基；既然有豐富企業經驗，創業者肯定不是青年創業，最有創業決心的竟是差不多到了退休年齡的羅騰祥；雖然年紀相當才立下創業之志，但卻又是餐飲業的門外漢。

究竟這個獨特的創業家族是一個怎樣的組合，家族成員是怎樣的人物？憑什麼膽敢涉足全無經驗的餐飲業？又憑什麼可以做到50年來持續發展，成為香港人所熟悉的香港品牌企業？

# 創業背景

故事的開端是幾個家族成員於1968年決心創業，成立了華路有限公司準備一展身手，不過這個時候，快餐這事情還未是時候出場。讓我們先談談這幾個家族成員，創業者包括羅階祥、羅騰祥、羅芳祥和羅開睦，四人的關係是兄弟和叔伯子侄，他們都與「維他奶」的創辦人羅桂祥有關。羅階祥、羅騰祥和羅芳祥是羅桂祥的兄弟，階祥在家裡排行第六、桂祥排第七、騰祥排第八、芳祥排第九；而羅開睦則是桂祥的兒子，所以他稱階祥為「六伯」、騰祥為「八叔」、芳祥為「九叔」。

## 創辦人的家族背景

羅氏家族成員的祖籍是廣東梅縣丙村鎮寨上村，這是一條位處山區、非常貧瘠的客家村，男丁通常出埠謀生，婦女則留守家園照顧老幼。羅氏兄弟的父親羅進興早已遠赴南洋謀生，1920年兄弟們隨母親到南洋與父親團聚，桂祥和弟弟在馬來西亞求學，兄長和母親等在橡膠園從事體力勞動的工作；1930年代，桂祥得父親的東家「余仁生」的老闆余東旋的賞識，獲資助到香港大學求學，畢業後從商。1930年代初，受到世界性經濟衰退的影響，南洋橡膠業受到衝擊，階祥唯有陪同母親和妻子返回老家梅縣，留下騰祥和芳祥在馬來西亞的芙蓉埠繼續讀書，由於父親在城裡工作，兩小兄弟要自己照顧自己。1935年，桂祥接兩個弟弟到香港讀高中，1937年，兩兄弟在英皇書院完成預科畢業，這時日本侵華戰爭已爆發，烽火連天，中國人可謂民不聊生。1940年桂祥創辦「香港荳品有限公司」，生產命名為「維他奶」的用黃豆做的奶品，使貧窮階層得以吸收營養，芳祥亦加入荳品公司輔助兄長；騰祥則考入遠東航空學校接受工程訓練。1941至1945年太平洋戰爭期間，騰祥投身中國空軍參與戰事，桂祥和芳祥攜著家眷在廣東連縣逃難，兩兄弟開了一個叫做「維

他奶餐卡」的食店，賣廉價食物和茶水。戰爭結束後，幾兄弟各自返回香港，桂祥重整旗鼓，恢復生產「維他奶」，芳祥繼續在公司效力。騰祥輾轉返回香港，做過飛機工程學校老師、汽車推銷員等，直至 1950 年，受兄長所託，加入「維他奶」負責生產技術和工程方面的工作。

羅開睦是桂祥的兒子，母親是自小嫁入羅家的童養媳，生了兩個兒子，開敦和開睦，開睦是小兒子，與兄長和階祥的兒子開親，三個孩子一起在梅縣的鄉間長大、讀書，在祖父羅進興培育下成長，高中後考入廣州的嶺南大學，1949 年從廣州來香港加入父親主理的「維他奶」，由低做起，學習管理知識和累積實戰的經驗。

羅家於梅縣的舊屋

羅騰祥、芳祥和開睦都曾經在「維他奶」打工，既是親人，亦在同一間公司做事，話題自然多，感情特別親厚，而且還住在同一處地方，是樓上樓下的街坊，晚飯後總愛天南地北的聊，鄉間親人、公司雜事都是三個人熱衷的話題。1968 年，三人談到

何不一起創業？試試看憑著幾個人的一身本領，是否可以幹出一番事業來？於是騰祥和開睦兩叔侄最先離開兄長的公司，踏上創業之路。

用來創業的資金是由四房人合資的，除了八叔、九叔、羅開睦本人，還有開睦的六伯羅階祥，即騰祥、桂祥和芳祥的兄長。羅階祥是長兄，自小承擔了照顧家庭的責任，沒有如弟弟般接受教育的機會，1950 年代從鄉間來港，一直在銅鑼灣獨自經營一間叫「蘭生士多」的小生意，弟弟們發起創業大計，這位哥哥也有一份。階祥兒子開親於 1961 年來港，開親本來在廣州師範大學讀書，中途輟學與父親團聚，日間在桂祥創辦的「維他奶」公司做事，晚上幫忙父親打理士多的生意。

## 家族成員集體創業

這份創業資金是這個家族成員集體創業的標記。開始時，尚未有創辦快餐集團的概念，這是後來從經驗發展出來的事業。當時各家族成員可說是兵分幾路，階祥選擇維持「蘭生士多」，將士多變成小食店，由半個舖位擴張至一個舖頭，賣紅豆冰、蘿蔔糕、粉麵、漢堡包等小食。騰祥是飛機工程師出身，對工業比較有興趣，開睦支持八叔的決定，1969 年兩人在黃竹坑開辦華路假髮廠，一心乘著香港製造業蓬勃的大勢，把工廠做出成績來。芳祥和太太對烹飪較有興趣，於是在銅鑼灣糖街開了一間餐廳，店名「大家樂」，自己繼續在兄長的公司上班，餐廳交兒子開福和太太打理。假髮廠和「大家樂」餐廳都是家族生意，所以騰祥和二女兒碧靈，有空時都會過來幫忙。

糖街餐廳的面積約 1,000 平方呎，不大不小，跟普通餐廳一樣賣些三文治、粉麵等簡單食物。特別的是，餐廳門口設有煎爐造漢堡包外賣，這是騰祥想出來特別針對戲院人流而設計的，餐廳附近是樂聲戲院和豪華戲院 1，每逢電影開場或散場的時間，

1　樂聲戲院位於怡和街及糖街交界，1949 年開幕，後拆卸重建為樂聲大廈；豪華戲院原位於邊寧頓街及怡和街交界，1954 年開幕，已拆卸重建，現為百利保廣場，旁為富豪香港酒店。網上資料：〈香港已結業戲院列表〉。

街上人流驟增，門口煎牛肉餅的香氣可以吸引行人朝「大家樂」這方向走過來。雖然只是賣漢堡包、三文治和粉麵這些普通食物，可生意不俗。

那邊廂，騰祥和開睦一心在製造業大展拳腳，引入創意開發了纖維假髮，豈料不受市場歡迎，唯有將纖維材料改做洋娃娃頭髮，但一時忙於解決勞工短缺的問題，一時為追收爛帳而頭痛，生意不佳、周轉不靈，迫於無奈唯有結束髮廠，痛定思痛下決定重新起步，開設自己的餐廳。

1968年，銅鑼灣怡和街。右邊是豪華戲院，正放映由尚保羅貝蒙多、烏蘇拉安德絲主演的法國電影《烏龍王大鬧香港》；對面是樂聲戲院。兩間戲院的人流，是糖街「大家樂」的重要客源。（政府新聞處提供）

1972年，羅騰祥在佐敦道51號開設同樣以「大家樂」命名的餐廳，這是「大家樂」人經常引述的「母店」，由於糖街店因拆樓已結業，「大家樂」連鎖集團是由佐敦道51號店開始的（簡稱51分店）。這個時候，幾個創辦人各懷心事，尚未形成一股集中的力量。騰祥年紀最大，但創業心最強，正打算全力投身餐飲業；芳祥仍然在兄長的公司打工，兒子開福則另謀地方再開食店，後來發展成「大快活」集團；開睦對電影業產生了興趣，與黃霑、胡樹儒等傳媒人合作製作電影和廣告，未能全時間投入佐敦道的餐廳業務。

## 重新整合

幾位創辦人都是有獨立能力的人，騰祥和芳祥自小在南洋長大、經歷過戰爭的艱難歲月，是香港戰後第一代移民；雖然開睦是晚輩，也是經過戰爭洗禮的戰後第一代移民，幾個創辦人都擁有這一代人特有的刻苦耐力。加上他們都受過教育，亦曾經在荳品公司擔當重要職位，各懷本領：騰祥主理工場，既要有技術知識，又要懂得管理人事；芳祥和開睦分別打理香港區和九龍區的銷售網，管人管事都有多年經驗。雖然幾個創辦人都並非來自餐飲業，但憑著智慧和機靈，知識和經驗是可以轉化的，成長背景所養成的精神意志，加上智慧、意志和深厚的家族情誼，成為創業的重要文化資本。

1935 年，羅氏兄弟合照。
（左起）羅桂祥、羅騰祥、羅芳祥、羅階祥。

幾年下來，這個家族創業集團發生了不少變化。羅騰祥專心致志，以他一貫對環境的觸覺、對冒險創業的決心，加上管理組織的能力，正不斷累積經營餐廳和自助快餐的實戰經驗；佐敦道51號「母店」的經驗帶出不少課題，啟發幾個創辦人產生了新的思維，逐步凝聚成「快餐」的構思；1974年，「大家樂」在旺角通菜街77號的舖位開設第二間分店（簡稱77分店），營運操作引入自助快餐的模式；因效果不俗，幾個創辦人以這種自助快餐模式繼續開設分店，至1970年代末，「大家樂」分店共有十間。1986年7月16日，「大家樂」在剛成立的香港聯合交易所上市，向社會集資，當時有32間分店，無論在快餐的前線營運、後防建設和組織制度等，已形成一個較成熟的系統，可算是完成創業的階段。

　　在連鎖店持續擴充的過程中，創辦人的組合亦發生了變化。開睦被推舉為統籌，擔任總經理之職；騰祥已達退休之年，出任董事長，主要與開睦一起研究發展方向和做他的後盾支援。芳祥則逐漸從「大家樂」淡出，事緣兒子開福在糖街店結束後，另行創立「大快活」，幾年後亦慢慢步向連鎖集團化，至1986年「大家樂」上市時，「大快活」已有一定規模，可說是「大家樂」的主要競爭者之一，為免利益衝突，芳祥退出「大家樂」董事局，當年的家族創業團隊，變成由三房成員組成。騰祥一房，1980年代有女兒碧靈和兒子開光加入；開睦一房，1990年代由兒子德承接棒；階祥一房，1970年代中有兒子開親加入，2000年由孫兒名承繼承。

　　「大家樂」與「大快活」之間，從家族成員變成生意上的競爭對手，當事人不諱言曾有過不愉快的觀感，但感性過後，理性抬頭，競爭是市場經濟發展的必然現象。這種以「退一步海闊天空」的方法來處理家族內部分歧，從實效而言，可說是明智之舉。聽過創辦人的故事後，讓我們追溯「大家樂」第一代快餐模型的誕生、創業團隊的擴張、企業組織和品牌形象的開拓和建立。

　　1915 年在梅縣出生，幼時隨父親在南洋生活，15 歲來香港，在英皇書院預科畢業。年輕時是飛機維修工程師，日本侵華時加入中國空軍參與抗戰。戰後返回香港，1950 至 1969 年間加入「維他奶」公司擔任廠長；1969 年創業，1972 年開始發展「大家樂」快餐，直至 70 歲退休。訪談前兩個月，羅騰祥剛度過 100 歲壽辰，這位百歲長者，精神矍鑠、腦筋清晰、記憶力非常好，而且風趣幽默，分享了 100 年的人生歷程、創業經過，以及作為中式快餐創辦人的理念和創意。

「維他奶」員工是55歲退休的，當時我已經53歲了，想到自己餘下的人生：退休後，沒錯，手上的公積金和股票可以養到家，閒時穿著拖鞋四處遊逛，生活優哉游哉；但是，再過五、六年，一個60歲的長者拿著柺杖，若果就這樣走完人生路，我心裡覺得不舒坦。所以，一個53歲快將退休的人不願意退休，跟侄兒一起計劃搞生意，希望人生可以獲得一些成就感。

很多時候，一個聯想，就變成一個機會。嗱，我做快餐呢……因為我去過美國受訓，我跟一個美國小兵做朋友，他帶我去吃東西，他叫那個做 hamburger，我問什麼是 hamburger 呀？他說：You come, you come. I show you（過來、過來，我帶你去看看）。我傻裡傻氣地跟著他走，那是在路邊的一架手推車，那人用一個火爐明火燒牛肉餅，嘩！氣味好香啊，夾兩片麵包連芥末醬、青瓜，一口咬下去，香噴噴的，好爽呀！現在大家叫這個做漢堡包，當時我們叫牛肉包。

我在糖街店舖前面，加設了一個煎牛扒的鑊，請一個師傅做牛肉餅，放在鑊上加上洋蔥一起煎，上面裝一個抽氣扇，那些香氣吹出來，你在那邊路過聞到，「嘩，好香啊！」便會走到這邊來買牛肉包。就這樣，餐廳一路路有生意，效果不錯喎！今次我可以安安樂樂睡一覺喇。哈哈哈哈哈。

我盲摸摸地四處碰碰撞撞，希望碰上一個好機會嚐嚐成功的滋味。我們看見別人闖出了一個名堂，便會羨慕，嘩！很厲害喎！那些失敗了、沒能冒出頭來的，大家不知道他們也有一個

歷程。我開始創業時是做假髮的，結果失敗了，香港假髮業蓬勃過一段時間後就沉寂了；我轉做洋娃娃頭髮，工作辛苦我可以承受，但是經常向賒數客戶追收欠款實在是很為難的事，我唯有放棄這間工廠。幸好牛肉包的銷路不錯，當時香港還未有賣漢堡包的快餐店，於是我決定專心做飲食生意。

我自己是在佐敦道分店做起的，樓下是外賣，樓上做餐廳，慢慢地，我要求有所改進。第一，不應只賣西餐，這是中國人的社會，為何不做中國人的飯餐？漸漸地我們加上中式食物；另外，樓面的人事一直有問題，加上勞工短缺，我們決定取消侍應捧餐形式，改行自助形式，省下來的人手開支，可以花在食材方面，顧客覺得抵食呀，那時一個大腩肉飯，好好賣的。

當時推出自助服務模式遇上不少困難。大家對自助式快餐不熟悉，有些客人大表不滿，其實吃西式自助餐一樣要自己捧著一隻碟取食物，可能普羅大眾沒有這種經驗，把自助方式叫做乞丐餐。我們要解決問題，於是安排服務員協助客人，若果有客人不願意自取，服務員可以幫忙，慢慢地自助方式被接受了。這就是我們的人生呀，遇到困難時，就要尋求解決方法，不要輕率地說：「不行呀、做不來呀！」凡事總有解決辦法的。

羅芳祥從「維他奶」退休出來後，負責打理駱克道分店；然後中環雪廠街有個舖位，朋友介紹我去看看，附近有寫字樓，我跟羅開睮講：「你不要搞電影喇，我們到中環開分店，由你去做啦。」於是雪廠街、佐敦道、駱克道三間舖，

我們三個人各人打理一間。

然後，我們發現有新問題，你有一套行政，他有另一套行政，三個人之間沒有統籌，若果要擴展規模、多開幾間分店的話，必須統一管理模式。我們三個人和大哥羅階祥，四個人開會決定由一個人負責統籌，不要搞「三國主義」。羅芳祥不同意：「喂！如果由一個人統籌，豈非另外兩個人要隸屬於他？」於是大家投票決定，結果由羅開睦做統籌，羅芳祥由那時開始疏遠了，並且創立了「大快活」。

兩個集團互相競爭，大家當然有不高興的地方，最麻煩是搶舖位，今次有人用高價投標一個舖位，下次大家爭另一個舖位時再將投標價推高，雙方都有損失。後來我想通了，這是一個良好的競爭，沒有人願意被比下去的，對不對呀？好像球隊一樣，有兩個球隊爭先，你勤力練習所以比賽時贏了，我輸得心服口服。市場這東西，未開發前，你以為市場有限，利益會被人攤薄，市場開發出來了，原來可以容納更多競爭者。

我和羅開睦兩個人合力做好「大家樂」，我們有商有量、一起做決定，他專長於組織和推廣，我專門研究食材加工方法。開始時只是一個小工場，我們將免治牛肉和蒜蓉混和後，用手搓成牛肉丸，放入小鍋內炸，做出一個新菜式；這樣又搓又炸，整天只夠一個店的份量，於是我想到做一個模，放免治牛肉到鐵模上一撥，一下子就有十個牛肉丸，但牛肉丸總是黏著鐵模，要完整取出有點難度，我們試過塗一層油、又試過用透明膠紙，卒之把問題解決了，又快又好。然後又發現，因為做三文治是要先把麵包切皮的，若果將麵包皮切碎再烘乾，可以做成麵包糠與牛肉丸一起炸，當時我們還為這個菜式起了一個名稱，非常受歡迎。「大家樂」的創意就是這樣，「摸著石頭過河」。

許多人做生意，總是想將來由自己的孩子繼承，但是，你的孩子不是你的影子，每個孩子都有自己的思想和興趣，無可能代代相傳都有人接棒。我們搞上市就為了這個原因，希望可以吸引家族以外的人才。你是家族生意，人家知道最高那個位置一定由家族成員出任，試問外邊的專才怎會願意加入這種企業呢？上市的話，如果家族沒有適合的人才，便由外邊的專才來做。

不過，家族企業有個優點，它有一個中心，家族通常是大股東，他必定顧及企業的整體利益；專業經理的利益是薪酬和花紅，有時專業經理太過追求個人的眼前利益，可能會忽略了企業的長遠發展。如果家族中有能幹之士，最好由家族成員出任最高領導，家族人比較肯用心，不是計較金錢回報，而是為了企業的自豪感和成就感，這樣就最理想了。

我有什麼企業家特質？我是客家人，吃得苦，我的特質跟蘇格蘭人很相似，哈哈哈哈哈，蘇格蘭人常被英國人揞笨（欺負），結果反而鍛煉到實力。我自少已經培養出解決問題的能力，做生意也好，做什麼也好，人生總要解決問題，你遇上人生中一件要緊的事，碰到問題和困難，你怎樣做？你要盡全力解決問題。最好小孩時便練習解決難題的能力，將來他做人做事，包括創業、做生意，這個能力對他一定有很大的幫助。

# 第一代中式快餐模型的誕生

創業沒有必然成功的金科玉律，但汲取經驗、敢於嘗試是不可或缺的條件，用羅騰祥的說話就是：「創業不一定成功，但若不創呢，就永遠不會成功。」縱使有創業的決心，但也要有「意念」，羅騰祥的一個記憶、一種滋味，令他選擇了以賣漢堡包為生意點子，最先放在糖街餐廳做外賣。

## 漢堡包的啟示

當時香港餐廳也有售賣 hamburger（有餐廳稱為「牛肉包」），但價格偏高，《南華早報》早年一篇讀者來函正好說明這現象。1966 年 7 月 26 日，一名從美國來港的遊客投訴香港的 hamburger 售價太貴了，有失香港購物天堂的美譽。這位美國遊客指出 hamburger 在美國的售價大約 4 美仙（即港幣 2 毫）[2]；在香港，售價低於 7 美仙（即港幣 3 毫半）的 hamburger 可說是絕無僅有[3]。

於是，羅騰祥另闢市場空間，走大眾化路線。據他記憶，糖街賣的漢堡包大約是 3 毫半，屬於美國遊客所講的廉價水平。同時，他又搞搞新意思，稱 hamburger 為「漢堡包」而不是常見的「牛肉包」，作為號召。

1969 年選址銅鑼灣糖街的「大家樂」，附近有兩間戲院，這似乎找對了商機，1950 至 1960 年代，觀賞電影是本地市民一種主要娛樂，這可以從消費物價指數中的文化娛樂消費得以引證。1967 年的消費物價指數顯示[4]，市民花在戲院娛樂的消費，佔消費物價指數 1.1%，換言之，一個住戶每 100 元開支之中，有 1.1 元是花在觀賞電影的。這看似是一個很小的數目，但相對於其他類型的文化娛樂消費，這個比例是最高的了，例如，每 100 元

2　Denman, Jul 26, 1966, *South China Morning Post*, p.13.

3　事隔數天，有讀者寫信反駁，指在九龍餐廳（Kowloon Restaurant）的漢堡包售價，只是 2.6 美仙（約為港幣 1 毫 3 仙）。資料來源：Hongkong Burger, Jul 30, 1966, *South China Morning Post*, p.13.

4　*Hong Kong statistics: 1947-1967*, 1969，p.143，Table 8.6.

住戶開支中，只有 5 角用於買報紙、2 角用於繳付收費電視 5 及收音機的租金、1 角用於購買書刊。如何成功吸納戲院觀眾的生意？「大家樂」在門前煎牛肉餅，賣漢堡包。

賣漢堡包並不是故事的重點，重點是賣包背後的創業精神。若說這是窺準商機，似乎有點言過其實，正如羅騰祥所講，他是亂碰亂撞，找尋機會。若以敏銳的觀察力、配合環境特色、靈活變通，將一個食物的記憶化為創業的意念來說明故事背後的創業精神，相信更為貼切。這種創業精神，在其後 50 年裡，由後來的「大家樂」人繼承並發揚光大。

## 港式創意

賣漢堡包絕不是羅氏兄弟叔侄的創業原意，既然投身餐飲業，當然要從香港人的吃飯問題入手。羅騰祥談到一個社會現象，他早已察覺到「包伙食」制度會逐漸被淘汰的可能，打工仔的午膳問題有待解決 6。事實證明羅騰祥的社會觸覺相當敏銳，那個時候，市政局尚未明確訂出取締包伙食的政策，1966 年 10 月期間，市政局開始拒絕向包伙食商發牌。直至 1973 年，市政局對取締包伙食商的爭論才開始白熱化，最終決定分階段取締包伙食這種商業活動 7。這時候，羅騰祥已經著手搞「大家樂」第二間分店了。

1972 年 2 月，佐敦道 51 號的「大家樂」開業，維港對岸的銅鑼灣糖街舊店已經結業了。跟糖街的餐廳不同，這間店位於剛落成的商業大廈地下、閣樓、一樓及二樓單位，地下面積較小，可容納約 20 個座位，閣樓有雜物室和接上一樓餐廳的通道，一樓面積約 1,800 平方呎，佈置成餐廳的格局，靠牆一邊是沙發座椅，每四個人一張餐桌，二樓是寫字樓和倉庫。地下至一樓餐廳之間由一部小型升降機運送食物。

羅騰祥的意念是要開設一間設備完整的餐

5　統計報告所指的收費電視是麗的電視，觀眾繳付的費用包括租用電視機和電視頻道的租金。資料來源：同註 4。

6　蔡利民、江瓊珠，2008，頁 20-22。

7　香港歷史檔案館資料，Press statement on urban council's decision to illegal food caterers (issued on 16/1/73)。檔案編號：HKRS70-6-629-2。

廳，這時候的「大家樂」尚未有快餐的元素。早期的餐單上有沙律、紅豆冰、奶茶、咖啡、檸檬茶、三文治、豬扒、牛扒、雜扒、焗豬扒飯、焗肉醬意粉等；此外，有由中式麵家師傅烹製的雲吞麵、牛腩粉。廚房是依顧客點餐逐個烹調，有侍應負責「落單」（點菜）、傳菜和結帳。

佐敦道51號分店
於1972年11月開業。

這張餐單完全反映香港中西文化薈萃的特色。從餐單所見，食物款式是中西兼備的。這類混雜的餐單，全為了吸引顧客而設，生意人互相抄襲、改頭換面、去蕪存菁，只要符合大眾口味，管它是中式抑或西式，甚至是混合式一樣上場，例如焗豬扒飯，肯定是港式創意的典範。佐敦道51號這家餐廳，相信跟市面上的冰室、冰廳、茶餐廳一樣，沒有定型的餐單，只要有需要便有供應。

冰室本來是吃冰淇淋、紅豆冰、喝冰凍汽水的地方，隨著外出飲食的消費愈來愈普及，為提高競爭力，冰室亦提供熱飲8和中西式食品9。至於茶餐廳，相信這名稱是取自中式「茶室」的「茶」與西式「餐廳」二字，可說是「名」正言順的中西合璧。「茶餐廳」三字最早出現於

8　1922年《華字日報》上有一則廣告，宣傳安樂園冰室提供冷飲及熱飲。十年後，該冰室於《華字日報》再次宣傳其六間分店在夏天提供冷飲，冬天時則提供朱古力、咖啡、奶粉、牛肉汁等熱飲暖身。

9　1920年《華字日報》刊登了太平洋飲冰室在新世界戲院附近開幕的消息，並註明冰室聘請名廚提供雲吞麵與粥品。郁琅（1931）一文對冰室有這樣的描述：「飲冰室的興起，是當時酒菜館山窮水盡中所發現的『又一村』，初起時，因為『經濟』生意是不錯的，後來開設得多了，沒有增加的顧客，數目便給大家分散了。所謂飲冰室，並非是只賣冰淇淋和汽水而已。原來是鮑、參、翅、肚、海鮮炒賣、粥粉飯麵、牛扒、咖啡、牛奶無所不包的食物店，因為這種飲冰室不像酒家有茶，但是價錢卻很經濟，一塊幾角錢便可以吃一頓飽，所以顧客很多，符合『薄利多銷』的生意經。」（節錄）

1955 年 5 月 24 日的《工商日報》及《華僑日報》10，這兩份報章分別報道了馬來西亞餐室為適應潮流，以茶餐廳名稱取代餐室。頗有名氣的蘭香室茶餐廳，於 1959 年刊登的廣告中，列明中式食品包括粥品、雲吞水餃11；它於 1967 年刊登的另一則廣告，食品包括燻香牛雜、三及第粥、淮杞牛鞭、咖喱牛腩12，明顯中西混雜兼備。

開業初期，
51 分店樓上是餐廳雅座。

　　值得注意的是，「大家樂」的店名沒有冰室、冰廳、茶餐廳等字眼，相信這是創辦人的心思，不會為「大家樂」定形，所謂市場定位，就是為一般階層的市民供應符合口味和需要的餐飲，憑著靈活變通、不斷蛻變的經營文化，便產生了由餐廳轉型至快餐的結果。

### 變身第一步——樓下改做外賣快餐

　　因應地理環境的特色和需要，51 分店地下一層改裝為出售外賣快餐。

　　51 分店位於九龍區最繁忙的交通樞紐，與渡船街一街之隔是佐敦道碼頭和巴士總站13，

10　參閱《香港年鑑》所載的〈工商名錄〉，估計茶餐廳是在 1950 年代中興起的。1955 年之前西餐室這類目下沒有「茶餐廳」的記錄，1955 年，這類目下有一間茶餐廳，名為金門茶餐廳；1956 年的記錄中有五間茶餐廳：蘭香閣、蕙園、沙龍、金門及榮風。

11　《茶點》(1959)，新年特大號。

12　《香港電話號碼簿 1967 年》，頁 253。

13　佐敦道碼頭於 1933 年 3 月 6 日啟用，同時發展汽車渡輪，渡輪採用雙層船，上層載人，下層載車，往來中環統一碼頭。碼頭旁是巴士總站，以「佐敦道碼頭」命名，來往九龍新界各區有幾十條巴士線。以前市民乘巴士轉渡輪，或乘巴士轉車，是慣常的做法。資料來源：蕭國健，2000，頁 102-103。

碼頭有兩條分別前往中環與灣仔的航線，巴士總站有十多條路線前往九龍和新界各區，每日都有大量迅速流動的乘客從餐廳門前路過 14，在這裡設餐廳擁有絕對地理優勢。但羅騰祥對人流的看法有獨特的見解，他認為人流未必對餐廳有直接的效用，行人為趕車趕船匆匆而過，哪有時間靜心享用餐廳服務 15？於是，他想到用外賣快餐去吸引趕時間的行人，讓顧客拿著「大家樂」的外賣包在車上、船上慢慢享用，完全符合香港人生活節奏急速的要求。

51 分店地下那 610 平方呎空間，便被改裝為外賣部，有扒爐煎牛肉餅，小食櫃裡陳列著炸雞髀、金沙骨、咖喱角、漢堡包、熱狗等小食類的食物。這些食物全部可以預先製造，顧客先到收銀機前買票，然後到外賣水吧領取食物，快捷方便，水吧旁有幾個座位，但絕大部份顧客都是買完即走的。結果反應非常理想，生意額翻倍。

這可說是「大家樂」快餐的前身。跟普通外賣的分別是，樓下外賣部的餐單和流程是經過細心構思的。為吸納門前高流量的人流，食物要預先大量製作，為了保持高效率，餐單必須簡單，食物要易於製作，炸雞髀、金沙骨、咖喱角、漢堡包、熱狗等小食類的款式，正好符合易製的要求。當時的外賣水吧安裝了炸爐和扒爐，炸爐每次可以炸 20 多隻雞髀，同樣，扒爐可以同時煎多個牛肉餅；這跟做雲吞麵不一樣，師傅要逐個麵煮出來，費時失事。因為餐單只包括有限的款式選擇，工作人員可集中製作，做到最高的出餐率。

這幾個要點便是快餐的基本理念。相信當時羅騰祥未必有一套清晰的快餐理念，但他將香港市民急速的生活步伐、外出進食的需要，早已看在眼裡並轉化為商機。其實「外賣快餐」在當時香港已經有跡可尋 16，如 1965 年 7 月 25 日《工商晚報》報道：「為解決中區午膳擠迫，嘉頓酒

14　1975 年渡船街完成填海，貫通旺角、油麻地至尖沙咀，並於文華新邨與僑聯大廈之間的渡船街設行人天橋，連接碼頭至佐敦道之間，天橋的上落位置正好在「大家樂」於佐敦道 51 號分店門前。作者參考《香港年鑑》所載的地圖，將 1975 年版與之前的版本作比較，得出這發現。

15　蔡利民、江瓊珠，2008，頁 45。

16　根據香港市政局電子報章資料庫，輸入「快餐」檢索詞，在 1950 至 1959 年之間，並沒有任何結果。直至 1960 年，才開始出現一些有關快餐的報道，主要是介紹快餐店在英國、法國流行的情況。

右　1963 年，佐敦道碼頭和巴士總站。右邊的金字頂小屋，是於 1971 年落成的佐敦道 51 號利僑大廈所在，即「大家樂」佐敦道分店的位置。興建中的文華新邨於 1964 至 1970 年落成，是當時油麻地區最大型的屋苑。（政府新聞處提供）

樓在大會堂供應盒裝快餐，只限外賣。」另 1966 年的《華僑日報》一則廣告，推銷「冠華餐廳特價快餐，為鄰近學校及寫字樓提供特價快餐」。顯然，外賣和快餐是配合商業區上班族和學生午膳的新產物，這兩個群組也是「大家樂」日後發展特別針對的對象。

### 變身第二步——「反轉」傳統餐廳的模型

51 分店樓下賣外賣、樓上做餐廳，但仍未算是一間快餐店，當中還需要一個更激烈的變身行動，就是取締侍應服務，引入自助服務模式。以麥當勞為例，這個變身不是自然而然的過程，而是由企業家為解決問題引發出的創新思維所達致。1937 年麥氏兄弟開始經營汽車餐館，這是一間售賣熱狗和奶昔等簡單食品的小店，有侍應在路邊向駕駛汽車的顧客落單，由侍應收錢和傳遞食物，生意很快到達樽頸位，汽車經常要排長龍等待侍應送上食物。麥氏兄弟採取創新的方法，將超級市場的自助服務借用過來，顧客在餐廳內以自助方式完成付款、領取食物和餐具等步驟，效率提高，食物價錢亦可調低，大受年輕人和趕時間的上班族歡迎 [17]。

這邊廂，51 分店一樓餐廳本身亦正面對樓面侍應的問題。傳統餐廳流行領班制，即樓面領班通常有一個班底，「兄弟班」共同進退，以領班為帶頭人，即使僱主對個別員工有意見，若領班要保護下屬，僱主擔心領班拉隊走人，唯有忍氣吞聲。於是，羅氏兄弟叔侄決定引入自助模式，徹底改變傳統食肆的侍應服務。創辦人是否效法麥當勞或其他美式快餐店的模型？今天已不得而知，但他們對美式快餐的發展很是留意，對自助式快餐業抱樂觀態度，認為這行業在香港有很大發展空間 [18]。

但美式快餐的模型不能自動套用於賣中國人飯食的快餐模型中。1974 年，「大家樂」創

17  Love, 1995, pp.9-29.
18  根據李偉基 2017 年 12 月 2 日訪談記錄。李偉基於 1977 年調升分店經理，曾經與羅騰祥和羅開睦兩位創辦人開會，他記得開睦引述美國快餐的數字，比較香港的狀況，深信快餐在香港有很大發展空間。

辦人決定在旺角通菜街77號的新舖，嘗試創建中式快餐店的模式，以大量預製食物、高效率的餐單和自助的服務流程，營運新的餐廳。羅騰祥和羅開睦專程邀請曾經合作過的舊員工侯湘擔任分店經理，開發新的中式快餐模型。侯湘並無餐飲業經驗，憑的是一股拚搏精神和幹勁，從無到有地創立了「大家樂」第一間快餐店。

77分店的位置正好在靠近亞皆老街一方的「女人街」[19]上，1974年通菜街還未被劃為小販管制區，附近有百貨公司、各類商店、小巴站、火車站、學校、銀行等，全日交通和人流暢旺。這個單位面積只有835平方呎，相比51分店一樓的餐廳不及一半，近門口一部收銀機，店內座位不足50個，有一個水吧湯池和最入面一個狹小的廚房。

[19] 《小販（認可區）宣布》［第132章第83B（4）條］，小販認可區，附表2第1欄所指明並以道路標記劃定正確界線的街道，其範圍由附表2第2欄［及第3欄（凡適用時）］內與該等街道對列之處所指明者，均撥作販賣用途的認可區。附表2九龍部份，列出通菜街乃小販認可區，由亞皆老街與其交界的南面路口起，至奶路臣街與其交界的北面路口止的一段；由奶路臣街與其交界的南面路口起，至山東街與其交界的北面路口止的一段；由山東街與其交界的北面路口起的一段；由山東街與其交界的南面路口起，至豉油街與其交界的北面路口止的一段；及由豉油街與其交界的南面路口起，至登打士街與其交界的北面路口止的一段。資料來源：《1975年第70號法律公告》。

侯湘
前大家樂快餐業務總監

前線故事

侯湘，是「大家樂」退休員工，退休前的職位是快餐業務總監。1973 年加入「大家樂」，負責開辦旺角通菜街 77 號店，即「大家樂」第一間以自助模式運作的快餐店，及後陸續主理新增的分店，累積豐富的快餐營運經驗，1984 年升任業務總監，2000 年退休。作者與侯湘面談時，他已經從快餐前線退下 17 年，回顧這效力半生的「老東家」，最深刻的是早年開創快餐模型時的經過，道來記憶猶新。

八叔和睦哥離開舊公司之後，不久我亦離開了舊公司。之後我當了小巴司機，小巴的入息夠高嘛。有一天，我和太太逛街購物時，剛巧碰到睦哥和他的太太，我們都好開心再見面。這是一個轉捩點，我上前跟睦哥打招呼，睦哥記低了我的電話和地址。

兩個月後收到睦哥來電。後來知道他曾經向舊同事打聽我的近況，舊同事告訴他：「侯湘駕駛小巴，由上環經中環、灣仔、北角去筲箕灣，不會去柴灣的。」睦哥沒有約定見面時間，原來他跟八叔計好我的開工時間，在糖街樂聲戲院的欄杆旁等我，那個位置是小巴站嘛。他們真的在等我經過，然後約我飲茶，對我說：「阿湘，有冇興趣過來做呀？」他們就是這樣跟我說的，我很興奮，因為我在舊公司的時候，是很尊重他們倆的啊。

那時開通菜街77號分店，九嬸（羅芳祥太太）都有來幫忙，當時我完全沒有經驗，真的要多謝九嬸，「大家樂」有睦哥、八叔、九叔、親哥（羅開親）四大股東，八叔和睦哥在佐敦道寫字樓，九叔是負責通菜街77號和駱克道494號兩間分店的，所以九嬸有時過來幫忙。她對烹飪很有興趣，我們賣沙律是她提議的，廚房有兩個炸爐、炸薯條、炸豬扒，當時九嬸教我們，豬扒醃好之後上炸粉，炸出來真的很好吃。九叔從法國訂了一個炸爐來，炸出來的雞髀很好吃。

我是舖頭負責人，請了一個師傅仔幫忙廚房工作，舖位又窄、廚房又細，只能做簡單的雞髀、豬扒、意粉；另外請了文員，她負責打理帳目，記錄幾多錢生意呀、開支幾多呀，每天早上向八叔那邊的寫字樓報告早一天的帳目。一天，八叔聽到通菜街77號分店賺了很多錢，非常開心，後來，四大股東每人再夾一筆錢，去開雪廠街7E號那個舖。

有一段時間人手不足，剛巧是過新年，文哥和潘 Sir 放工後過來幫忙20，見到我在廚房炒意粉。我在通菜街77號分店可說是有血有淚，曾經試過太過疲倦，在小巴睡著了，下車時把舖頭鎖匙遺留在小巴上，追了兩條街才把鎖匙追回來。當時舖頭早上7時開門，晚上11時關門，由早做到晚，太疲累了。有天收銀員病了，我批准她請病假，立即叫太太過來幫忙，她找續時弄錯了，因為不想我擔心，悄悄自掏腰包填數。

20　文哥是鄺德文，潘 Sir 是潘福來，1975 年 11 月「大家樂」在中環雪廠街 7E 號開設第五間分店，由潘福來任分店經理、鄺德文任分店大廚。中環是商業區，晚上寫字樓下班後附近一帶人流稀疏。7E 分店約於 8 時關門，而旺角通菜街 77 號是 11時關門的，由於旺角晚上一樣繁忙，鄺德文和潘福來從中環過來，正好可以幫上大忙。

## 「大家樂」快餐模型

這個最早期的「大家樂」快餐店模型，有什麼主要元素？

一、自助服務的流程。客人先到收銀機買票，收銀員在收銀機印出的收據上記低客人的選擇，客人憑票到水吧領取食物和飲品。人多要排隊的時候，收銀機前和水吧前分成兩條隊，客人逐步排隊，領取食物後找座位進食。

二、預製生產。工作人員要提早上班，廚房內有兩個炸爐、一個扒爐、兩個大煲，由醃肉、焗意粉、炒意粉、炸雞髀和豬扒、焗薯仔做沙律，全部在店內廚房預製。預製的肉類和醬汁放在保溫湯池，待客人憑票取食物時，取出盛於碟上；另外有小食櫃放置雞髀等小食類食物。

特別介紹「湯池」，這是中式快餐店必備的設施。湯池是一個不鏽鋼的長方形容器，裡面裝有熱水，可調校溫度，用隔水保暖的方式，浸著幾個較小的容器，放置預製好的食物，尤其湯、醬汁、意粉和飯。湯池不是新事物，西餐廳的廚房也會用來保存預先熬製好的湯和醬汁，但西餐廳的湯池不及快餐店的大，幾個創辦人在「維他奶」工作過，借用賣熱「維他奶」的熱櫃構思，改裝成快餐湯池。

三、高效率的餐單。77 分店早期的餐單，完全符合選項有限、簡單易做的原則，炸爐可以炸雞髀、薯條，扒爐可以煎豬扒、腸仔和雞蛋，兩個大煲分別煮雜菜湯、醬汁、焗意粉或煮紅豆。初期廚房沒有蒸爐不能賣飯，只能賣意粉，可以配雞髀、豬扒、免治牛肉、腸仔、火腿或煎蛋，燴洋葱汁或黑椒汁；牛腩難煮，沒有咖喱牛腩這選項，湯類只有雜菜湯，小食類有雞髀沙律、涼粉紅豆冰或雜果紅豆冰。當時最好賣的是火腿煎蛋、雞髀和紅豆冰，都是簡單、快捷易做的食物。

四、由收銀員和收銀機取代侍應落單的功能。不過，礙於技術所限，當時的收銀機未及今日的電子收銀機功能全面，早期的收銀機上只有八個掣，收銀員收到客人的點菜指示，輸入銀碼和

菜類後，還需要在收銀機印出的單據上補上幾筆。為了保持效率，他們習慣使用內部共識的代號，如凍飲以英文 Cold 第一個字母「C」字代替，魚柳畫一條魚，雞髀寫「畀」字，豬扒飯寫「朱反」。午飯時段排隊人潮多的話，還需要分店經理幫忙寫單。

四、整潔和舒適的進食環境。憑票到水吧領取食物後，客人可以在店內自行找座位安頓，這時他們會發現「大家樂」的座位與餐廳、冰室、茶餐廳的格局明顯不同，77 分店的座位是顏色膠椅，四張椅連檯面形成一個不能分拆開的椅架，顏色方面早期有紅色、綠色，後來有黃色、藍色。膠椅的好處是成本低、耐用、給人摩登的感覺、方便清潔。針對一些舊式茶餐廳或冰室的裝修和衛生問題，「大家樂」快餐店的裝修予人光亮和潔淨的感覺，加上冷氣開放，比起沿用風扇的一般茶餐廳，快餐店的環境較吸引。因此，當年 77 分店的顧客，以年輕人和學生為主。

早期的分店裝修著重舒適的環境，使用相連的塑膠座椅。

## 新模型下拒絕定型

77 分店創立了快餐的模型，在實踐上尚有許多需要微調的地方，而且，「大家樂」絕不會讓自己定型。隨著時代和環境的需要，所謂模型只是一個原型，需要不斷去改良、調整及創新。例如，推行自助服務初期，部份顧客未能適應沒有侍應服務的食

肆，對店內安排顧客捧著托盤去領取食物的做法深表不滿。「大家樂」是較早推行自助服務的本地食肆，到後來美式快餐進駐香港，市民才逐漸習慣自助快餐的模式。當時創辦人明白新事物推行初期，必須有相應措施協助顧客去適應和接受，於是安排女服務員講解流程和步驟，有需要時還幫忙捧餐，初時是為了安撫未習慣的顧客。發展下來，從現場的觀察，有些顧客的確需要捧餐服務，例如推出鐵板餐時，客人捧著又大又重、滾燙的鐵板，經常險象橫生，或者一些帶著小孩的女性客人、一些身旁沒有照顧者的長者客人、一些拖著大包小包行李的單身客人等，快餐店員工都會主動幫忙捧餐。由侍應服務轉型至自助服務，再微調修正為有需要時服務。

自助的流程亦需要不斷改良、落實。西式快餐店的排隊流程是買票和領取食物一條隊處理，收銀員從各個食物輸出口收集指定食物，集齊在托盤上交付客人。「大家樂」將一條隊拆成兩條隊，設計成收銀和出餐分工進行；水吧輸出餐飲也有流程設計，飯、菜、湯、飲品安排成直線式流水作業，由一個叫 Caller 的角色帶起整個程序，餐盤在水吧上排隊，客人隨餐盤移動，走到最後一步，餐盤上便齊集點餐的食物和飲料，以清晰分工和流水作業保證最高效率。微調的地方是，早期飯和菜放在一起，後期改為飯和菜分開輸出，既可增加效率，也可改善口感；早期湯池放在水吧位置，後期改放在廚房，從廚房出餐口輸出，以改善店面的觀瞻。

雖然稱為模型，實際上早期只是一個原型楷模，隨環境、經驗、科技、社會經濟、消費者的要求等各種因素不斷改良和微調，以更切合實際情況，提高效率，亦使顧客有更好的消費經驗。

# 擴大創業團隊

繼「大家樂」通菜街77號分店之後，美國多間快餐集團先後進軍香港[21]，1973年6月，「家鄉雞」（即後來的肯德基）登陸香港，在美孚新邨開設第一間分店。1975年1月，麥當勞在銅鑼灣開設首間分店。西式快餐店進駐香港，市民對自助式的快餐服務愈來愈接受，市面上亦開始湧現各種規模的快餐店。「大家樂」的快餐店模型，是逐步從佐敦道碼頭的人流啟發出來的創新嘗試，通菜街77號店生意理想，為創辦人打了強心針，隨後幾年陸續增加分店，從市民吃快餐的反應，令他們對快餐市場充滿信心。

## 時代變遷與快餐普及化

「大家樂」的創業和分店發展，與香港社會發展的趨勢是同步的。首先，香港經濟於1970至1979年間，每年平均增長達6.4%，家庭收入增加，外出用膳的支出相應增加，有利快餐業的發展。根據《住戶消費調查報告》，食是最主要的消費，佔住戶收入一半以上，其中包括外出用膳。1973/74年度，外出用膳的消費佔一般收入住戶（月入400至1,499元）約13.6%，較1964年的同類住戶（月入100至599元）之9.5%，增加四個百分點[22]。

第二，1970年代是香港工商業騰飛的年代，就業人口大量增加，工作時間也不斷延長。工商業發達，就業人口增加，中午外出用膳成為強大的需要。製造業的就業統計顯示，1976年，66%的婦女每週工時為45至54小時；男性的工作時間更長，有55%為45至54小時，26%為55至74小時[23]。另一方面，香港的城市發展採用新市鎮模型，於是，長工時、就業機會增加、新市鎮社區的發展，造就了一種新的家庭形態，以小家庭為主，夫婦兩人都是受薪僱員，晚上下班後拖著

21 除「家鄉雞」及「麥當勞」以外，1977年美國「Orange Julius」在九龍開業，售賣各式熱狗與果汁飲品。1979年6月「Burger King」（堡加敬）在德輔道中開幕。

22 *The household expenditure survey 1973 -74 and the consumer price indexes*, 1975, p.63.

23 《香港統計年刊》，1978，頁41，表3.5。

疲憊的身軀回到家裡，放棄在家做飯的，光顧價格相宜的快餐店是較可取的選擇。

第三，人口結構趨向年輕化，1960年，15至24歲的組別佔總人口約為12%，1970年再增至19%[24]。經濟發展帶動消費文化的興起，年輕人成為新的消費群。快餐以嶄新的形態打入餐飲市場，正好吻合年輕人追求潮流和新事物的消費心態；價格相宜的快餐亦符合年輕人有限的經濟能力；還有，快餐店的自助模式讓年輕顧客覺得比較自由，快餐店逐漸變成年輕人的聚腳點。

雖然社會開始接納快餐這種新事物，但「大家樂」創辦人從未以快餐潮流先行者自居，而是一步一腳印、邊行邊學地開創快餐這條路來。第一間自助式分店開業後，創辦人仍然在摸索中前行，1974至1975年間，加開了三間分店，分別座落於旺角、灣仔和中環的商業區，三個創辦人各自打理一兩間分店，這個階段，幾間分店的快餐模型尚在各自發展中，還未算是連鎖模式。推動創辦人有信心繼續加開分店，逐步走上連鎖集團的方向，除了社會對快餐的踴躍反應，同樣重要的是一個富創業精神的員工團隊的誕生。

### 吸納初創先鋒

初創階段的前線先鋒，是由一隊勇於嘗試、肯拚搏的成員組成，秉承創辦人的開創精神，憑藉一股蠻勁、邊學邊做、敢於將個人的舊本領移植，繼續開創「大家樂」的快餐模型。前述的侯湘正是初創先鋒之一，他的故事反映了創辦人擴大創業團隊的方式，是從原來的人際網絡中挑選合適人才；故事亦引證了創辦人的用人準則：負責任、肯拚搏、敢於開創、有學習精神。

事實上，由創辦人到創業團隊上下，絕大部份對餐飲業都是沒有經驗的，沒經驗不要緊，最重要肯學、肯試。一個小故事反映了創辦人對學習精神的重

24 網上資料：World Population Prospects: The 2017 Revision.

視。曾在「大家樂」服務40多年、出任過「一粥麵」總監的邱明章，原本在羅騰祥和羅開睦開辦的假髮廠裡做組長，髮廠結業後被邀請加入佐敦道51號的「大家樂」做水吧侍應。他向羅開睦表示擔心自己沒有餐飲經驗，不能勝任，羅開睦著他先到外邊的茶餐廳學習基本功，邱明章於是跑到灣仔一間茶餐廳學師，稍後才在「大家樂」正式上班 25。

中環雪廠街7E號分店（簡稱7E分店）的開創經過，充份反映分店員工上下的創業精神，尤其分店經理潘福來。潘福來是羅開睦的舊下屬，被邀請來打理這間新分店。7E分店常被引述為「大家樂」的轉捩點，事緣這是「大家樂」第一間中環分店，之前的分店都是開設在旺角、油麻地等草根階層活動的地區，餐單、服務形式都是草根模式，如何做好中環白領的生意？這是潘福來面臨的第一道考驗。

中環雪廠街7E號分店
於1975年11月開業。

開業初期的7E分店門庭冷落，潘福來也是餐飲業門外漢，如何打開困局？跟侯湘開創通菜街77號分店一樣，全憑負責任、敢闖、肯創的精神。潘福來帶領員工派傳單做宣傳、推出特價奶茶、咖啡，為吸引中環客，特地跑到文華酒店吃公司三文治，記下酒店所用的配料，在「大家樂」照辦煮碗，然後再演變出更多款式的三文治。7E分店 | 25 蔡利民、江瓊珠，2008，頁42-43。

逐漸吸引到附近的上班族光顧，曾發生過因顧客太多，店內擠得水洩不通，以至潘福來要下令「拉半閘」限制顧客進入的情景。

7E 分店也開創了「大家樂」快餐模型一個新元素──外賣飯盒。7E 分店共有三層，底層闢做廚房，地面一層做外賣和企位堂食，樓上是餐廳，設座位堂食，食物由一座小型電梯運送。樓下的外賣生意佔全店約三分二，繁忙時間在早上和中午，早市的外賣早餐是三文治、奶茶和咖啡，午市的外賣飯盒初期賣簡單配搭的意粉和飯類，晚上的生意相對較淡靜。經過一年多培養，中環的上班族逐漸建立了到「大家樂」買外賣的習慣。當時的水吧員工形容這個場面：到了 1977 年，生意已經非常興旺，飯盒在廚房完成包裝後運上地面一層，水吧前每個員工負責一兩款飯盒，依顧客手上的付款單交付指定的款式，若某款飯盒缺貨，顧客正在稍等的時候，排在後面的顧客已急不及待遞上付款單，堪稱「見手不見人」，馬不停蹄地憑付款單遞出飯盒。這位員工是第一天上班，抵受不住壓力而病倒了，第二天竟然要請病假。

1975 年，7E 分店。
午飯時員工忙於包裝外賣飯盒。

由零做到「見手不見人」，7E 分店的成功證明創辦人找對了人。潘福來做過汽水推銷員，曾經是羅開睦的舊下屬，曾升任分區小組組長，有管理前線員工的經驗。羅開睦信任他的工作能力，事實亦證明潘福來懂得將銷售和管理經驗移植到餐飲業中，

他曾經講過，羅開睦邀請他擔任 7E 分店經理，相信是因為他信任自己的忠誠態度 26。

### 栽培前線團隊

初創先鋒是一班有忠誠度、肯拚搏的舊下屬，除了侯湘、潘福來，還有很多非常投入的前線員工，例如前面講過的邱明章。能夠令員工為公司拚搏，反映創辦人的個人魅力和管理人事的能力。羅騰祥和羅開睦從昔日的舊下屬及同鄉族俚中，挑選最值得信賴的人選，安排在合適崗位效力，不單分店經理，連收銀、水吧等基層崗位也有盡心盡力的員工，不少日後的高層管理人員也曾經這樣由低做起。

除了以個人魅力、深厚情誼、互信的關係吸納人才，有效的人事制度是建立團隊的必要條件。當「大家樂」發展到好幾間分店時，羅開睦被推舉擔任總經理之職，管理一、兩間餐廳不同於管理一個連鎖事業，總經理有什麼管理辦法呢？原來，他在「維他奶」時擔任九龍區銷售部主管，管轄範圍包括推銷員的業績和運送汽水的車隊，推銷和運輸物流的工作跟連鎖快餐店有一個共同點，就是工作地點遠離公司總部，如何令外邊工作的人員不單自動遵守紀律，還要盡心盡力地把工作做好？這需要有一套有效的獎勵制度和一套緊密的監察機制。

羅開睦先將以前實踐的那套管理概念移植過來，建立「大家樂」業務部，以一間分店為一個業務單位，分店由分店經理和大廚負責管理。每間分店基本上是自負盈虧的，營業額扣除日常營運開支後的盈餘，以分紅的方式發給分店經理和大廚，於是，分店的管理層猶如小老闆般，積極開拓營業額、規劃開支、編配人手和「更表」（上班時間表），細心觀察、補漏拾遺，確保每日流程如常運作，遇緊急事故時主動應變。

前線團隊中也有從外面招聘選拔、由低做起、被提升到管理層的。例如佐敦道 51 號分店

26　蔡利民、江瓊珠，2008，頁 323。

第一任大廚和助廚，後來都被提升為分店經理，參與1977年及後的分店開發工作。退休前是「大家樂」中國業務總經理的李偉基是其中一個例子。他於1973年加入「大家樂」，最初在佐敦道51號分店做助廚，逐步升上大廚的崗位，一天，羅騰祥問他：「你在廚房已經有一段時間，有沒有興趣跳出樓面了解下，學多些東西？」得到老闆賞識，李偉基不假思索便一口答應，以至有日後的發展。在「大家樂」而言，從前線挑選有拼勁和有能力的人才，透過逐步調升，是擴大有投入感、肯拼搏的前線團隊的最好方法。這種從前線挑選合適人才升上管理崗位的方法，一直沿用下來，配合分紅的獎勵制度，維持前線團隊的幹勁。

我們在訪談中，聽到很多關於前線拼搏的故事，講到分店經理、領班、大廚等如何緊貼客情、互相照應，把分店做到最好。例如分店經理和大廚主動引入受歡迎菜式，提升營業額，同時為市民提供合適服務；曾經聽過分店經理和大廚提早一小時上班，為大清早上班的工人準備早餐；也曾經聽過因為生意太好，清潔女工趕不及清洗碗盤，分店經理、大廚、領班等上下齊心，完成清潔打掃後才關燈一起離開；亦曾經聽過大廚為保證廚房助理們準時開工，以應付早上龐大的客流，自掏腰包約好助理們乘的士一起上班。這些戰後出生、成長的一代，經歷過資源匱乏、就學機會不足、人浮於事的艱難歲月，特別珍惜難得的晉升機會。

小老闆也要凝聚前線團隊的合作精神。工作上以身作則、獎罰分明、對下屬表達關懷，便可培養員工投入感[27]。從員工訪談中聽過一個小故事，當事人是一位女性組長，由於飲食業工作時間長，早更時大清早5時起床，夜更時11時多才回家，對一個女孩子來說殊不方便，她正打算向經理請辭之際，不料經理打算將她調升為副經理，將分店鎖匙交付予她，著她明早開始負責拉閘開門。她深感日常負責的只是份內事，居然獲得上司的賞識和信任，便留下工作至今35年。

27 一篇徵文比賽冠軍作品有如下記述：廚房被視為下等的職業，但作者所屬的分店廚房，「大廚處事認真，有魄力、幹勁，對待下屬關懷備至，獎罰分明，得到下屬員工及洗碗阿姐一致愛戴，令他們對公司產生一份歸屬感。」（節錄）資料來源：楊國華（1984）。〈我的部門〉。《滿 Fun》，第5期，頁6。

右　1983年7月出版的《滿 Fun》創刊號首頁。這是「大家樂」企業內部刊物，由前線員工及管理層成員組成編委會，主席李愛珍是公司秘書，編委會成員包括三位分店經理謝晃賢、馮粵禧及張萬成；管理層成員有負責人事工作的陳粵龍、宣傳及市場推廣的張俏軒，以及發展部總監伍東揚。負責印刷的羅開敦是採購部高級經理。

**滿FUN**

一九八三年七月 創刊號

## 主席的話

前言：欣幸得很，我們終於能使「滿FUN」與各位見面了。在此本人謹代表委員會對公司及各全人的支持予以致謝，使我們也擁有一份屬於「我們的刊物」——這也是本刊物的目的。

半年前一個公餘晚上，忽然想到公司員工之間好像除了工作上之往來外，似乎缺乏了一些大家溝通的機會。本人疑問爲什麼不可以有一份刊物，作爲員工間精神溝通之橋樑，又或者透過此媒介，使員工更了解公司的內部發展，人物事態之等等。多些關懷工作以外之事物，完全投入「大家樂」大家庭之中，就這樣，一股無名的力量驅使我發動組成「滿FUN」之建議。

考慮一番，終以「戰戰兢兢」的心情向總經理提出，出乎意料，他——欣然接受，於是立即草擬建議書及向各方面搜集資料，建議書經批核後在政務會議內提出，並獲大會通過，經各部門之支持，組成「刊物委員會」。成員包括本人、伍東揚、羅開敦、陳粵龍、張俏軒、張萬成、謝晃賢、馮錦禧、郭元良及霍錦文等十人，作集思廣益，向我們的目標踏上第一步。

刊物將每三個月出版一期，內容方面包括專人特稿、員工動態、分店活動、公司之報導、新產品的介紹；另有反映員工意見的「心聲集」及無所不談的「自由談」，正是集報導、介紹、宣傳、創作於一爐而共冶。

編輯過程中各人由於本身工作繁忙，只能在工餘之暇，以極有限之時間來籌備，經過兩個多月之努力耕耘，終克服了種種困難，如稿件來源、人力分配、印刷常識等等，付印之餘，終鬆了一口氣。

最後，由於缺乏充足之時間準備，所以本刊在各方面可有不足之處，希望各位多給予指導及更正。最後更望各位能支持，投身共同推動我們的刊物，發揚團體創作之精神。

——委員會主席李愛珍

**委員會成員**

主席：李愛珍

編委會：謝晃賢、張俏軒、張萬成、
馮錦禧、陳粵龍、伍東揚

文　書：霍錦文

印　刷：羅開敦、郭元良

通訊處：寫字樓人事部

## 編者的話

「編者的話」這個題目，太缺乏吸引力了。

我們曾經考慮了不知多少次，怎樣才可以寫到引起大家的注意；頭痛了好幾天，噢！對了，與其刻意去堆砌，不如就忠實去報導吧。

這份大眾的刊物內容有「每期特稿」、「員工動態」、「公司剪影」、「活動專欄」、「員工投稿園地」——心聲集、自由談，這些題目各位有興趣嗎？讓我們在這裏將每一個專欄的宗旨及內容作出報導，更希望在未來的日子裏，讓大家一同去創作，一同去耕耘，一同去享受這份——我們的刊物。

「特稿」，顧名思義，此乃特約稿件。每期我們都會邀請專人撰寫一些有意義的題目，大家關注的文章。你們有何意見，下一個就是你，好嗎？

「員工動態」，讓你們想一想，整間公司有員工多少名？……將來我們每期都會爲大眾報導員工間的調職、升職、新同事之加入、喜事如結婚、添丁等等。讓大家庭中的每一份子也分享到每一個喜悅，也給予我們鼓勵——「洞房花燭夜、金榜掛名時」——朋友，一同去爭取吧！

「公司剪影」，生活一角的介紹可以說是剪影。公司的花絮、部門的活動、甚至公司的發展，都可以在此專欄中看到，你想知道第二十二及二十三間新分店在哪裏嗎？大廚創作比賽之優勝者有何獎勵呢？細閱此期之報導吧！

「活動專欄」乃年青人最喜歡的一欄。你想知道分店間之活動嗎？至於活動及旅遊資料亦將逐一介紹。舉凡分店間之活動，歡迎來稿報導，一同分享；藉運動使我們更團結，一同邁向目標。

「員工投稿園地」這個專欄完全是大眾樂園。「自由談」——世界大事、人生感受，無所不談；「心聲集」——員工心聲，工作改良意見一一盡錄，祇要並非人身攻擊，我們皆十分歡迎。

這些園地，我們正在開墾中，爲使它百花齊放，草木欣欣，你們之灌溉，不可或缺。來吧，讓我們齊齊耕耘，取足一百分收獲。

1

下班後分店員工舉辦康樂活動，加深了團隊的情誼。快餐是新事物、新行業，1970 至 1980 年代「大家樂」員工以年輕僱員為主 28。因為工時長、早更、夜更、不固定的休假編排，令他們難於相約朋友聚會，於是分店員工經常相約舉辦集體活動，培養了團隊感情 29。有分店舉行開店週年聯歡聚會；分店之間舉辦聯誼活動，如足球比賽、大食會；公司總部亦會舉辦活動如遊船河、聖誕裝飾比賽，甚至出版內部刊物《滿 Fun》，促進公司與員工之間的資訊流通之餘，亦營造公司的團隊氣氛 30。這些都是 1980 年代的事情了。

獎勵制度可鼓勵員工發揮幹勁，所謂樹大有枯枝，有效的管理必須有監察制度，防止流弊叢生。最嚴重的問題是食物成本失控，影響整體盈利。每間分店都有雪櫃和倉庫儲存食材，過去曾發生過員工將物資拿走的弊病，也有因管理失當而浪費食材資源。後來羅開睦設立「管核部」，由會計部安排管倉文員派駐分店，負責登記和點算店內的存貨和輸出，分店經理每天將營業收入交管倉文員點算及記錄，所有記錄交會計部計算每月的收支損益，管核措施實施後，食物成本很快得以控制。

## 建立後防組織

有了可以衝鋒陷陣的前線隊伍，也必須有堅固的後防組織，企業才可以擴大發展。前線隊伍是各分店的業務人員，後防就是做食物加工的「大廚房」、採購部和監督分店廚房的行政總廚。1977 年，羅開睦鼓勵另一創辦人羅階祥的兒子羅開親，負責設立總廚房和協調分店的職責。

所謂「大廚房」，就是食物預製和加工的中央工場，跟前線分店的開拓一樣，中央工場的建設也是一步一步開展出來的。開始時只有漢堡包用的牛肉餅是由佐敦道 51 號分店中央預製的，

28　大家樂成員年齡統計發現，25 歲以下佔 64%，25-59 歲佔 34%，60 歲或以上佔 2%。資料來源。〈八 8 大家樂〉，《滿 Fun》，1985 年 10 月，第 10 期，頁 3。

29　一篇徵文比賽季軍作品有如下記述：日常工作壓力大，員工於下班後經常聚集活動，看電影、旅行、燒烤、Roller 等，記得一次活動中，大夥兒到咖啡灣燒烤，「因一時興起，進行集體互拋下水的遊戲，上至經理、下至基層，無一幸免，回程間恍如一群剛登岸的偷渡客，全身盡濕，頗具異相。在此店一年多，……培養了一份歸屬的情感。」（節錄）資料來源：許炳輝（1984）。〈我的部門〉。《滿 Fun》，第 5 期，頁 6。

30　《滿 Fun》由 1983 年 7 月出版創刊號，每三個月出版；內容方面，除報道企業的最新消息，較多篇幅在分店和員工動態，如員工升職、介紹新同事、新店開業、員工結婚或添丁的喜訊、活動專欄、生活常識、員工投稿等。

其餘所有食品仍然由各分店廚房自行炮製。真正的「大廚房」是於 1979 年底在油塘工業中心設立的中央工場，當時「大家樂」有十間分店，設立中央食品加工廠，集中預製，可應付大量生產和提升產品的一致性。大量生產的第一個好處是提升生產效率和降低成本，另一好處是由中央預製的食物分配到十間不同的分店，方便對食品及配料進行標準化，不會因為分店的廚房空間和安裝的廚具不一，導致食品款式和烹調效果各有差異。

位於油塘的中央廚房設有雪房，可以大量保存肉類，由於機械化程度仍然有限，工人以人手推動機械切肉，如牛扒、豬扒、雞肉，方便控制肉扒的厚薄大小。不過，羅開親特別提到，油塘工場採用蒸汽鍋爐煮紅豆冰用的紅豆，好處是蒸汽可以均勻地將熱力輸送到每粒紅豆，所以「大家樂」的紅豆冰特別受歡迎，當時在飲食界應該是少數使用蒸汽鍋爐的企業。中央生產醬汁是快餐食物標準化最基本的一步，每日「大家樂」轄下的雪藏車都會將預製的醬汁和已解凍、切好的肉類，送達至全港各分店。隨著分店數目持續增長，油塘的加工廠很快已不敷應用，1984 年「大廚房」遷至大角咀一座現代化工商業樓宇中，機械化程度提高，使品質控制更好、預製的產量更多。

有「大廚房」，必須有中央採購制度。傳統的食肆，無論中式抑或西式，大多由廚師採購食材，坊間經常有廚師「打斧頭」（代買東西或辦事時從中佔點小便宜）31 的說法，甚至有傳言廚師私下經營士多辦館，向東家供應食材，又或接納供應商的好處，沒有公正地選擇供應商。對於要發展連鎖店業務的「大家樂」來說，由各分店廚師各自採購物資，實難控制食材的質素和價格成本。配合「大廚房」的中央採購制度，選購的物資先運往「大廚房」檢查質素，經加工處理後分發至各分店，便可以做到提高生產效率、控制食物標準的效果，兩者都有利於控制成本，讓顧客可以相宜價錢享用有質素的食物，更切合「大家樂」快餐的原意。

31 饒秉才、歐陽覺亞、周無忌（編），2001，頁 25。

## 羅開親

前大家樂顧問局主席兼執行董事

羅氏兄弟中排行第六的叫羅階祥，羅開親是他的兒子，即是羅騰祥的侄兒、羅開睦的堂弟。1937年在梅縣出生，曾在廣州師範大學讀書，約於1977年加入「大家樂」，負責過前線業務、食物生產、籌備上市、租務等，至1992年退休，退休後一直擔任非執行董事。羅開親說話時笑容可親，回顧當年「大家樂」規模尚小時，他奔走於前線與後防之間，見證「大家樂」成長的人和事。

我爸爸一直做「蘭生士多」的，他年紀大喇，已經做了二、三十年，若果交棒到兒子手上，兒子做到執笠的話，太不成話了。我在舊公司已經學到很多東西，感覺自己大個仔喇，應該獨立出來，所以接手「蘭生士多」並擴展為「蘭生小食」。

有一天，睦哥（羅開睦）呢，因為我自小在鄉間跟他一起讀書，總會聽他的話，他找我說：「喂，現在各方面都上軌道，無理由我們做公家的事，你一個人做私人的事。返出來幫手啦！」就這樣我開始在「大家樂」幫手。

我們決定以旺角通菜街77號作為試點，推行自助模式，這個舖位本來是一間茶餐廳，我們將它改做快餐店。當時沒有食肆用自助式的啊，有些人接受不來，大聲責罵：「我拿著這個托盤排隊取食物，你叫我乞食嗎？」反映自助服務尚未是潮流呢。雖然有人接受不了，但這個試點分店是成功的，大多數人很快便適應下來。後來有美式快餐店來到香港，也是用自助式服務，更多人習慣了，自助快餐便成為社會潮流。

我也負責「大廚房」那邊的工作，油塘的工場是由我裝置妥當的。採購方面敦哥（羅開敦）出了很大力。敦哥是睦哥的大哥，是我的堂兄，我們三人自小在鄉下跟祖父長大，祖父教導我們，一定要老老實實做人。統一採購這方面，他是公事公辦的，對外樹立了很好的形象。否則，你知道嗎？很多廚房的大佬做採購，多少都要有「油水」（中飽私囊），但是，敦哥絕無此事，所以供應商對我們公司的印象非常好，員工方面都很信任他。一個採購、一個製造廠，一定要統一

的，但是做起來真的不容易呀。

統一餐單（製作標準化）是逐步、逐步的，沒有明顯的時間，什麼時候開始。我們最初的時候，只有十幾間分店，將分店的廚師集合一齊，好啦，你煮最拿手那道菜出來，大家來評比，最高分數那兩、三個的，在他所屬的分店推出，先推出第一名的，跟住第二名、第三名，逐步逐步推，這樣大家便接受得到。否則，廚房師傅人人都很有性格的啊，只會說自己的是最好的，若果在比賽中評比出來，大家會比較認同。

很多人不願意在「大家樂」學廚藝呀，埋怨這裡沒有什麼特別深奧的廚藝，我們請過一些高級的廚師，很快就離開了。我很多謝鄺德文師傅，他很理解「大家樂」的需要，很接納我們的意見，開頭那五、六間分店的大廚，是他聘請的，他們都很接受公司開設大廚房這個任務，所以大廚房的開展比較順利，鄺德文師傅的貢獻很重要。

## 凝聚廚房的力量

有了中央食品加工、預製和中央採購後，食物產品標準化的下一步是統一餐單。工場只是預製食物，烹調的步驟仍然依靠分店大廚的手藝技術，統一餐單的話，分店大廚一來不能隨意自行調製總菜單以外的「新」菜式，二來必須依照統一的製作方程式烹調食物，配菜數目和份量要一致、調味料份量要一致、烹調時間和方法要一致，那麼食品才有一致的效果。

廚房重地，是「大家樂」服務品質的關鍵。烹調食物是人手工藝，傳統上，廚藝就是權衡大廚身份地位的基礎。中央集中管理的制度與人手工藝之間，容易產生矛盾，對大廚來說，中央預製和統一食品製作方法會降低巧手廚藝的價值，中央採購食材物資則代表廚師權力被削弱，當廚師感到尊嚴和利益受損，可能會產生反抗情緒。

管理層深明這個道理，統一餐單的過程是逐步施行的，再者，總食譜的建立盡量捲入分店大廚的參與，透過內部比賽的方式，以公開、公正的方式選出大家公認為最好的、受歡迎的菜式，列入到總菜單內，這樣廚師對統一餐單自然心悅誠服。

除了透過參與建立互信，將講究工藝的廚房納入企業制度同樣重要，方法是靠分紅制度，將大廚關心的方向，由個人尊嚴轉移至業務和營業額；另一方面公司成立行政總廚一職和產品發展部，讓廚師之間有分層分組的管理關係，分店廚師由資深和專業廚師領導，透過協調和溝通解決問題。分紅制度和分層管理是方法，目的是凝聚拚搏和合作精神，令廚房成為「大家樂」企業團隊一部份。講到行政總廚，「大家樂」第一任行政總廚鄺德文是重要人物，我們將在後面講到「大家樂」總餐單的建立和發展時，再講述行政總廚的角色和影響。

# 「香港人的大食堂」

「大家樂，係香港人嘅大食堂」[32] 是「大家樂」於 1977 年推出的第一輯電視廣告內的口號，廣告由創辦人羅開睦夥拍他的傳媒朋友黃霑炮製而成。這句口號坦率易明，羅開睦沒有用「快餐店」這類字眼，將「大家樂」扣連上大食堂這稱號，讓人聯想到普羅大眾的日常飲食需要。作為香港人的大食堂，最基本的裝備是可供一日三餐的餐單，在食物層面下工夫。

## 高級餐款平民化

作為「大家樂」快餐起步初期的模型，通菜街 77 號分店的餐單是各分店的基本餐單，上面只有適合早市和午市的款式，早餐主要賣腸仔蛋、火腿蛋，加奶茶。因空間所限，77 分店連三文治也欠奉，午市是簡單的燴意粉，扒類或雞髀加洋葱汁或黑椒汁，亦因空間有限沒有蒸爐，故未有飯類供應。茶市餐單主要是三文治和小食，小食款式源自佐敦道 51 號分店（簡稱 51 分店）的外賣小食，如炸雞髀沙律、炸魚柳、春卷、咖喱角、金沙骨。晚市重複午市的燴意粉和飯。

雪廠街 7E 號分店的開設，令「大家樂」的餐單有了清晰的方向。當時創辦人聘請了鄺德文擔任 7E 分店大廚，鄺德文是高級西餐廚師，加入「大家樂」後，將本來只能在西餐廳吃到的菜式，經簡化和改良後在「大家樂」快餐店以相宜的價格出售，讓消費能力不高的普羅市民可以品嚐這些「高級」的食品。例如，7E 分店賣的三文治餡料有燒牛肉、燒雞肉、煙肉芝士、吞拿魚、番茄蛋等，當時每天可賣出約 350 份；樓上餐廳的餐單也非一般冰室或基層社區的茶餐廳出售的食物，如牛扒蛋飯、匈牙利牛肉飯、俄國牛柳絲飯、砵酒燴牛脷飯等；即使 51 分店的小食，如炸雞髀沙律、金沙骨、咖喱角也不是基層社區常見的食物。

| 32　換成語體文字是「大家樂，是香港人的大食堂」。

無怪乎在旺角和油麻地的分店，自開店後一直門庭如市，除了因為方便快捷，食物的種類也是吸引的因素。後來鄺德文被委以行政總廚之職，繼續將茶樓、酒家、小菜館或西餐廳才吃到的菜式，轉化為可以大量生產的快餐或外賣飯盒，形成「大家樂」的總菜單，同時編訂製作方程式，派發至各個分店大廚，各大廚依方照辦。由 7E 分店開發出來的餐單也是中西兼備，雖然以今日的眼光來說是普通菜式，只有「十款八款」，但仍然很受歡迎（尤其中學生），包括粟米肉粒、免治牛肉、咖喱牛腩、匈牙利牛肉、焗豬扒飯等。

1975 年，7E 分店。
午飯時間快餐店內人頭湧湧。

## 加入「新」菜式

　　雖然創辦人羅騰祥曾經講過，中國人的地方何不調製符合中國人口味的菜式？但「大家樂」的餐單一直是中西兼容，甚至沒有菜式定型，只要是可行的、受歡迎的，都會被納入總餐單內，原因是餐單不完全是中央統一設計的，隨時因應時勢拼湊而成。

　　1970 至 1980 年代，「大家樂」分店經理和大廚有相當自主的空間，可因應環境和需要引入總菜單以外的「新」菜式。為了促進各店之間的競爭心理，中央管理層會定期公佈各分店的營業額和盈利額，有些分店經理會留心競爭者的行情，或會將鄰店受

歡迎的菜式改頭換面搬過來；有時分店廚房囤積了一些舊食材，為免浪費物資，大廚會將這些剩餘物資重新組合推出，這樣便有所謂「新」菜式；有些分店座落在位置欠佳的地點，為提升生意額，分店經理和大廚會「諗計」（想辦法）引入「新」菜式。受歡迎的「新」菜式可能被其他分店仿效，無心插柳，一些「擅自」採用但受歡迎的款式，便被納入「大家樂」的總菜單之中。

一個例子是鐵板餐。佐敦道 51 號分店還是普通餐廳的時候，鐵板餐是餐單上其中一項款式，非常受歡迎，因此，餐廳改裝為快餐店後，鐵板餐仍然留在餐單上。時任總經理的羅開睦巡視業務時，發現 51 分店有這個情況，便通知分店大廚取消這款式，原因是鐵板餐與快餐要求快捷、價廉、易做等原則不相符。另一邊廂，銅鑼灣渣甸街 19 號分店新開張，位置在京華中心地牢，開店半年晚市生意仍然不理想，分店經理從產品的方向想辦法，引入鐵板餐，碰巧「三越百貨分司」新店開張，帶旺附近一帶的人流，令「大家樂」的鐵板餐大受歡迎。不久，鐵板餐被納入總菜單之中，成為「大家樂」的熱賣項目。

「大家樂」考慮到某些分店所在地的客群特點，而對服務策略作出調整，亦是餐單擴展的原動力。時值 1978 年，在干諾道 47 號分店發生了一個小小的故事。這是「大家樂」第二間中環店，為了應付中環白領的口味，提高競爭力，分店團隊在早餐選料上注入心思，在本來賣常見的腸仔蛋、火腿蛋、多士和奶茶咖啡以外，設計了一道豬肉腸早餐，侯湘是這分店的經理，他的記憶是這樣的：「我們將豬肉腸放在扒爐上面煎，煎到腸身爆裂，開了一個口，一邊有點燶燶的，然後跟薯蓉，用雪糕殼將薯蓉做成球狀，配洋葱汁，加一件多士。嘩！客人們都吃得津津有味。」

# 羅碧靈

羅碧靈，是羅騰祥的女兒。1977年香港大學社會科學院畢業，1981年加入「大家樂」，由管理一間快餐店開始，然後由業務經理、業務總監、總經理逐步晉升；2007年晉身集團業務總經理，督導「大家樂」快餐部、機構飲食及「一粥麵」。即使是家族成員，羅碧靈也是由前線做起的，親身掌握經營快餐店的每個細節，從實踐中累積豐富的快餐知識和管理經驗。這個故事是講這位快餐專家是怎樣鍛煉出來的。

我是 1981 年加入「大家樂」的，在柴灣環翠商場開舖，以特許經營方式營運，這是「大家樂」第一間屋邨舖。當時我對餐飲業全無認識，從未接觸過，不知從何入手，我經常打趣說，或者我可以管下廁紙，其他事情真的不行。當時公司有業務經理，亦安排了分店經理陶哥（陶遵國）和一名大廚來主理店面和廚房。名義上我是老闆，實質上我很依賴這個分店管理層。

我每天都返工，自己去周圍摸索，看看快餐生意是怎樣運作的？關鍵地方在哪裡？有什麼地方需要監管？一日裡，有時在樓面坐坐，有時在收銀機旁站站，觀察收銀員和客人是怎樣溝通的，收銀的工作是怎樣；又入廚房，看看大廚在做些什麼；整天就這樣行行、站站、看看。這分店最旺只有一個午市，學生吃午飯，早市普普通通，夜市簡直冇生意，6 點鐘我就可以走喇，哈哈。

有一年，公司決定早、午、茶、晚四個時段全部加價。真的嚇你一驚呀，9 月 1 日加價，生意走了一半，之後要三、四個月客流才回頭。這段時間，我們唯有想盡辦法。咦，我們的早市特別差，莫非屋邨居民不喜歡吃腸仔、煎蛋做早餐？我們不如賣其他東西吧，於是，我們嘗試推出粥品。

當時「大家樂」早餐是沒有賣粥的，被其他分店嘲笑我們不倫不類，可能因為當時快餐店早餐通常是西式的，有人還批評說，「別以為離得遠，便無人知道你們在作怪！」但我們繼續賣粥，大家見粥類早餐受歡迎，反過來，很多市區的分店都開始賣粥。

我們亦曾經賣過燒烤包，雞翼、豬扒、每樣東西一件，包裝成一包一人份量，方便大家去燒烤，後來「大家樂」有一段時間也賣燒烤包，委託一間工廠專門生產，半機器半人手做包裝的。自己做生意，當然想它做得更好。每個工作台都有一個工作流程，我會想想如何可以做得更加暢順。我的發現是，廚房是快餐店最重要的地方，食物的成本、品質、味道，全部都在廚房發生，但當時我們對廚房的監督最鬆散。所以，之後我一直摸索如何做好廚房的管理制度。

那個時候，公司還未有統一餐單，我一路做的時候，發覺若果我們沒有統一餐單，是無法控制到我們的產品，後來公司設立了產品發展部，由陶哥掌管，開始有統一餐單，統一廚房。

父母對我的影響是態度方面，做人要有責任感、要忠直，不可以在公司裡佔小便宜，這關乎個人的自尊，是非常重要的。我自小培養了一種態度，凡事都要付出，否則你不會有收穫。你選擇了一條路，不能隨便掉頭走，有問題你要去克服它，克服到之後你便可以繼續前行。我本來是個不愛講話的人，但發覺做飲食業的話，溝通方面是很重要的，你要想辦法去影響別人，說服對方接受你的想法，我想我在這方面的成長是最大的。

## 研發中式套餐加強晚市服務

　　「大家樂」第一任行政總廚鄺德文，於 1983 年編製了一份《大家樂食譜》，記載了十款中式飯類、五款扒飯類和四款扒類汁醬、四款湯類、七款小食以及醃汁的調製方法 33。從《食譜》內刊載的款式可見，當時「大家樂」尚未有特別為晚市而設的款式，午市和晚市採用同一組餐單。陶遵國於 1985 年接任行政總廚一職時，「大家樂」正開始研發中式套餐，專攻晚市的市場。

　　晚餐與午飯的餐單有明顯分別，午餐供應較簡單的食物，晚餐則較豐富、有特色，方向是適合廣東人口味的家常便飯，以及有口感濃郁、適合年輕人口味的鐵板餐。1985 年推出的一個電視廣告顯示，當時推廣的精選套餐有海南雞飯、菠蘿生炒骨、鹹蛋蒸肉餅、鐵板牛肉粒；中餐配白飯、菜、湯和茶，西餐配羅宋湯、餐包、牛油、薯菜。晚市餐單不斷發展，一份內部記錄的餐單顯示，1980 年代末的晚市中式套餐有京都肉排、海蜇燻蹄、魷魚肉粒竹筒蛋、沙嗲牛柳；另一份餐單於 1990 年代初推出，有煲仔菜，如北菇臘腸滑雞煲、臘味粉絲雜菜煲、原汁牛腩煲、黑椒牛肉粉絲煲、枝竹草羊煲。可見餐單是逐漸擴闊的，除了有多種選擇，還加入季節性的菜式，如夏天吃炒小菜，冬天吃煲仔菜。及後推出的一人火鍋，火鍋材料可以依潮流和口味變化不斷調整，至今仍然是熱門選擇。

　　晚市餐單趨向更多元化，正好配合同一時期，「大家樂」開始進駐人口稠密的屋邨、屋苑的發展方向。這是「大家樂」上市以後的策略性發展，在黃大仙下邨、荃灣中心、屯門山景邨、馬鞍山恒安邨等新落成的屋邨分別開了分店，並且決定繼續向新界和屋邨集中的地區拓展。1981 年「大家樂」第一個屋邨舖是在柴灣環翠邨商場，晚市可謂水靜鵝飛，估計當時晚上外出吃飯的習慣尚未普及；後來社會經濟水平提

33 《大家樂食譜》，1983 年 9 月 1 日。
飯或意粉：栗米肉粒、生炒排骨、豉汁排骨、梅子排骨、免治牛肉、咖喱牛腩、柱侯牛腩、栗米雞絲、羅漢滑雞、豆豉蒸雞；
特色飯：焗豬扒飯、上湯雞粒火腿飯；
湯類：羅宋湯、周打魚湯、忌廉雞湯、清湯（蔬菜＋豬骨煲成）；
汁料：白忌廉湯底、白麵撈；
扒飯汁：白汁、洋蔥汁、黑椒汁、咖喱汁；
扒類：豬扒、牛扒、鴛鴦扒、雜扒、腸仔扒蛋；
汁醬：甜酸汁、葡國雞汁、焗豬扒汁、醃雞球汁、西冷牛扒汁、豬扒汁；
小食：金沙骨、豉油雞髀、馬蹄糕、炸魚柳、芒果布甸、紅豆西米布甸、啫喱。

升、就業增加、家庭結構轉向核心家庭模式，再加上新界的新市鎮位置偏遠，放工後在外吃晚飯的潛在需求愈來愈大，「大家樂」的中式套餐正好滿足到新式的雙職家庭吃晚飯的需要。

利用巴士車身做廣告宣傳。

回顧過去，餐單是一步一步研發、累積而來，這個研發和累積的經過，正好反映了「大家樂」適應時代和環境需要、不斷學習和自我更新的企業文化和精神。究竟是「大家樂」的餐單吸引屋邨居民增加外出用膳的習慣，抑或是「大家樂」為滿足顧客需要，而發展出一天四餐的餐單？這已經無從稽考，相信互為因果是最合理的解釋。毋庸置疑的是，快餐正不斷在普及中，「大家樂」亦要再進一步鞏固企業組織，準備下一步的拓展。

## 陶遵國

前大家樂產品發展部總監，現任首席執行官顧問

陶遵國是「大家樂」第一任產品發展部總監，他於 1975 年加入，由二廚做起，兩年後升任大廚，1983 年加入開發新產品的團隊，1985 年升任行政總廚。1991 年，當「大家樂」成立產品發展部時出任助理總監，1994 年升為總監，服務 40 年後退休。陶遵國坦言，公司曾經予他分店經理之職，讓他循管理方向發展，但他自知始終熱愛烹製食物，故加入產品研發團隊，將興趣融入工作中，引入了多款熱賣的快餐菜式。

1975年公司在中環雪廠街7E號開新分店，我跟隨鄺德文加入7E分店，鄺師傅是大廚，我是二廚。我是在西餐廳學習做廚師的，嚴格來說，鄺師傅的父親才是我的師父，不過之前我亦在鄺師傅的麾下工作過。兩年後，相信公司認為快餐業有可為，於是將鄺師傅調出7E廚房，擔任行政總廚，負責設計總餐單，逐步推行標準化的餐單；他亦引入一位中式廚師和一位燒味廚師，研究新的產品。

　　鄺師傅調出廚房後，我便升任大廚。大約在1980年，為推行統一餐單，鄺師傅號召各分店大廚每人做一道菜，我記得有一次做黑椒汁，大家帶著自己製的黑椒汁，互相試食後投票決定最好味道的，選中的便成為公司的配方。我覺得鄺師傅這個方法非常好。其實每個廚師心中都有一把尺，知道用多少份量的食材和調味料會產生什麼效果，只是做餐廳時一份餐細細份的，較容易掌握，但是做快餐的，輸出量大，大煲大煲地烹調，若果沒有數量化的配方，會容易出錯，所以標準化是很重要的。

　　負責研發燒味的師傅是陳忠。「大家樂」賣燒味有一個過程，我記得7E賣的燒味是在油塘的工場燒的，當時尚未有明檔，意思是未有獨立的檔位賣燒味，斬燒味不是在客人面前做的，而且數量不算多。至1993年左右，沙田新城市廣場分店是第一間設明檔的分店，自此公司全力發展燒味，除了研發燒味的口味，陳忠師傅以個人的威信穩住一班燒味師傅，公司便有信心全力發展燒味。

　　早在1980年代中，我們已著力發展中式套餐以開拓晚市，印象最深刻是煲仔菜，當時在快餐行業之中，「大家樂」是最早推出煲仔菜的。我們的煲仔菜用一個兩層煲，外邊是一個不鏽鋼煲，內層是一個生鐵煲，這樣客人拿著不鏽鋼煲的手柄便不會覺得燙手，例如黑椒牛肉粉絲煲，先燙熱生鐵煲，放粉絲做底，然後放牛肉片，再淋汁，燙熱的食物在生鐵上便產生嗞嗞聲的效果，吃煲仔菜的就愛這種嗞嗞聲。

　　不過，令晚市生意大增的是一人火鍋，這個也是在快餐同業之中最先行的。靈感是來自酒樓，當時有酒樓已推出一人火鍋，我們要研究的是快餐的做法，最關鍵是找到一人份量的鍋具。然後，產品發展部每年加入不同的火鍋材料，讓顧客保持新鮮感，我們亦在包裝上下工夫，例如有一年做了一個船形的塑膠器皿，用來盛載火鍋材料，還起了個名稱叫「火鍋船」。

　　我們做產品發展的，抱著一個宗旨，「人冇我有、人有我優」。「人冇我有」，例如煲仔菜、一人火鍋、燒春雞，當時是「大家樂」最早以快餐形式推出的；「人有我優」，例如咖喱、燒味、焗豬扒，我們不斷尋求突破，改良配方以適合顧客的口味，以焗豬扒為例，現在已經是第四代的改良產品了。

# 培養企業戰鬥力

「大家樂」創業故事的開端有三位創辦人，羅騰祥的創業決心開創了「大家樂」快餐，吸納忠心勤懇的僱員成為前線創業團隊，令公司向著連鎖店方向擴展；及後羅芳祥逐漸淡出離開，策動「大家樂」繼續發展的重任落在年紀較輕的羅開睦身上，羅騰祥以董事長的身份退居幕後，羅開睦以總經理的身份擔負企業發展的重責。

## 為擴大發展做好準備

羅開睦這位創辦人兼總經理，是怎樣的一個人物？他由1975 年主理雪廠街 7E 號分店的業務，被委任為總經理（後改稱行政總裁），至 1989 年辭退行政總裁之職，這段時期「大家樂」正處於急速擴張的階段，羅開睦事無大小均親力親為，反映了老一輩企業家的作風。小事如巡視分店；在外邊吃飯時發現市面受歡迎的菜式，向總廚師建議開發成快餐產品；親自督導分店的裝修和設計；親自設計員工制服等等。大事有分店選址，羅開睦做過汽水銷售主管，尤其對九龍區的街頭巷尾、人流方向、社區的人口特色都瞭如指掌，對選址非常有利；還建立制度，如前線經理的獎勵制度、分組管理的制度等。

綜合大家對羅開睦的記憶，有兩個方面他特別關心，一是透過宣傳推廣，讓「大家樂」的形象深入民心，另外是提升「大家樂」的企業組織，引入專業人才，並透過上市進一步提升公司的企業制度，加強「大家樂」的戰鬥力，為未來更大的拓展做好組織裝備。

## 吸納專才強化企業組織

羅開睦的確有高瞻遠矚的視野。企業管理學理論將企業發展

劃分為三個階段，第一階段是始創期，創辦人抓到市場的商機，引入創意產品，若能滿足到市場需要，便是成功。這階段公司規模不大，全靠創辦人親力親為、看準時機、決斷英明。開創期之後是擴張期，因開創期的成功，創辦人必然會乘勢而上，擴充業務，但擴大的業務必然對企業組織做成壓力，單靠創辦人之力，勢難應付日益增加的工作。而且商業決策分秒必爭，不能事事等待創辦人作決定，而且業務愈多，難題便愈多，企業組織必須有專門化分工，並且需要有專業經理以專門知識去解決繁複的問題，還要有預測問題的能力，透過組織改革，將預期的問題納入常設的組織，以良好的管理方法去處理。若果企業組織無法配合業務膨脹的速度，企業便無法擴張，或被市場所淘汰，或只能繼續以小規模形式生存。

1970年代末的「大家樂」剛完成始創期，十間分店和油塘的中央食品加工工場，標誌著第一代快餐模式的基本構造完成，分店的生意理想，證明這套快餐模型是可行的。1980至1982年間，兩年內「大家樂」多開十間分店，擴張的步伐加快了，但企業組織是否跟得上則成疑。始創時期，「大家樂」培植了一隊有拚勁的前線隊伍，後防的組織亦有專責的部門，中央食品工場、採購部、總廚部都已成立，尚欠什麼？

因此，1983年，身為總經理的羅開睦委託顧問公司為「大家樂」把脈聽診，診症結論是，「大家樂」內部的一股忠誠和拚勁是過去十年的成功所在，但隨著公司要急速成長，不能單靠一股銳氣便可承受日後更龐大的發展計劃，面對市場激烈的競爭、成本日益高漲，企業必須有強大的組織[34]。

顧問向羅開睦提議組織顧問局，設技術顧問、產製顧問、拓展顧問、人事顧問等職位，目的是使他們不用被日常事務的重擔所掣肘，可以更廣闊的視野審視「大家樂」的發展。除了技術和產製的顧問職位由廚師充任外，一時間，「大家樂」僱用了幾位大學畢業生加入顧問局，分別擔任新設的顧問工作。結果，經過一番人事變動，幾位有大學背景

34 李志超（1984）。〈……「我在做什麼」一位顧問之道白〉。《滿Fun》，第5期，頁1。

的人員一直為「大家樂」服務。1977 年已加入、由會計部主管升任至行政總監的梁秀麗，及出任財務工作的許棟華，離職後以董事局成員身份效力，許棟華至今仍然是非執行董事；出任企劃顧問再升任至行政總裁、執行主席的陳裕光；負責開拓海外業務、回流香港後督導業務和中央產製、再升任至首席執行官的羅開光，現在是董事局非執行主席。梁秀麗和羅開光分別在美國留學，梁秀麗是三藩市大學工商管理系畢業，羅開光是史丹福大學化學工程碩士；許棟華於香港大學政治經濟系畢業，專長於經濟研究；陳裕光於加拿大完成學業，曾任城市規劃師的工作。

在羅開睦領導下，梁秀麗專注公司的行政，羅開光專注在協調和發展業務和中央產製；上任不久，許棟華和陳裕光負責「大家樂」上市的工作，首要是做好財務規劃，陳裕光講到如何訓練分店經理學習做業務估算，上市後，分店經理都要學習如何做案頭管理，即分析數字、製作年度計劃和年度預算。

在前線，分店數目增加下，業務部亦要擴張重組，設立兩個總監分管東、西兩區業務，分別由前線業務資歷最深的侯湘和潘福來擔任。業務部以一間分店為一個業務單位，六至八個業務單位組成一組，組內各單位由一名業務經理和一名總廚師督導和協調，是業務部的中層人員；業務經理和總廚師之上有業務總監，是部門的高層人員。高層將公司政策和制度轉達中層，由中層再轉達至前線單位；掉過來，業務單位遇到問題和困難，先由中層協調解決，或透過中層向高層反映，尋求援手。

廚師之間也有分層分組的管理制度。分店廚房內由大廚領導，下面有二廚、助理和洗碗工人；每日分店經理會試味，防止產品味道和質素偏離標準，有需要時分店經理和大廚互相溝通、協調；廚房發生問題的話，由地區總廚師監督解決，地區總廚師亦負責廚師的人力調度和表現評核；公司總部有產品發展部研發新產品，新產品附一份製作方，交分店大廚依方炮製。

這個組織模型沿用至今，業務部由上至下設總監、業務經理、區域總廚、分店經理及分店大廚。總監至區域總廚是業務管

理層，有定期業務會議檢討問題、計劃未來，例如檢討餐單、增設燒味部、開拓餐款等。最重要的是，羅開睦經常利用業務會議的機會，向前線管理層傳達管理知識和概念。

　　一次業務會議上羅開睦講了這個故事：兩個小販叫賣花生，客人要一斤，一個小販放了一大堆後，逐步再多放幾粒才將足一斤的花生交給客人；另一個也是一下子放一大堆，逐步抽走幾粒後將足一斤的花生交到客人手中。你猜猜兩個小販之中誰的生意較好？雖然兩個賣的價錢一樣，且都沒有「呃秤」（騙重量），但第一個小販讓人覺得他較豪爽，第二個小販讓人覺得他孤寒小器，所以第一個小販生意較好，勝在他懂得捕捉顧客心理。一個小故事讓我們想像昔日的業務會議上，既有工作議程，也有學習元素。

羅開睦於 1997 年離世，我們無緣與這位創辦人面談，只能從羅氏家族成員的憶述中，綜合成這個故事。

羅開睦是羅騰祥的侄兒，1933 年在梅縣寨上出生，在鄉下完成小學至高中教育，考入廣州嶺南大學就讀，未完成學業便於 1949 年來香港，加入由父親羅桂祥創立的「維他奶」公司服務。他由低做起，雜工、化驗室、生產部、銷售部等都做過，離任前是九龍區的業務經理，主管一班推銷員、送貨司機、搬運工人等。除了在實戰上培養管理經驗，年輕時期的羅開睦亦勤於學習，晚上讀夜校課程，也經常上香港管理學會的短期課程。這個時期累積的工作經驗和知識，在他日後創辦「大家樂」時發揮很重要的影響。

1968年羅開睦離開父親的公司謀求新的發展，家中有母親在堂，還有妻子和兩個年幼子女，要捨棄當時那份高薪厚職，作為家庭支柱，相信是一個很艱難的決定。跟叔父和伯父合資創業時，他尚未有深謀遠慮的大計，因叔父羅騰祥是機械工程出身，對製造業較有興趣，所以兩人便一起搞髮廠。及後，騰祥專心做餐廳的業務時，開睦餐廳和電影兩邊走，根據電影資料館的記錄，1975至1980年期間，他曾經監製過三套電影，另有一套以出品人身份製作 35，都是製作認真的電影，絕非玩票性質。他在電影業所建立的視野和人脈網絡，日後應用在「大家樂」的發展，當時他的步伐已經比其他人走前幾步了。

1980年後，再沒有他參與電影的紀錄，估計他決定專注「大家樂」的業務。他的堂弟羅開親跟他一起成長，聽過他兒時的豪情壯語，羅開睦講過希望自己將來可以出人頭地、可以成大器。果然，1980年後「大家樂」發展迅速，1972至1979年是摸索期，八年裡開了十間分店；1980至1986年公司上市前，六年裡分店數目增加至30間，是兩倍的增長。1986年，「大家樂」以一個連鎖快餐企業的身份在香港聯合交易所掛牌。

開睦專心餐廳業務，運用他在管理及電影方面學到的本領，將「大家樂」帶到另一個階段。1980年代初，他開始吸納有較高學歷的人

員加入管理層，設顧問局，為「大家樂」的高級管理層注入專業元素；然後推出電視廣告，使「大家樂」的形象可深入民心。

羅開睦於1997年逝世。兒子羅德承（現任「大家樂」首席執行官）憶述，最後那幾年，他身體有病，其實心裡還有很多事想做，無奈患了痛症，在心有餘而力不足下，唯有退休，將「大家樂」的重責交給下一代的繼承人。

曾經與羅開睦共事過的員工對他有何印象？他的堂弟羅開親認為他做事很有魄力，否則「大家樂」不會發展為連鎖集團；另一位堂弟羅開光認為他很有高瞻遠矚的視野，改革「大家樂」的企業組織，公司才有日後的發展；退休前是中國業務總經理的李偉基記得，羅開睦喜歡在業務會議上，教導大家管理知識和觀念，深入淺出地讓學歷不高的前線員工明白管理之道；為「大家樂」開創第一代快餐模型的侯湘每

---

35 第一套電影《大家樂》，導演黃霑、胡樹儒，編劇黃霑，主要演員有溫拿樂隊成員、李司祺、施明、余安安、高妙思、喬宏等，美術指導水禾田，1975年12月上映。第二套電影《空山靈雨》，導演、編劇、美術、剪接是胡金銓，主要演員是徐楓、佟林、秦沛等，1979年7月上映，票房接近130萬元。第三套電影《瘋劫》，導演許鞍華，編劇陳韻文，主要演員有張艾嘉、趙雅芝、徐少強等，1979年11月上映。第四套電影《有你無你》，監製周梁淑怡，導演梁普智，故事梁普智，主要演員有車保羅、林駿、伍民雄等，音樂由林敏怡創作和監製，1980年3月上映。網上資料：《香港影庫》。

談到羅開睦都泣不成聲，因為他對這位前上司是深深的敬佩，對他的英年早逝感到深深的惋惜，不然定有更大成就。

# 陳裕光

前大家樂集團主席，現任非執行董事

陳裕光，在香港出生，加拿大長大及讀書，曾任職香港規劃署城市規劃師。1983 年加入「大家樂」，1989 年接任行政總裁、1998 年出任執行主席、2012 年任非執行主席，2016 年卸任為非執行董事。與陳裕光面談時，發現他早有準備，將 30 多年來在「大家樂」的經歷，以時序式整理妥當，並存放在手機裡，間中翻開查閱；無論他的憶述、以至他翻看記錄的姿態，在在表現出這是一位做事有條不紊的管理者。

我回來香港後，羅開睦先生有跟我談過，所以我明白公司希望吸納一些有學識的人士。當時飲食業方面沒有多少人是有學歷背景的，當時羅開睦先生已經成立了顧問局，聘用了四、五位有大學畢業履歷的人員，包括許棟華先生，分擔人事顧問、財務顧問、行政顧問等職務。

我的職位是企劃顧問，很快我就開始鋪排上市的工作。首先，我的任務是做預算規劃。那時候，「大家樂」沒有年度計劃、年度預算案這類東西，所以呢，我跟那30間分店的經理，開會展望一年後的業務生意。我記得第一次在佐敦道總部開大會，引導他們估計一年後的生意額。那時候的分店經理，只懂每日埋頭苦幹，不懂做預算、做展望，於是，我協助大家學習怎樣做預算、做計劃。

我記得當時我接觸了很多個做包銷商的銀行家，這些銀行家告訴我，有廠商準備上市，你問他預算盈利額，這些廠家隨手從身旁的紙皮箱邊撕一片紙皮出來，在上面寫「4,000萬」，根本無任何數據或者分析。我們呢，已經比很多廠家優勝，因為我們採取由下至上的方式做預算估計，估算的結果相當準確，我記得我們的估計是3,700萬，第一年做到3,740萬，可以話係 just made（剛剛達標）。年結前最後兩個月，大家都為了達標出盡全力。

有一個笑話。我們於1986年上市，1987年發生股災，第一任聯交所主席李福兆宣佈停市四日，事後被外國投資者指摘他為了私人利益而停市，結果他因此被判監。我看報紙時發現跟我們差不多時候上市的公司，例如國泰、玉郎集團等都曾被廉署召去飲咖啡。聽聞聯交所主席會向申請上市的公司索取股票，我是負責上市工作的，卻沒有人向我索取股票，可能他們認為餐廳仔的股票有什麼價值！反而我們不用去廉署飲咖啡，哈哈哈。

當時很多基金投資者告訴我，快餐市場已經飽和，說他們對「大家樂」的股票沒有興趣。事實證明，很多人都看錯了，快餐差不多是市民生活的一部份，快餐業成個餅都擴大了，過去這些年我們的市場佔有率一直在增長。

上市對我們最大的影響是，我們學習做案頭規劃的工作，而且大家開始學習望得遠一些。我記得加入公司初期，在一次公司的業務會議上，曾經為了啫喱（果凍）加價斗零抑或一毫，大家花上幾個小時激烈辯論。是的，我們固然要小心細節問題，但是，管理者必須同時有策略性思考，才能規劃公司的發展。上市之後，我們在策略性發展方面進步很大，例如推出晚飯套餐，因而帶起了晚市生意，中式套餐成為策略性產品，讓我們不單只在旺角、中環開舖，還可以考慮到不同地區發展，因此樹立了中式快餐的形象。

## 透過大眾傳媒推廣「大家樂」品牌形象

同一個期間，羅開睦亦籌備新一波的電視廣告，最矚目是由張國榮主演的兩輯。

羅開睦有幾年時間參與電影製作，對大眾傳媒有比較正面的看法，1977 年，他為「大家樂」製作的第一個電視廣告，聞說是電視史上第一個飲食業廣告，亦聞說這個破天荒的舉措，在「大家樂」內部引起激烈爭論。原因是電視廣告製作費和廣播時段的收費，是一項龐大開支，究竟資金應該用在業務投資，抑或宣傳推廣，是兩套不同的發展理念。結果，第一套電視廣告出爐後，「大家樂」連續多開五間分店，可見羅開睦是一個進取型的總經理。

當時收看電視節目是最大眾化的娛樂，受歡迎的長篇電視劇，可以吸引接近 300 萬人同時觀看 36。自 1967 年無綫電視的出現，電視成為最大眾化的媒體，而免費電視的收入完全倚靠廣告收益，所以電視節目一定夾著廣告時段播出，欣賞電視節目的觀眾也就是接收廣告信息的潛在觀眾。羅開睦把握到這個潮流現象，透過電視廣告將「大家樂」的信息，廣泛傳播到普羅大眾之中。然而，一個電視廣告只有 20 至 30 秒的長度，要吸引電視觀眾的注意，就必須盡用影和聲的效果，所以羅開睦邀請著名傳媒人黃霑參與製作第一個「大家樂」電視廣告。

### 「我係大胃王」

羅開睦於「維他奶」服務時曾經參與製作廣告，因而認識了黃霑。黃霑是多元化的傳媒人，於是羅開睦找來黃霑為「大家樂」製作了第一個電視廣告，並選擇在電視上播出。顯然地，羅開睦的用意是以最大眾化的媒體，達到深入民心的效果。廣告以卡通人物「大胃王」為主角，由黃霑聲演，唱了一首廣告歌，歌詞：

36　1970 至 1980 年代電視節目收視率最高可達 40
幾點，相當於 300 萬觀眾。資料來源：陳惠英，
1993，頁 165-179。

「我係大胃王，食勻全香港，食嘢我最鍾意『大家樂』，幾銀嘅交易，食到身心都舒暢，佢食品認真多花樣，自由自在的確爽，新鮮熱辣真妥當，所以我話：『喔！』（食飽吐胃氣的聲音），『大家樂』，係香港人嘅大食堂，『大家樂』，喔。」

廣告只有短短 19 秒，「大家樂」的品牌特點盡在最後一句歌詞中——香港人的大食堂。這大食堂有何特色？供應價格廉宜、新鮮熱燙的食物，餐單有多款選擇，自助形式容許自由氣氛。「大胃王」和「喔」一聲的胃氣，加上由有「鬼才」和「不文霑」稱號的黃霑聲演，對象當然是一般階層的市民，品牌的形象是抵食、實惠。

有趣的是，「大胃王」穿了一件胸前寫著「DAVID」（洋名，中文通常譯作「大衛」）的緊身 T 恤，有點西化形象；廣告採用實景拍攝，「大胃王」是用特技畫面加入實景中，畫面上見到「大胃王」光顧一間「大家樂」快餐店，這是雪廠街 7E 號分店，位處中環白領區。畫面中亦見到白領人士拿著盛了外賣飯盒的膠袋從 7E 分店步出，店內有吃著雞髀的青年男女、正在吃漢堡包的孩子、穿西裝的男士、穿吊帶裙的女士、穿 T 恤牛仔褲的青年，可見，抵食、實惠的對象，也針對中區白領和年輕一族。

## 「做足 100 分」

「大家樂」第二批廣告是於 1984 至 1985 年推出的，當時以「做足 100 分」為企業口號，這批電視廣告沒有再提及大食堂字眼，而是強調食物和服務的質素：

「『大家樂』，求完美，創新態度認真，款式多樣，（100 分），美味同享，（100 分），全力齊心，全力齊心，為你做足 100 分，『大家樂』。」

畫面有多個近鏡是「大家樂」的食物產品，穿著制服、滿臉笑容的女性服務員，正在照顧小孩、幫助家庭完成買票、點菜、取餐等流程，「大家樂」做足 100 分的理念，透過音樂、歌詞和

畫面互相配合而傳遞出來。

　　第一個廣告是由黃霑聲演，而1980年代中這組廣告同樣有明星演出，最矚目的相信是由張國榮參演的兩個。其中一個廣告由張國榮唱著節奏明快的歌曲，邊唱邊與打扮成「大家樂」服務員的舞蹈員一起跳舞，音樂和舞步節奏與他的快歌作品屬同一類型，背景場地是水上的舞台，明顯是借用張國榮的潮流形象，將「大家樂」快餐品牌與年輕人追逐潮流的興趣聯繫起來。另一個廣告沿用張國榮唱過的那首歌曲，歌詞相同，只是換了由三個穿著棒球裝的小孩唱歌和跳舞，三個小孩光顧一間「大家樂」地牢舖，鏡頭隨小孩的舞步在快餐店內移動，畫面所見是和藹可親的女性服務員和座上顧客，有青年情侶、單身工作者、年長夫婦、媽媽和小孩等，雖然保留潮流和年輕的觀感，但客群有各種年齡層和背景的人士。舞動的小孩最後碰上正在水吧前領取外賣的張國榮，張國榮以特有的純真、陽光式笑容完成最後一句歌詞：「為你做足100分」，製造全場驚喜的熱鬧氣氛。

1985年，張國榮為「大家樂」拍攝「為您做足一百分」電視廣告。

　　同一時期另一組廣告，其中一個是張艾嘉到「大家樂」快餐店吃東西，店內有多款美味食物選擇和親切的女性服務員，戴著黑眼鏡的光頭仔和光頭佬，在快餐店內一角窺視張艾嘉的舉動，令人聯想到電影《最佳拍擋》的情節，最後張艾嘉滿臉笑容地捧

著從水吧領到的食物。畫面還有多個食物的近鏡，突出食物的份量和美味感覺。廣告歌由男孩聲演：

> 「100分，（『大家樂』），好認真，由招呼到食品，樣樣都擺滿分，做到好，（『大家樂』），做到足，做足100分，招呼貴賓，（『大家樂』），要你開心，好到你成日都嚟幫襯，味味咁好，（『大家樂』），碟碟滿分，做足100分，滿分！」

另一個採用同一首廣告歌的，主角是一位可愛的女孩，晚上她和父母一起來快餐店吃晚飯，隨著她的移動，發現店內有比之前更多類型的食客，有年長夫婦、三個女性朋友、單身胖子、兩個在職女性和正在參與男孩子生日會的賓客。客人的組合隱喻「大家樂」的晚餐適合單身人士、一家大小、年長夫婦的家常便飯，也是朋友相約吃飯敘舊的選擇，更加可以用來宴請賓客。當時「大家樂」剛推出晚飯套餐，旁白：「『大家樂』晚晚精選套餐，花樣新、任你揀、齊齊食，好到極」，加上三個套餐和牛肉粒串燒鐵板餐的大近鏡，如歌詞所講「好到你成日都嚟幫襯」（經常光顧）。

稍後，「大家樂」的廣告口號有這一句：「『大家樂』好到人人都學」，由許冠傑和周潤發聲演。廣告的主調是食物和服務做足100分，由知名度高、受大眾歡迎的歌星演員，帶出「大家樂」緊跟潮流的形象，透過電視廣告，傳達至普羅階層之中。

電視廣告是最普及化的品牌推廣策略。產品、品牌、品牌推廣，是三個環環相扣的企業策略，我們在前面已經講過「大家樂」的餐單發展與分店的擴張策略的關係，如何將產品包裝成品牌、如何用品牌推廣令消費者產生對消費的慾望和聯想，上面幾套電視廣告已是顯而易見。羅開睦在這方面有非常重要的貢獻。

## 總結

　　「大家樂」連鎖快餐品牌的創建，是由一間餐廳做起，逐步形成一個方向性的模型，再經過環境的洗禮、團隊成員的靈活應變，累積成一個富創業精神的企業，不單只有創辦人，還有前線、後防、生產隊和專業經理人所組成的企業組織，以熱誠、拼勁、經驗和知識，創立了這個連鎖快餐品牌。

　　什麼是品牌？根據市場學的理論，品牌與包裝有關，使消費者產生感性的消費慾望。「大家樂」的創辦人是老實人，沒有注入太多抽象的感性慾念於品牌形象中，電視廣告的信息環繞實用、實際，食物美味、服務周到，採用明星是加深大眾認同的效果。核心概念是「香港人的大食堂」，這是從消費者的角度出發的品牌定位。

　　要做到「香港人的大食堂」這個定位，必須對環境、客情、口味保持觸覺，不會只懂埋頭苦幹，還要時刻反思和創新，持續提升餐廳的質素。「大家樂」的創建經過，就是一個從配合環境、客情、口味找出生機的過程。憑香港這種特有的創意經營一間地道的茶餐廳，也許大有人在，但將這套應變能力發展成連鎖模式，將個人的創業意識凝聚成團隊的創業精神、企業的創業文化，便是它獨特的地方。

　　或者我們可以這樣說，「大家樂」的品牌文化是香港兩代人共同塑造的生活文化，經歷過戰爭的一代人那種拼搏、肯捱、將不可能變成可能的靈活和寬容，加上戰後成長一代的衝勁、懂得審時度勢、把握機會、拒絕定型的積極態度，變成「大家樂」這套不斷成長、持續創新的品牌文化。

# 2

## 與城市發展同步

開創期之後，「大家樂」踏入擴展期，以設立連鎖快餐店擴張業務。1980年有十間分店，持續增加至1993年100間，13年內有十倍增長；1990年代中以後，擴張速度稍緩，以穩打穩紮的步伐發展，至2017年，分店數目增加至170。

「大家樂」快餐店的選址版圖與香港的城市發展是同步的。「大家樂」早年先在繁忙鬧市起步，香港人口也是先聚居在港島和九龍的舊市區。隨著城市化向新界方向拓展，政府以新市鎮模型開發新的社區，透過公共和私營的屋邨屋苑帶動人口遷移，發展交通網絡，將核心商業區、舊市區和新市鎮連貫起來，加上以商場為人流磁石，原來的偏遠地區變成充滿生氣、人口稠密的新社區。

於是，「大家樂」分店也從九龍和港島區的鬧市，隨著新市鎮的發展進駐新界，雖然未至於做開荒牛，但分店深入到偏遠的新界公共屋邨和私人屋苑；香港逐漸發展為商場之城，「大家樂」分店也分佈在相連屋邨、屋苑、商業區、交通網絡的商場，從舊市區到新市鎮，站在社區最前線吸收城市生活的氣息。

這組文章從「大家樂」快餐店版圖的流動，以獨特的角度審視香港城市發展的景觀，並且透過快餐店前線工作人員的記憶，追溯香港城市的發展和變遷，細味分店的前線工作文化——做事不怕吃虧、有人情味、關心社區。別以為自助式的連鎖快餐店沒有人情味，快餐店也可以做到如「十八樓C座」1一般的茶餐廳，讓前線工作者眾聲喧嘩，重溫香港這個大城市中的小故事。

---

1　「十八樓C座」是商業電台一個話劇節目，劇中主要人物是茶餐廳的老闆、伙記和鄰近社區街坊，話劇內容以茶餐廳為背景，劇中人物經常談論社會時事。

# 大城市的小故事

在過去50年的光景裡,「大家樂」有過超過350間分店,我們不能盡錄每個分店所觀察到的香港城市生活文化,只能從以下的小故事帶出幾幅大圖畫。

### 分店是探知城市生活的觸鬚

「大家樂」快餐店分佈於港島、九龍、新界各區,選址位置繁多,有屋邨舖、屋苑商場舖、大商場舖、商業區舖、鬧市街舖、工廠舖等等,也有位於環頭環尾的街坊舖。

每間分店由分店經理負責管理,樓面有副經理、主任、組長、水吧員工,每天直接與客人接觸;廚房由大廚負責管理,在二廚和幫廚協助下準備食物;就近每幾間分店組成一組,由一位業務經理和一位地區總廚管理。他們就是地區的前線人員,為了最有效地迎接生意,前線員工必須熟知地區環境、不同時段下的人流方向、各種客群的生活節奏和飲食需要,藉此編排分店業務,配合環境和客群的需要。

快餐店所處的地理位置與客情有密切關係,廚房輸出什麼食物、什麼時候有何種客群光顧,就是地道的香港城市故事,通過抽絲剝繭的詮釋,小故事中可發掘香港的城市歷史和人文地理景觀的變遷,分店員工如何照顧客情,也反映「大家樂」的前線工作文化。

### 邊吃雞髀、邊看電影

1978年,「大家樂」在油麻地白加士街75號(簡稱75分店)開設分店,位置在白加士街與佐敦道的交界,附近一帶有舊唐樓民居,也是消費娛樂的鬧市,由白加士街向上海街方向,沿各條內街的角落,都曾有賣炒小菜、粥粉麵飯的街邊大牌檔;佐敦道

一帶有快樂戲院、華盛頓戲院、嘉禾戲院；吳松街旁的就是廟街夜市。可見這一帶是普羅大眾進行娛樂消費的活動場所，不過，「大家樂」人最難忘的，是附近的戲院。

曾經在75分店做過的前線員工都記得雞髀和戲院。侯湘是開發「大家樂」第一代快餐模型的創業先鋒，1978年從通菜街77號分店轉到白加士街75號分店，開辦「大家樂」第七間分店。他記得生意最旺的是外賣雞髀。

「舖面有60多個座位，擴充之後有90多個，不算是小舖，始終外賣佔多。對面嘉禾戲院一入場，炸雞髀一下子便賣個清光，所以我們在戲院未開場前，會預先炸好一大批雞髀，放在小食櫃內，每次開油鑊可以炸40隻雞髀的嘛，兩輪便快到70多隻。客人挽著兩隻雞髀入場看電影，雞髀又大隻、又好食，皮脆肉厚。」

負責炸雞髀的分店二廚蔡景橋也談到戲院和雞髀，印象難忘的是搶雞髀的市井氣氛，非常的「油麻地」。

「我對白加士街的記憶就是打仗一樣，生意很旺，每日2點半、5點半、7點半、9點半，這些就是入戲院的時間，總言之，15分鐘前，我們要預備幾十隻雞髀；白加士街的人流比較複雜，有些人見雞髀賣光了，輪到他時落空了，會用粗口鬧你。」

農曆新年大除夕，戲院子夜場的生意更加不得了，分店管理層要想辦法吸引員工加班。蔡景橋這位分店二廚是留守加班的其中一員。

「市民食完團年飯後，喜歡去逛逛花市呀，甚至去戲院看子夜場，公司知道春節除夕生意會很興旺，為了推高生意額，公司吩咐我們延時關門，又為了吸引我們留守拼搏，答應將當日生意額某個百分比，分給留守的伙記。那時的餐款會精簡些，賣一些簡單的扒餐，以小食為主，咖喱角呀、春卷呀、炸魚柳呀、炸雞髀呀、滷水雞髀呀、熱狗呀，都是最受歡迎的小食，一直做到子夜場散場，凌晨1時多我們才關門撤退，那天由早上7時一直做到凌晨1時多。」

75分店與戲院的聯繫，不單受惠於電影開場前的人流，侯

湘記得還有電影界人士來光顧吃雞髀快餐。

「當時嘉禾戲院在我們對面，我們喊他『契爺』的，是嘉禾戲院的
經理，他也是邵逸夫的助手，跟鄒文懷兩個人經常過來我們這邊
吃東西，最愛點雞髀。我們都很光榮呀，鄒文懷是名人嘛，他過
來嘉禾戲院巡視生意時順道來吃一隻雞髀，這是我們的歷史呀。」

　　鄒文懷是嘉禾電影公司的創辦人，既製作電影，亦營運戲
院院線，初時租用戲院放映嘉禾製作或嘉禾支持製作的電影，
1977年才興建嘉禾戲院，位於佐敦道23號，與75分店相隔一
條白加士街，1978年7月嘉禾院線放映嘉禾出品的《賣身契》，
票房突破香港記錄，難怪75分店忙得不可開交；同處白加士街
的華盛頓戲院於1971年啟業，專門放映首輪西片。1990年嘉
禾戲院易手改為新寶戲院，華盛頓戲院則易名嘉禾華盛頓，放映
嘉禾的電影2。

　　看電影是一般市民的日常娛樂，觀賞電影時加上一隻雞髀和
一杯汽水，確是賞心樂事。香港電影票房於1976至1992年間
節節上升，這段時間有不少票房大賣的香港電影，尤其是嘉禾出
品和發行的李小龍電影，如《唐山大兄》。李小
龍逝世後，嘉禾支持成龍、洪金寶、吳宇森及許
冠文製作的電影3，1970年代有許氏兄弟的《鬼

2　1970至1980年代的嘉禾電影公司有李小龍功夫
　　電影系列、許氏兄弟電影等。資料來源：黃夏柏，
　　2007，頁144-151。
3　鍾寶賢，2004，頁267-268。

馬雙星》、《半斤八兩》；1980年代有成龍的《師弟出馬》、《龍少爺》[4]。自1992年後，入場觀看電影的人數愈來愈少，1997年戲院入座人次比1992年減少60%，大型戲院拆卸後往往改建為商場或商住大廈[5]；華盛頓戲院於1993年拆卸改建為商業住宅樓宇，新寶戲院於2000年拆卸改建為新寶廣場。白加士街的戲院人流景觀不再，吃雞髀這種觀影文化亦隨之消失。

## 買份早餐上廠車吃

旺角太子道108號分店於1977年開設，位於太子道與砵蘭街交界，幾步之距就是港鐵站出口，附近有住宅和商業樓宇，日間人流暢旺；這個街口有一個上落車的彎位，1980年代初的早晨曾經有過這樣一番景象：早上7時前絕大部份商戶食肆尚未營業，只有「大家樂」提早開門做生意，預備好三文治和奶茶，吸納一班趕搭廠車返工的早晨客。1984年的分店大廚蔡景橋談到這個小故事。

> 「當時早上有一些人在轉彎位那邊，有廠車接他們去開工的，例如屯門呀、觀塘呀。一大清早他們就在那裏等廠車，需要買早餐吃的嘛。本來我們是7點鐘開門的，但分店經理決意吸納這班客人的生意，於是我們6點半鐘已經有三文治供應。經理他很早返到來，最初我6點半上班，怎料我返到去，見到經理叫我早晨，嘩！經理叫我早晨喎，不得了，應該我叫他早晨才對嘛，我當然不能怠慢，於是我返6點鐘，我一定要比他早啊。……6點鐘我們開始預備三文治呀，煲定奶茶咖啡呀，6點半開門，我們是最早開門的食肆，客人買了三文治和飲品，便可以上廠車慢慢享用了。

早上乘廠車返工，的確是1960至1980年代香港的早晨風景。這個時期的香港經濟是製造業主導，製造業人口佔就業人口三成以上，1985年最高峰時約有94.5萬人，自此開始逐年下跌，至1996年只得48.1萬[6]。主要的工業區有荃灣、葵涌、

4　同註3，頁333。
5　同註3，頁376-383。
6　*Hong Kong annual digest of statistics*, 1986，p.26, Table 3.4;《香港統計年刊》，1997，頁16，表2.5。

觀塘、新蒲崗、屯門、火炭等，大埔工業邨和元朗工業邨是在1970至1980年代才啟用的。戰後初期，荃灣有大型棉紡工業興起，1950年代政府開發觀塘為香港第一個有規劃的新市鎮，葵涌、沙田、屯門等，都以觀塘新市鎮的模型為藍本，規劃的構思是以公共房屋吸引市民入住，為區內的工廠提供勞動力。

這批香港第一代新市鎮的發展模型，最大的問題是缺乏足夠的跨區交通設施，原來的假設是新市鎮是自給自足的社區，居民在本區就業，工商企業可以吸納本區勞動力，但結果發現居民跨區上班的情況相當普遍；另一方面，交通設施的不足，影響新市鎮工廠吸納來自市區的員工填補空缺。以觀塘為例，港鐵觀塘線是於1979年通車的，未有地鐵之前，觀塘與舊市區之間交通極之不便；再以屯門為例，1980年代初這裡是剛開發的新市鎮，交通未發達，市區人對屯門的觀感是遙遠偏僻，工廠必須利用廠車吸引居住在市區的熟手勞工或寫字樓白領，1983年一項屯門工業區調查發現，1,556間工廠之中有77間設有廠車福利[7]。

太子道108號分店的小故事也帶出了香港賴以成長的拚搏精神，大清早6時半，司機已經駕著廠車接載工人，工人也一早預備好乘車上班，比他們更早的，是「大家樂」的前線員工，準備好三文治、奶茶、咖啡，讓早起的僱員可以吃過早餐才開工。好一幅清晨勞動圖。

## 越南難民飯盒

中環干諾道中47號分店（簡稱47分店）的分店主任林偉民有這樣一個深刻的記憶，當時是1983年。

「一件突如其來的事情。某天，一個自稱政府部門的人來我們中環一間分店訂飯盒，他說：『我要400個飯盒，什麼東西都可以，我要現在拿走的，你們可以做到嗎？』嘩，400個飯盒喎，要立即做好喎，我們說：『如果你現在要，我們沒什麼材料，只能做火腿蛋飯、餐肉蛋飯。』對方說：『做好後請送到碼頭

7 屯門區議會工商業委員會（編），1988。

去。』我們不明白這是什麼一回事，既然有生意找上門，當然樂於接受。完成了這一次後，後來的生意就厲害了，對方開始跟我們商談，要求承包飯盒，原來是送到越南難民營的，供應他們的午餐和晚餐，於是，我們動用中環四間分店造飯盒，每間分店造幾百個，供應越南難民差不多2,000個外賣飯盒。其實當時中環分店在午飯時間是非常忙碌的，我們仍然願意抽時間去做好這件事。這樣一直維持了一年多，我們還開玩笑說，這班難民全靠我們開飯，不過，我們也奇怪，怎麼一年多難民營還未有廚房為他們造飯呢？」

1989年，越南難民船。
難民數目太多，禁閉營不敷應用，
政府將油麻地小輪改裝為難民船，
船上可見印有「大家樂」標誌的紙箱。
（高添強提供）

接到飯盒「柯打」（預訂）的是中環租庇利街18號分店，47分店是參與做飯盒的中環分店之一，其他兩間是位於干諾道中22號華商會所大廈地下及皇后大道中122-126號富衡大廈地下的分店。每日2,000個飯盒，讓我們從一個小小的記憶重溫越南難民這件香港大事。

1975至2000年之間，越南船民曾經為香港歷史畫上一筆8。越南船民問題源自南越政權易手9，大批越南人逃向外地。第一批抵達香港的越南難民是1975年5月4日10，香港政府以

8　香港曾經接收超過20萬名越南船民，其中有143,000名難民從香港移居外地，67,000名非難民返回越南，至2000年7月1日望后石越南難民中心（全球最後一個越南難民營）關閉，困擾香港及國際的越南船民問題終告完結。

9　1975年4月30日歷時十多年的越戰結束，由美國支持的南越政府戰敗，南北越統一，由共產黨執政。

10　1975年5月4日香港接收了第一批從越南逃難出國的難民，難民本來乘船逃往西方國家，因中途沉船，一艘丹麥貨輪 Clara Maersk 號救起3,743名難民，將他們送往香港｜香港政府以人道原則讓難民上岸，並安置在已棄置的舊軍營，後來這批難民分別由美國、法國、德國、澳洲以難民身

份收容。資料來源：《香港一九八零年年報》，1981，頁 1-9；網上資料：*Hong Kong Refugee Camp 1975-2000.*

11　1978 年有兩道消息流傳香港：一個傳聞說越南政府先把境內的華裔居民貶為二等公民，革除他們的職位，禁制他們營商，沒收他們的物業；然後迫使他們作出選擇，一是下放到鄉間當勞動工人，一是以黃金換取離境的許可。另一傳聞是人蛇集團利用舊貨輪偷運逃亡的華僑，從中謀取暴利，託詞在海上救獲這批難民，然後把他們轉交給鄰近國家。這些傳聞後來被香港政府證實有事實根據，1978 年 12 月 19 日，香港海事處收到無線電訊，一般自稱正前往台灣高雄港的貨輪報稱在南中國海上救獲一批越南難民，要求香港政府接收。後來警方上船檢查，在船上機艙內搜出價值 650 萬的金葉，拘捕船長、船員及與越南有生意來往的香港商人，經審訊後，各被判串謀罪成入獄。此外，從水路進入香港的難民有八成是華裔越南人，根據他們供給的資料，證實越南華裔居民正被迫離境。資料來源：《香港一九八零年年報》，1981，頁 1-9。

12　在日內瓦的會議上，議決越南鄰近的東南亞國家及地區（包括香港）以第一收容港的身份接受越南難民登岸，然後經聯合國難民專員公署甄別後轉往西方國家定居。結果，香港比其他東南亞國家接收更多難民，估計有多個可能原因，包括香港較接近越南，逃難的小艇無法駛過海洋到達馬來西亞、印尼等國家，沿廣東海岸則較容易抵達香港；此外，當時香港是英國殖民地，難民相信經香港較易轉往西方國家。雖然會議上各國都同意安置越南難民，但收容越南難民的主要國家只有美國、加拿大、澳洲、西德、英國、丹麥、挪威等。

13　第一收容港政策下，香港政府必須全面接收抵達香港水域的越南難民。難民上岸後先被安置在政府船塢檢查身體、接受防疫注射，及向人民入境處登記，約需兩至三星期完成這些程序，之後被安置到難民營，等待外國收容。政府為安置數目不斷增加的難民，將已棄置的舊軍營及工廠大廈改建為難民營，由社會福利署的緊急救濟廚房供應熱飯。

14　1982 年 7 月 1 日之前，在香港的越南難民營是開放式的，但持續增加的難民數量，令政府感到吃不消，於是在 1982 年 7 月 1 日實施禁閉式難民營，目的是打擊難民繼續逃入香港的意欲。這日期前入境的難民住在開放式的營地，這日後入境的難民則住在禁閉式的營地。兩種安排可謂天淵之

人道立場接受難民登陸香港，當時的傳媒對政府的行動普遍表示支持，這番行動亦獲得國際社會讚許。但 1978 至 1979 年間，情況變得嚴重，大批越南人乘坐殘破的小漁船或舊貨輪逃出公海，以性命作賭注尋求庇護 11；1979 年在日內瓦舉行的國際會議達成共識，各國答應設法安置越南難民 12，香港自此成為第一收容港 13。

其後滯留香港的難民有增無減，於是香港政府推行不同措施，目的是打擊越南難民湧入香港，包括禁閉營政策（1982 年）14、甄別政策（1988 年）15、有秩序遣返政策（1991 年）16。1983 年，政府加設三個禁閉營，芝麻灣營、喜靈洲營、歌連臣角營，全部位於偏遠的地方。相信向「大家樂」中環分店落「柯打」訂飯盒的正是這批營地 17。1983 年底禁閉營難民增加至 5,723 名，由懲教署管理 18。

相信因為禁閉營在倉卒下建成啟用，設施不齊，「大家樂」接到懲教署的要求後，每天安排生產約 2,000 個飯盒，由地區總廚師設計餐單，例如粟米雞絲、鮮茄雞絲、煎蛋免治牛肉飯、餐肉煎蛋飯等，都是價錢廉宜的簡單飯盒，每天懲教署只預訂一款飯類，相信管方認為這樣做是最合符效率的管理方法。「大家樂」各中環分店的廚房於午飯時間前趕製飯盒，由樓面員工送往碼頭，交懲教署人員運到船上。為應付這項特別任務，廚房和樓面的員工要重新編排工作流程，完成難民飯盒後，立即投入準備應付繁忙的中環午飯時間。

突如其來一宗生意，令前線員工增加了工作量，廚房員工要多做幾百個飯盒，樓面員工要負

責運送的工作，分店主任記得大家都沒有怨言，公司接到生意，大家的反應是高興和盡力完成，公司生意好表示公司有前途，不獨飯碗可保，說不定還有升職機會。從分店主任的分享，可了解到當年香港社會人浮於事，勞動階層的工作態度是賣力、盡責，大家都很珍惜工作機會。

這個小故事補充了香港歷史中一個段落，越南難民潮初期香港傳媒對難民深表支持，1983 年「大家樂」分店員工齊心趕造飯盒的故事，亦引證了香港市民對越南難民的同情；雖然禁閉營、甄別政策和遣返措施都曾引起社會爭議，考驗了香港人如何平衡利益掛帥和人道價值之間的矛盾，但這段歷史顯示香港人是有人情味的，也曾在國際政治中扮演過積極的角色。

## 太安樓與山邊寮屋

太安樓位於筲箕灣 57-87 號，1968 年建成，當時西灣河尚未曾填海，太安樓就立於臨海位置，從九龍這邊望向對岸的筲箕灣，樓高 28 層的太安樓特別顯眼。太安樓樓下有商場和戲院，附近有街市，可說是筲箕灣的中心地區。

「大家樂」筲箕灣道57號分店（簡稱57分店）於 1986 年開張，位於太安樓地下商場，面向人流暢旺的筲箕灣道，當年的分店經理周文標目睹太安樓所在地的社區變化。

> 「我記得第一日開張是 11 點鐘，不消半分鐘，全場坐滿，我們還要想辦法攔截輪候的人潮繼續湧入來呀。嘩！真的很厲害。當時山上還有木屋區未曾清拆，這裡是個低消費的地區，我們沒有估計到會吸引到這批客人。……曾經有一段時間，經營比較困難，因為山上的木屋區被清拆，一時

別，前者可以自由進出營地、出外工作謀生，甚至交朋友、結婚；禁閉營內的難民不可外出，不可離營謀生，絕少機會與外界接觸。實施禁閉營政策下，政府只保留兩個開放營，安置 1982 年 7 月 1 日前抵達的難民，一個是由紅十字會管理的啟德難民臨時收容中心，位於九龍灣舊軍營，另一個是由香港天主教福利會管理的銀禧臨時收容中心，位於九龍市中心。

15　1988 年 6 月 16 日香港開始實施甄別政策，由聯合國難民專員公署監察，以國際條約下的難民定義甄別抵達的越南船民，由香港人民入境處的職員執行，符合難民身份的可透過難民公署安排移居外地，不符合難民身份的會被安排自願遣返。政府興建禁閉式的羈留中心，安置船民等待甄選程序。甄別程序於 1994 年完成，但遣送非難民的程序到 1997 年回歸前才完成。

16　鑑於自願遣返的效果不理想，香港政府與越南政府達成協議，實行所謂有秩序遣返，即不管船民是否同意，若被甄別為非難民，香港政府會將其遣返。為鼓勵船民接受遣返，香港政府、歐洲國家、聯合國難民公署均曾捐助越南落後地區，幫助返回家鄉的越南人改善生活，並督促及監督越南政府不會對回國的人民進行報復行動，報告發現並無報復行動。

17　禁閉營的設施是怎樣的？1989 年《香港年報》有這樣的描述：有宿舍、飯堂、公共浴室、廁所、洗衣間、戶外活動空間，診所由醫務衛生署負責，另外有非政府機構提供教育及社會服務，包括供兒童上課的學校、語言及技能訓練、手工業工場、合作商店等。

18　有關香港的越南難民概況參閱《香港年報》，1975 至 2000。

間人流減少了，感覺生意比較清淡。自從木屋區清拆後，改建為新的屋邨，又凝聚了新的人流，所以到今日，這間舖的生意都很好，由始至終太安樓做的都是街坊生意。

這位分店經理於 1986 至 1991 年在 57 分店服務，正好見證了筲箕灣移山填海的社區變遷。所謂低消費社區，意思是社區人口以一般普羅階層佔多，如筲箕灣山村的木屋區居民、避風塘的水上人、舊樓街坊等都是所謂低消費的一般階層。

1984 年，筲箕灣。
山邊寮屋前的高樓是太安樓，
太安樓前正在進行填海工程。
（高添強提供）

筲箕灣的山村曾經是該區的地標，從遠處望向山的方向，只見密密麻麻的小屋由山腳一直延伸至山腰。山村的歷史最早可追溯至 19 世紀末，1893 年首張地政測繪圖上有淺水碼頭村、澳背龍村等記載 19。戰後內地移民湧至，香港人口激增，公共房屋不足，加上在 1956 年新的建

19　地政測繪圖，即 Land Survey Map，附件於下列論文。資料來源：Phoon, 1957.

築條例下，不少殘舊的唐樓被清拆，沒有經濟能力入住新式樓宇的，便在原來的山村土地上以木材和鋅鐵等材料搭建寮屋，作為棲身之所[20]。戰後的筲箕灣山村是港島其中一處大型的寮屋區，擴展成 13 條山村，聞說曾經有 50,000 人口居住過[21]。

吸引貧窮的移民聚居筲箕灣的因素，相信是山下的工廠，如馮強樹膠廠、康元製罐廠、太平餅乾廠等，甚至近海處的魚類批發市場也需要搬運工人。寮屋區設施簡陋，有些是鐵皮屋，條件較好的用石屎建屋，水源是街喉或水井，空間和人口擠迫，火警和治安一直是寮屋區的問題。政府自 1960 年代初開始清拆寮屋，最早於 1962 年清拆綠寶村，並在原址興建明華大廈，安置了最早一批受清拆影響的居民。1970 年代內地移民潮再現，寮屋人口有增無減，1983 年聖十字徑村大火後，政府加快清拆山村寮屋，1987 開始清拆行動，歷時兩年，改建成耀東邨、興東邨、東熹苑、東霖苑、東欣苑等公共房屋[22]。這段時間正好是「大家樂」57 分店開張頭兩年，分店經理周文標因此觀察到客群的轉變。

太安樓是筲箕灣的地標之一，建於 1968 年。筲箕灣未填海前是臨海的高樓，地下有商場和戲院，附近一帶人潮暢旺，因此吸引筲箕灣避風塘的漁民將新鮮漁穫拿到太安樓附近的街市擺賣，1979 年起因興建東區走廊及地下鐵路填海，海邊逐漸向外移。據周文標的記憶，57 分店於 1986 年開業時，太安樓一帶尚未有其他快餐品牌食肆[23]，「大家樂」是第一個在筲箕灣開舖的快餐品牌，難怪開張第一天即吸引人潮排隊入內，當時「大家樂」已推出鐵板餐、煲仔菜等，對於未必有能力經常光顧餐廳或酒樓的一般階層，這是較符合他們負擔能力的消費水平。

20 網上資料：〈往昔家園：從寮屋到公屋〉，《香港記憶》。

21 筲箕灣 13 條山村包括澳貝龍村、橫坑村、花園村、成安村、馬山村、聖十字徑村、富斗窟村、南安坊村、教民村、教富村、淺水碼頭村、愛秩序村、綠寶村；山下是聖十字徑村、富斗窟村、南安坊村、淺水碼頭村、愛秩序村，相信歷史較悠久，山上是教民村、教富村等，相信是較後期聚居形成的。資料來源：黃敬業，2013，頁 15-29。

22 資料來源：同上。

23 例如，太興當時在太安樓是燒味茶餐廳，後來從筲箕灣發跡後向外擴展；今日麥當勞餐廳原是太安戲院所在，戲院拆卸後重新裝修變成餐廳。

## 深水埗鴨寮街的人情味

「大家樂」長沙灣道241號分店（簡稱241分店）約於1990年代中開張，位置靠近桂林街與鴨寮街交界。開張前，業務經理周文標和業務總監侯湘曾視察環境，對這個位置是否適合開設分店，周文標曾有過擔心。

> 「當時有個情況我們都很擔心，未正式開張前，我們要視察環境，附近北河街、桂林街，有很多所謂『道友』（吸毒者）在附近流連，晚上商戶關門後，他們就在鐵閘外露宿。我們跟業務總監講：『弊傢伙（糟透了）啦，到時我們有什麼辦法叫醒門口的露宿者，讓我們開門做生意？』後來分店正式開張後，我們都毋須憂慮，晚上的確有人在門口露宿，但當我們返到來時，露宿者已經離開了。另外，附近環境比較雜亂，我們一直在盤算，什麼人會光顧快餐店呢？我們的客群會是什麼人呢？結果，除了街坊客之外，有不少去鴨寮街買零件的客人，還有商店售貨員或街檔小販，也有些水貨客拉著大包小包的，分店環境確是稍為有些複雜，但一切都很順利。」

241分店面向桂林街，與鴨寮街只是幾步之遙，附近的北河街、大南街，沿街兩旁全是舊式唐樓，是深水埗低下階層聚居的地區。露宿者的確是深水埗區的特色之一，他們有人以天橋底為「家」，也有人撿一張紙皮、選一個商戶門口有小空間的做「睡房」、紙皮做「棉被」，馬馬虎虎算是有瓦遮頭。正如業務經理周文標所講，露宿者是很有紀律的，天光了，他們會自動自覺地離開，不會為大家造成騷擾。

明白了深水埗的生活秩序後，分店的團隊知道之前的擔憂是不必要的。原來要擔心的，反而是晚市生意太過淡靜，因為晚上鴨寮街的商店和街檔關門後，周圍黑漆漆的，附近唐樓都是低下層小市民，出街食飯不是他們的生活習慣，業務經理和分店經理要想想法子。公司領導層提出，晚上做即炒和即焗的產品，當時「大家樂」尚未推出即炒即焗菜式，廚房方面未必有做即炒、即

焗的流程和習慣，幸而，快餐業務的分層管理制度向來很有效，同事之間做到互相配合，結果，晚市的生意得以改善。

即炒即焗的賣點是新鮮，味道質素較預製的快餐為佳，但如何讓附近的街坊知道這間快餐店有「與別不同」的菜式選擇？業務經理周文標的答案是鴨寮街一帶的鄰里客情。

「那個年代，靠客人的口碑帶動，當時客人對我們的認同感很強，你有什麼新猷推出，很快便會傳開去，現在大家靠手機上網，當時全靠一班熟客、街坊。當年我們跟街坊的關係不錯，很多時候，街坊告訴我們分店方面有什麼不對的地方，或者外邊有什麼事發生，讓我們及早應變、處理。譬如，鄰近有什麼新的競爭對手，以及他們對競爭對手的評價，都會坦承告之，街坊的回饋讓我們可以及早找出應對之策。」

其實「大家樂」早於 1977 年已於深水埗青山道 3-5 號開過分店，那個位置一樣被舊式唐樓包圍，基層社區石硤尾徙置區近在咫尺；十多年後，「大家樂」敢於闖進鴨寮街這個基層社區，源自於它的自我定位。跟筲箕灣一樣，深水埗也是低消費社區，消費能力不及商業購物區或中產住宅區，假期時生意才較好，原因是，以快餐價錢吃到有餐廳質素的食品，對收入不豐的一般階層，便是一餐吃得豐富些、開心些的節日盛宴。

| 與城市發展同步

一九八二年，深水埗鴨寮街。街上有樓下街舖和固定小販檔，電器水貨、二手唱片、粵曲卡式帶、二手衣服、色情書報等，滿街都是。（高添強提供）

# 舊區翻新

「大家樂」的前線故事亦反映了香港城市地理景觀的變遷。舊區重建、新市鎮開發、商場化的趨勢，地換山移後，景觀和民生客情都有重大變化。

### 旺角翻新：從通菜街到砵蘭街

旺角是「大家樂」重點發展的地區，1980年之前頭十間分店中有四間在旺角，兩間在俗稱「女人街」的通菜街，一間在彌敦道，是人流熱鬧的購物街和交通要道。1981年「大家樂」已開設旺角區第六間分店，位置在奶路臣街11號（簡稱11分店），即奶路臣街和砵蘭街交界的一座商業大廈。

未有朗豪坊之前，旺角砵蘭街是紅燈區的標誌，不少電影以砵蘭街作為故事背景，有馬伕、妓女、黑幫、古惑仔等人物和情節，晚上，大廈外牆的霓虹燈招牌璀璨耀目，吸引人視線的是夜總會、指壓按摩等「黃色」燈箱。11分店有幾個不大不小的故事，反映電影中的情節的確是現實的一部份，第一任分店經理李偉基形容附近環境品流複雜，因樓上是色情場所，每當警察掃黃時，門口街上站滿了人，外表絕非善男信女。

> 「我們跟舊店主交收時講明，這個招牌是『大家樂』的，豈料被樓上的夜總會搶去，招牌由『大家樂』變成『七重天夜總會』，居然直接套在你的燈箱上，你夠膽出聲嗎？面對這些人，我們只能『買佢怕』（敢怒而不敢言）！沒法子，夜總會的人還要求你不能關燈，意思是用你的電照亮他的招牌，這種情況，你想像得到嗎？」

試過有一次一班黑社會人物帶齊「架撐」（打架用的武器），放在店內的椅子下面，李偉基立即聯絡相熟的刑事偵緝探員，探員先要求警方增援，自己立時趕到現場控制場面，制止血腥暴力發生，待警車抵達後將一干人等帶返警署。李偉基說，那時工作

壓力太大，以致患上十二指腸潰瘍。業務總監侯湘既為下屬的安全擔心，也為公司的形象憂慮，幾年後待租約期滿便立即撤離這「危險地帶」。

然而，無論日夜，旺角的街道總是水洩不通的，有來上班的、來購物的、來逛街看風景的、與朋友來嬉戲玩樂的，甚至只是來湊熱鬧的。砵蘭街的霓虹光管招牌之中也夾雜其他招牌，例如戲院，砵蘭街上曾經有過幾間戲院，已清卸改建為商場 24；也有地道的小型經濟社區，如俗稱「雀仔街」的康樂街；在山東街和豉油街那邊，曾經有過不少五金店、皮革廠，甚至舊式殯儀館 25；橫街轉角處有紅色小巴去荃灣、元朗等新界地方，總言之由早到晚人流不息。

1987 年，旺角奶路臣街 11 號分店，今 MPM 商場。

砵蘭街與奶路臣街交界的位置其實相當不錯，是旺角砵蘭街的中心點，分店經理李偉基亦記得當時生意非常理想，午飯時間有吃午飯的客群，在晚飯時間，分店 270 多個座位當中有 250 個客在吃鐵板餐，為了加快客流輪轉速度，廚房用火而不是焗爐來烘熱鐵板，樓面要加請兼職員工，幫忙為客人捧餐。

一間快餐店，就這樣訴說了旺角砵蘭街多元、紛雜的景象。對於一般市民來說，砵蘭街的妓女、打鬥、仇殺、黑社會全是電影橋段，少有

24 文華戲院現為 MPM 商場、麗斯戲院現為雅蘭中心第二期、南華戲院現為東京銀座商場。

25 郭少棠（編），2002，頁 192-199。

人親身經歷過，都認為所謂龍蛇混雜、九反之地，其實是想像多於現實。不料，一間在砵蘭街上的快餐店，將想像變回現實；一邊擔心黑社會械鬥，一邊又忙於照顧來吃鐵板餐的客人，這就是旺角的特色。

2005 年，朗豪坊拔地而起，成為旺角的新地標，原來的舊式唐樓被清拆後，新式的商業樓宇租金飆升，已非黃黑賭毒可以久留之地，砵蘭街上的霓虹燈招牌已移往油麻地方向；街道風景也完全改觀，時尚名店林立，有學者稱這現象為「中產化」（gentrification）[26]，也有人緬懷砵蘭街的市井和混亂，認為這是代表了香港的地道文化[27]。至於「大家樂」，11 分店結業後，在較安全、有秩序的雅蘭中心商場重張旗鼓。

通菜街那邊的街道景觀也發生了不少變化，「大家樂」通菜街 77 號分店和 99 號分店，分別在亞皆老街的兩邊，通菜街與亞皆老街這個十字街口，是 1970 至 1980 年代香港逛街購物的熱點，附近有旺角火車站，通菜街街口有小巴站，亞皆老街是九龍東往尖沙咀的巴士線必經之路，是旺角繁忙的交通要道中最旺的地區。「女人街」曾經是一般階層愛到的購物市集[28]，後來變成以翻版貨吸引外來遊客的觀光旅遊點；先施百貨公司變成先達廣場，附近幾間戲院已全部拆卸變成商場或商業大廈[29]；2000 年代出現新的行人專用區，範圍包括花園街、登打士街、豉油街、奶路臣街、西洋菜南街[30]，這一帶變成了新的購物消閒區，遊人（包括本地居民和遊客）的活動便穿梭於行人專用區、街舖和商場之間[31]。

通菜街的分店已結業十多年，「大家樂」改在新的行人專用區另設新店。由旺角中心經西洋菜南街、登打士街轉出彌敦道，「大家樂」共有四間分店，標刻著朗豪坊以外，一個更地道、更多元的熱鬧城市空間。

26  鄧鍵一，2006，頁 72-85。
27  潘國靈，2005，頁 77-91。
28  「女人街」由 1975 年開始形成，1980 年代是全盛時期，由亞皆老街頭段至登打士街尾段，露天攤檔與騎樓底下的街舖，形成三條人流，靠近亞皆老街的一段女人街是最旺的一段，77 號店正是在這個位置的。資料來源：陳鳳萍等，1989，頁 105-121。
29  例如新華戲院改建成新之城商場、荷里活戲院變成荷里活商業中心、域多利戲院變成旺角電腦中心、麗聲戲院和凱聲戲院變成始創中心。
30  《旺角購物區地區改善計劃，行政摘要》，2009。
31  這邊的旺角商場各有特色，例如信和中心有翻版日劇和漫畫出售、潮流特區可買到 Hello Kitty 商品、先達廣場有各式電子產品、旺角中心有廉價時裝、荷里活中心有潮流服飾等，分門別類，應有盡有。

## 觀塘翻新：從裕民坊走到開源道

「大家樂」在觀塘區的發展軌跡與這區的地理景觀變遷密切同步，第一間觀塘分店於1982年在同仁街33號（33分店）開設，位置正是觀塘區的心臟地帶——裕民坊。及後新的廉租屋邨落成，加上舊式徙置大廈重建為新型屋邨，「大家樂」在觀塘區34個公共屋邨中有六間分店。2007年市區重建局開始清拆觀塘市中心，「大家樂」分店唯有移離裕民坊；當觀塘工業區轉型為工貿區，「大家樂」在工業區街道加設分店，以核心商業區的營運模式，應付工貿區的繁忙午膳人流。「大家樂」第一間觀塘分店的故事，帶引我們回顧觀塘走過的歷程。

觀塘區是香港政府規劃的第一個衛星城市。1954年起，觀塘以移山填海的方式開闢而成，南面向海的新土地規劃為工業區，北面靠山的地方興建房屋，中間以觀塘道連貫九龍市區，海邊興建碼頭和倉庫，這些都有利觀塘成為香港的主要工業區之一[32]。

住宅區方面，1960年，政府規劃了14英畝土地建立一個商業區，作為觀塘的市中心，範圍由裕民坊、物華街至輔仁街一帶，讓佐敦谷、牛頭角、將軍澳、鯉魚門、油塘、茶果嶺的居民，得以享用商業設施和服務[33]。1961年起裕民坊一帶迅速發展，私人住宅和商業樓宇、銀行、戲院、酒樓、學校等紛紛開業，及後亦有政府合署、郵局、健康院等公共設施。

「大家樂」33分店正好座落於裕民坊的商業中心區內，1982年被調派到33分店的副經理許錦波記得有這樣一個情景。

> 「同仁街主要做街坊生意，這裡差不多等於一個購物區，是觀塘最核心的地方，而且，同仁街這邊有個小巴站，協和街直上便是聯合醫院，上面有些屋邨，那邊人流非常密集，什麼人都有。我最深印象呢，茶市過後五、六點鐘生意比較靜，我站到門外望望，因為同仁街是斜斜地一條街，我站在高處望過去，嘩！放工時間呀，當時工業發達嘛，從工廠

32 梁炳華，2008。
33 同上，頁95-96。

區那邊走路過來的人潮呀，你想像是怎樣的呢？好像遊行一樣的場面，落班時間嘛，那邊工廠的工人，以女性為主，好像河水般朝我們這邊湧過來。」

裕民坊是勞工的工餘好去處，這邊有小販、街市、大牌檔、戲院，甚或可以上酒樓雀局聯誼；裕民坊也是交通要塞，有小巴或巴士貫穿觀塘區內各處及九龍其他地區。下班時間，工廠區的人潮過來裕民坊這邊，有的來逛街吃東西，有的可能住在裕民坊一帶，有的乘小巴或巴士歸家，沿協和街斜路上面有和樂邨、樂華邨和秀茂坪邨。裕民坊便是一個繁忙的購物區和交通樞紐。

「大家樂」的分店是早上 7 時開門的，大清早客人已經急不及待等吃早餐。許錦波知道早上的客人趕時間，與整個團隊一起做好準備工夫。

「朝頭早呀，你知道嗎？早上經常聽到拍門叫喊：『開門未呀？』拍門拍閘叫我們開門呀。我在水吧將通粉預先分配好，連火腿絲和雜菜粒，一起預先落入碗內，只差未放湯，預備好五、六十碗呀。然後向樓下叫『開閘！』不消 15 分鐘，全場 110 個座位滿座。樓下是賣三文治，專做外賣的，他們也預先備好幾十份三文治，你要做好預產，才夠膽打開門做生意，客人心急嘛，趕返工呀、趕搭車呀。」

當時觀塘是新市鎮，未有地鐵之前，往來觀塘與九龍舊市區或香港島之間的交通頗為不便，跨區上班的市民要預留足夠交通時間，大清早吃過早餐後，便要趕車上路。「大家樂」的前線員工深明時間和交通的壓力，「開糠」（早上開門營業）前必定做好充足的預備工夫。

「大家樂」在裕民坊一帶的分店 34，一直經營至觀塘區中心被清拆重建。2007 年市區重建局開始規劃觀塘市中心重建計劃 35，拆卸裕民坊一帶的樓宇，範圍由觀塘道、協和街、物華街及康寧道圍繞的範圍，以及月華街巴士總站。在裕民坊受影響下，「大家樂」將焦點從舊的商業

34 同仁街 33 號分店之後，「大家樂」約於 1984 年再開設裕民坊 32 號分店，目前仍然營業的有康寧道 11 號分店。

35 觀塘市中心項目是前土地發展公司於 1998 年公佈的其中一個重建計劃，地盤面積超過 500,000 平方呎，影響約 1,653 個業權及約 3,139 人，估計項目的總發展成本達數百億元，這是市區重建局（市建局）歷來最大型的重建項目。網上資料：〈觀塘市中心計劃〉，《市區重建局》。

中心移師至轉型中的工業商貿區。

觀塘一直是香港的重要工業區之一，1979 年時，觀塘區人口 25 萬，工廠 2,700 家，製造業僱員超過 11.6 萬人 [36]。觀塘工業區北起觀塘道南至偉業街，東起敬業街西至巧明街，接近地鐵站的核心地帶有開源道、成業街、駿業街、鴻圖道。

1980 年代是香港製造業的黃金時代，到 1990 年代，勞工短缺、工資上漲、租金飆升等成本因素導致製造業生產線北移，搬往珠江三角洲發展，本來擠迫、繁忙的觀塘工業區失去了昔日的嘈吵和活力。但其實工業區在默默地轉型中，自 2001 年起發展商開始進駐觀塘工業區，舊工廈重建或全幢改裝為新式商業大廈，舊地標如鱷魚恤製衣廠消失了，新地標如城東誌從舊廠廈之間拔地而起 [37]；有些工廠大廈把空置單位租予創意工業、迷你倉等非製造業用途 [38]；雖然製造業萎縮，但不少製造業企業將香港辦事處轉型，主要負責採購、研發設計、控制及統籌等功能。於是，上下班和午飯時間，轉型下的工業商貿區仍然人頭湧湧，有保險業、資訊科技界、國際會計師樓、政府部門、一般商業貿易公司的僱員，也有製造業工人、搬運工人，人流非常混雜。

工業商貿區的午膳食肆也是相當混雜。舊工廠大廈有以茶餐廳形式運作的飯堂、以美食為號召的餐廳或私房菜館 [39]，商場內有酒樓、咖啡屋；廉價飲食方面，有大牌檔式的熟食市場，甚至賣咖喱魚蛋、腸粉撈麵等外賣小食的士多。吃飯的人潮各適其適，有人手挽盛著外賣飯盒的膠袋在路上行走，有人不介意在環境簡陋的大牌檔吃飯，有人排隊等待入座特色餐廳，各種情景應有盡有。

36 觀塘工業區工廠大廈林立，主要是勞動密集的行業，如紡織、製衣、塑膠、五金等，知名的工廠有南洋紗廠、怡生紗廠、鱷魚恤、伊人恤、駱駝漆、紅 A 塑膠等。資料來源：梁炳華，2008，頁 89。

37 2010 年 4 月，政府推行為期三年的活化工業大廈計劃，至 2011 年 8 月共批准了 33 幢工廈進行改裝或重建的申請，約一半在觀塘及九龍灣工業區。資料來源：《2009-2010 年度施政報告》；《起動九龍東》宣傳冊子（2011）。2001 年發展商進駐觀塘區，最矚目的是於 2008 年落成、位於觀塘碼頭附近的觀塘 223，原來的土地是牛奶公司冰廠及水泥廠，2009 年易名為宏利金融中心；同年落成、位於駿業街的城東誌（Landmark East）兩幢商業大廈也相當矚目。資料來源：〈觀塘蛻變潮，工廈先嚐甜頭〉（2007 年 1 月 6 日）。《經濟一週》；〈東九龍甲廈平均呎租 17 元，空置率跌至 20%〉（2009 年 12 月 1 日）。《星島日報》。

38 創意工業包括畫廊、搖滾樂隊 band 房、搖滾樂隊表演場地，甚至時裝設計室等，也有人租來做迷你倉及微型企業，主要原因是觀塘工廠廈的單位空間寬敞、租金便宜、交通便利等。政府於 2010 年實施活化工業大廈的措施後，舊工廠大廈被改裝或重建成新式商業大廈，租金飆升，缺乏財政能力的企業受到打擊，高峰時曾有 1,000 個樂隊租用觀塘的工廠大廈，活化工廈措施之後則所餘無幾。資料來源：〈活化觀塘〉（2012 年 7 月 14 日）。《再展風華》。

39 這些餐飲食肆分佈在工廠大廈上層，在街上以宣傳橫額和傳單吸引顧客，例如歐陸式扒房、東南亞餐廳、日式餐廳、意式餐廳、川味菜館、以私房菜命名供應特色海鮮套餐的食館。

在這個工貿區的餐飲市場中,「大家樂」的定位是快捷、效率、價格相宜之中有餐款選擇。以 2017 年 9 月份為例,「大家樂」在觀塘工貿區設有五間分店,分別為四間快餐店加上一間米線專門店,四間快餐店守著工業區的核心要塞 40,米線專門店則位於商場一樓,提供舒適的進食環境。快餐的營運策略採取如中環、金鐘核心商業區的模式,以分流的方式提高效率,例如快餐和燒味分流排隊、堂食和外賣亦分開兩個輸出部門,水吧前設外賣包裝枱和專責人員。詳細的方式可閱讀下一章〈開飯喇!〉

40 「大家樂」在觀塘工貿區的分店分別座落於鴻圖道威明中心(駿業街交界)、開源道豐利中心地下、成業街電訊一代廣場地下、創紀之城一期地下(巧明里);「米線陣」位於鱷魚恤中心一樓商場,可通往創紀之城第五期商場。

右 1986 年,觀塘裕民坊。昔日這裡是觀塘的市中心,裕民坊 32 號分店於 1984 年 4 月開業,招牌可隱約見於照片中巴士前方。(高添強提供)

# 向新界發展

1970 年代，「大家樂」始創於舊市區的街舖，自 1980 年代起，「大家樂」
向新界發展，並主要在商場開設分店。

　　然而，香港城市化向新界方向發展是更早的事情。政府於
1950 年已構思開發新界，但實際行動在 1970 年代才開始。
1950 年代香港人口激增、寮屋問題嚴重、工業發展需要大量土
地，政府研究以新市鎮的模式建立新的社區，研究對象包括大
埔、醉酒灣（葵涌）、將軍澳、沙田、青山（屯門）[41]。至 1972
年，政府宣佈推行十年建屋計劃，打算於十年後讓全港市民可以
有適當的永久居所[42]，可惜香港和九龍市區已經非常擠迫，建
屋計劃便直接扣上規劃中的新市鎮工程，新市鎮計劃才得以全速
落實[43]。

　　通過興建公共房屋，政府將急於「上樓」（入住公共居住單
位）的市區居民遷徙入偏遠的新界，1970 年代第一代新界新市
鎮只有三個地區，即荃灣、沙田和屯門；1980 年代再有第二代
新市鎮，如大埔、粉嶺、上水、元朗。新市鎮的開發並沒有如
十年建屋計劃所擬般停下來，1980 年代後期有更多新市鎮的出
現，如天水圍、將軍澳，以及近年的東涌。

## 「大家樂」入新界

41　參照 Bristow, 1989, pp.70-72. 書中引述 1957
年 10 月行政局會議決定就六個開墾工程及新市鎮
計劃進行顧問研究，當時政府內部較支持發展大
埔、沙田、葵涌，只有新界民政專員力薦開發青
山（屯門）。

42　《香港 1974：一九七三年的回顧》，1974，頁 80-
85。

43　參照 Bristow, 1989, pp.148-187. 作者批評政府
為落實房屋計劃才加快沙田和屯門的開發，導致
早期兩個新市鎮都沒有良好和全盤的規劃。

　　「大家樂」在新界有顯著的發展，與香港城
市的發展方向同步。「大家樂」於 1986 年上
市後，自 1986 至 1993 年之間，新界分店由 1
間擴展至 31 間，雖然 1993 年時分店平均分佈
於港九新界，但明顯發展重點已移到新界區。
2000 年代，新界分店所佔的比例開始超越其他

兩個區域（見下表）。

「大家樂」快餐店地區分佈（區域分店數目佔集團分店總數的百份比）

| 地區 | 1986 年 | 1993 年 | 2000 年 | 2005 年 | 2010 年 | 2017 年 |
|------|---------|---------|---------|---------|---------|---------|
| 港島區 | 40.6 | 32.0 | 31.1 | 31.2 | 27.0 | 23.3 |
| 九龍區 | 56.3 | 37.0 | 32.1 | 31.2 | 32.4 | 34.3 |
| 新界區 | 3.1 | 31.0 | 36.8 | 37.6 | 40.5 | 42.4 |

資料來源：「大家樂」內部記錄。

　　「大家樂」最早的新界分店於 1984 年底在沙田新城市廣場開設，當時「大家樂」還未有心理準備向新界發展，集團內部曾為應否到沙田設立新店進行深入討論，原因是新城市廣場建成時的市中心只有少量發展[44]，周圍是進行中的移山填海工程，政府報告指建設工程完成了 30%[45]，意味尚有七成的工程未完工，可以想像 1984 年的沙田予人荒蕪和偏遠的觀感。當時發展商親自往日本邀來日本百貨公司「八佰伴」開業[46]，期望利用大型百貨公司的磁石效果，吸引人流；在香港的商戶中，「大家樂」也是發展商眼中的磁石。發展商的策略果然見效，開業兩年新城市廣場的人流非常高[47]。

　　隨著新城市廣場愈來愈受歡迎，「大家樂」在新城市廣場的分店業績理想，於是在 1985 年決定開始進駐新界，在元朗市中心開舖；1987 年則在屯門和馬鞍山的屋邨商場開舖。雖然荃灣、葵涌和沙田新市鎮的屋邨開發時間較早，

44　新城市廣場由新鴻基地產投得地皮，標書要求中標者興建 100 萬平方呎的商場，新鴻基地產執行董事陳啟銘承認這項投資風險極高，原因是沙田環境太荒蕪：「第一，那裡（沙田）不是市區；第二，一百萬呎的商場在那時候是個龐大的投資，並不容易管理。在市區尚可依靠人流，當時沙田沒多少人口，只有沙田中心、好運中心和火車站建成，火車站內只有少量商舖租出。當時所謂的沙田市中心，只有少量的發展，要到什麼時候才有足夠的人流，逛這個一百萬呎的商場 ……」陳啟銘訪問節錄。網上資料：〈沙田今昔人物專訪〉，《馬鞍山民康促進會》。

45　《香港年報 1984》，1985，頁 107- 108。

46　網上資料：〈沙田今昔人物專訪〉，《馬鞍山民康促進會》。

47　參照《沙田工商指南》，1986，頁 26。文中指 1986 年時新城市廣場在平日有逾15萬人次遊覽，假日更高達 20 萬人次。而當時沙田的人口只有約 37 萬。

　｜　與城市發展同步

一九七四年，沙田新市鎮在開發中。填海工程拉直城門河兩岸，中間空地將用來興建新城市廣場，右邊是沙田舊墟，再遠的是鄉村和農地。（高添強提供）

向新界發展 │

但「大家樂」接到屯門和馬鞍山公共屋邨商場公開招標的邀請，便率先在這兩個地區落腳。1988年「大家樂」在大埔的私營屋苑商場，以及在較接近舊市區的荃灣和葵涌區開設分店；踏入1990年代，「大家樂」陸續在第二代新市鎮發展，包括上水、粉嶺、將軍澳；1990年代後期再拓展至第三代新市鎮，如天水圍和東涌。

### 屯門：進駐偏遠新界的起步點

新界地區由鄉郊變身新市鎮，是需要時間的，以屯門為例，1971年政府開始在青山灣填海造地，一面興建屯門公路，一面興建公共屋邨。1977年第一個屋邨大興邨落成時，四周一片荒蕪，被社會批評為放逐公屋居民做「開荒牛」，至1983年共有七個公共屋邨落成，包括「大家樂」分店所在的山景邨。屯門的發展沿著屯門河兩岸，東面靠山的土地先開發，西面靠海的土地較後發展。山景邨在河的西面，即使如此，位於屯門河東面的市中心，當時仍未發展出來，社區設施仍然在興建中，輕便鐵路只是一個規劃中的構思，屯門與市區之間的交通主要靠一條屯門公路和幾條巴士線。

1987年，「大家樂」就是在這個背景下進駐屯門的。當時被調派往開設新分店的大廚蔡景橋，還記得當時上班的交通轉折。

「我早上6點鐘要回去『開糠』，當時沒有公共交通入屯門，我是住在荃灣的，從荃灣中心走路落青山公路，有元朗小巴經荃灣入屯門的，去到屯門市中心還未天光呢，當時未有入山景邨的巴士，剛剛開發嘛。⋯⋯我去到市中心呢，約定幾個幫廚，是在當區聘用的後生仔，這班後生仔很乖巧的，我包一部的士入山景邨，載齊幾個人，一起回去開檔，你希望他們準時返工嘛，你一定要這樣做。」

荃灣與屯門之間距離較近，可能因為這個原因，公司調派住在荃灣的蔡景橋入屯門，否則就要像元朗分店那樣預備員工宿

舍。「大家樂」聘用屯門區的年輕人工作，正好符合新市鎮計劃的原意，讓當地人口有就業機會。新市鎮的規劃需要私人機構的參與促進商業活動，既提供就業，也提供社區設施。

「大家樂」快餐正好發揮這兩方面的功能，既僱用當地居民，也服務附近的街坊和勞工。分店大廚蔡景橋記得開張後頭兩個月只有一個字，旺。

> 「早午茶晚四個市都很旺，什麼東西擺出來都賣到停不下來。我們賣炸蝦多士賣到『冧晒檔』（賣清光），西多士又賣到冧晒檔，雞髀、雞翼都賣到冧晒檔呀。洗碗阿姐洗個不停，晚上收市後，我們做廚師的都要幫忙洗碗碟，完成所有清潔工作後大家才放工。……我記得當時區域總廚師講過：『我們做到 20,000 元生意，就可以達標喇。』誰料早餐的生意已經有 10,000 多元，當時集團剛推出燒味檔，開張後第一個月我們不敢賣燒味呀，擔心生意太旺應付不來，由早餐到晚市，營業額有 40,000 元，本來預計做 20,000 元的，我們做到 40,000 元啊！」

山景邨分別於 1983 及 1986 年陸續入伙，屋邨設施仍在建築中；屯門河西岸側有一條鳴琴路，左邊是山景邨，右邊是屯門工業區，1987 年時工業用地已完成開發工程，1988 年有 2,139 間工廠營業，大多數是塑膠、五金、成衣等製造業，在 28,385 名全職人口中，約七成是製造業工人 48。工業區附近只有兩個公共屋邨（大興邨和山景邨），因此，「大家樂」剛開業時，午飯時間全是建築及工廠工人。

晚飯時間不及午飯擠迫，但仍可算是全場滿座。1987 年，「大家樂」已經推出中式晚飯小菜套餐，正好吸納屋邨住宅區的晚飯需要。雖然屯門是在新市鎮規劃下開發出來，概念是自給自足的社區，提供本區居民就學和就業的機會，但不少居民仍然需要跨區上班。然而屯門與市區之間路途遙遠、交通不便，上班一族星夜歸來 49，若果兩夫婦都是在職人士，返抵家門後已沒有時間、沒有精力生火做飯。價格相宜的中式小菜晚飯套餐，正好解決了雙職家庭的需要。

48　屯門區議會工商業委員會（編），1988。
49　梁美儀，1999，頁 175-183。

假期時，山景邨分店更加擠擁，原來吃快餐是新市鎮居民的假期娛樂，令從市區調入新市鎮的蔡景橋感到非常驚訝。

「假期的早餐，10點零鐘的時候，非常誇張啊，曾經好像酒樓一樣，客人拿著一份報紙站著等位。這是在市區的分店前所未見的景象！」

1987年的屯門，假期上午10時，屋邨居民邊看報、邊等位，吃一個快餐做早餐，這就是未完全開發的屯門可供居民的消閒活動。翻看當年的《香港年報》，便明白這情景背後的脈絡。

「在市中心興建一個新的地區購物中心及一所文化館的工程，經已動工，落成後將成為屯門新市鎮的社區及經濟活動中心。至於市鎮公園，其第一期工程亦已完竣。……訂於八十年代末期啟用的輕便鐵路系統將會提供快速電車服務，在屯門區內行駛及來往屯門與元朗之間。」50

1987年，市中心的社區設施尚在施工中，輕便鐵路於1992後才建成啟用。平日已經是早出晚歸51，假期時居民寧願留在區內，到樓下吃個快餐，雖然要排隊等位也覺得值得，這是完全可以理解的新市鎮生活。

新市鎮的理念是建設獨立的社區，區內建設包括房屋、醫院、學校、商店、社區設施及輕工業52。現實的發展步伐是先有房屋和人口，後有社區設施，所以初期未能吸引商界到新市鎮投資，「大家樂」是屬於較早到偏遠新界的快餐集團53，先目睹了沙田新市鎮的形成過程，才對新界的發展比較有信心。

今日，第一代新市鎮已發展成熟，「大家樂」亦隨著屯門的發展而在區內擴展業務。以2017年9月為例，「大家樂」在屯門區有十多間分店，既有快餐，也有特色餐飲品牌，十間快餐店中有五間位於屋邨商場，在較成熟的公共屋邨有快餐店和「一粥麵」，這是近年「大家樂」在人口密集的住宅區的分店配置模式；位於市中心的屯門市廣場有兩間快餐店和五個餐飲品牌，實行多元品牌路線，吸納本區、跨

50 《香港年報。香港一九八六：一九八五年的回顧》，1986，頁130。
51 梁美儀，1999，頁175-183。
52 《香港年報。香港一九七九》，1980，頁1。
53 參照《香港電話號碼簿》的記錄，1987年時，「大家樂」的新界分店設在元朗、屯門和馬鞍山；麥當勞、美心和大快活的新界分店都設在較接近九龍市區的荃灣。

區，甚至跨境的顧客；其餘分店位於新建的屋苑商場；一間快餐店位於工業區，服務工廠大廈的僱員。這個版圖分佈，反映了「大家樂」的發展與地區城市化的方向同步。

### 將軍澳：以地下鐵路為骨幹的新市鎮

將軍澳是香港面積最大的新市鎮，區內有五個地鐵站。1972 年政府公佈推行十年建屋計劃時，已將西貢區納入新市鎮開發計劃的研究中，但延至 1989 年才正式進入規劃程序。首先，政府將將軍澳的英文名稱由 Junk Bay 改為 Tseung Kwan O（中文名稱的英譯），並頒佈新市鎮由八個地區所組成[54]，分三個階段。第一階段開發翠林區、寶林區、坑口區、堆填區、水塘、道路、學校、社區設施、政府單位；第二階段填海建造市中心；第三階段開發調景嶺、市中心南及工業邨等。

「大家樂」在將軍澳第一階段的公共屋邨落成後，已經有分店設立，2002 年港鐵將軍澳線通車後，「大家樂」加快在將軍澳的發展。例如 2017 年 9 月，集團旗下不同品牌合共設有 19 間分店，全部五個將軍澳線港鐵站，均開設快餐店及休閒品牌食肆，如「意粉屋」、「一粥麵」或「米線陣」，其餘十間快餐店分佈於區內的公共屋邨和私人屋苑。

將軍澳線未啟用前，即將軍澳新市鎮第一階段開發時期，「大家樂」在最早落成的翠林邨開設分店，這是位於山丘上的公共屋邨，因對外交通不便，有很多街坊光顧。翠林邨分店與其他屋邨舖一樣具有草根特色，街坊顧客除了吃東西外，還喜歡利用「大家樂」做聚腳點，或閒聊日常生活，或議論時政，既嘈雜又熱鬧。2000 年被調派擔任將軍澳區的業務經理，初來甫到時，留意到街坊對一些有內地口音的前線員工頗有微言，認為新移民搶走香港人的飯碗[55]，有時討

54 將軍澳八個區包括翠林、寶林、坑口、小赤沙、大赤沙、百勝角、調景嶺、將軍澳中心。資料來源：Territory Development Department, 1997.

55 1998 至 1999 年，香港社會輿論對內地來港的新移民的確有不少負面新聞。事緣《基本法》條文容許港人在內地所生子女擁有居港權，於 1997 年 7 月 1 日回歸後，有權來香港定居。香港政府擔心有大批合資格（曾估約 168 萬）的內地人士會蜂擁而至，於是計劃修訂《人民入境條例》，對於合資格子女的條件有若干規定，條例引起社會爭議，有市民入稟法院司法覆核。1999 年終審法院否決政府的修訂，認為違反《基本法》，香港政府提請人大釋法，政府的修法獲得確認。這事件在社會各階層中引起廣泛及激烈的討論，並普遍認為新移民搶奪香港社會資源。

論過於熱烈，分店管理人員要幫忙調停。

　　將軍澳第二期的發展由地下鐵路帶動，2002 年將軍澳線啟用後，沿港鐵站的上蓋物業，與周邊新的私人屋苑陸續建成。「大家樂」最先在寶林站新都城商場開設商場舖，2002 年被派往新都城商場開設新店的分店經理李樂游，記得需要一年時間，周圍的環境才算「塵埃」落定。

> 「我們做裝修時，地鐵未曾通車，感覺上好偏僻，商場內很漂亮，但是走出商場外，你只會見到沙塵滾滾的，感覺很荒涼。地鐵通車後約一年左右，商場開始興旺，感覺改善了，人流旺了，主要增加了街外客，午市、茶市、晚市都好。附近新樓入伙，做建築裝修的工人多起來，一批又一批的，新居入伙後，客人開始熟習環境，懂得來我們處吃東西，分店就漸漸聚到熟客喇。」

1987 年，將軍澳新市鎮正在開發中。前面左邊是興建中的寶林邨，右邊高樓是新都城，對面山頭將興建翠林邨，「大家樂」第一間將軍澳分店就設於此。
（高添強提供）

　　交通要點加上密集的住宅區，吸引「大家樂」在港鐵站商場及附近屋苑商場開分店。將軍澳的分店是商場舖，特色是顧客較斯文，較少聽到對時政高談闊論的聲音，但客人對服務的要求卻較屋邨舖的為高，所以富經驗的分店經理都比較注意服務態度這方面。2003 年後，分店經理李樂游留意到另一種社會現象。

> 「當時最大印象就是『負資產』，2003 年樓價下瀉嘛，聽聞新都城的樓價跌得很厲害，傳聞由高峰期 400 幾萬跌到 200 萬左右，整個

新都城的氣氛，我們可以感覺到不是那麼溫暖，大家好像在咬緊牙關似的。我們特別注意服務方面的，客人入到分店，我們通常會打個招呼，但那個時間的客人反應比較冷淡，令到我們不敢太過熱情，變了比較『縮窄、縮窄』（畏縮不前）。我們做服務的，需要留意對方的反應，客人有什麼要求，我們通常回答『好呀！好呀！』若對方沒有回應的話，我們會小心不要有過多服務。」

新都城第一期於 1996 年入伙，香港樓市於 1997 年前一直飆升，至 1998 年後亞洲金融風暴後，香港樓市泡沫爆破；第二期於 2000 年入伙，2001 年科網股泡沫爆破，經濟出現負增長。連番經濟波動下，香港社會上瀰漫著一股令人不暢快的氣氛。「大家樂」前線員工留意新聞時事的，也要機靈地調節合適的服務態度。幸好經濟波動循環，當一個困境跨過了，經濟又再復甦，中產屋苑商場又恢復熱鬧的景象。李樂游記得附近居民來「大家樂」享受家庭之樂的情景。

「晚飯是 5 點半開始旺起來的，一直去到 9 點鐘，晚上以住宅客人為多，我記得賣火鍋的時候，有一個婆婆來霸（佔）十個位，她說『我是來食火鍋的呀，我要等孫兒一齊食火鍋啊！』她一個人霸十個位，我們要很有禮貌跟她解釋，『互相遷就啦，橫豎未齊人，讓人家先用座位，等你的孫兒來齊再讓位給你啦。』一家人吃飯最合適吃火鍋，所以我們的服務會照顧到全家人一起吃飯的。」

「大家樂」在將軍澳新市鎮的發展特色是分佈於公共屋邨商場、私人屋苑商場及港鐵商場，不單只將軍澳，「大家樂」新界分店的選址都以商場舖為主。以 2017 年為例，73 間新界區分店之中，62 間位於商場內，56 間位於與住宅區相連的商場，21 間相連或毗鄰港鐵站的商場，七間位於與港鐵站相連的大型商場，只有幾間位於熱鬧的街道上。「大家樂」選址以密集人流為原則，分店的所在地反映人流和活動的方向，港鐵路軌猶如新界的骨脊，活躍的人流沿鐵路移動，而商場則猶如磁石般吸引人流匯聚。

# 商場之城

香港是全世界商場密度最高的城市之一，有說平均每一平方英里便有一座商場[56]。回看「大家樂」，2017年的快餐店之中，超過八成的選址在商場之內，「大家樂」快餐版圖正是商場之城其中一種現象。

香港最早的商場，可追溯至 1950 年代，這與香港的旅遊業息息相關。戰後初期，香港以「購物天堂」的形象向外國遊客推介，當時商場的興建是為了鼓勵外國遊客在香港購物，最早的購物商場是位於遊客區的商業大廈，如中環的華人行、告羅士打行、亞歷山大行等[57]。1950 至 1960 年代的香港商場，並未與香港普羅大眾的民生消費習慣扯上關係[58]，即使在 1970 年代香港經濟開始起飛，市民到尖沙咀海運大廈逛街購物，仍然是一件值得記在私人日記的大事[59]。

1980 年代幾個大商場的出現，標誌著商場開始走進市民的日常消費習慣之中。香港普及文化學者梁款記述，1984 年沙田新城市廣場開幕，當時是大學生的他刻意打扮、懷著興奮的心情，前往選購年輕人心儀的日本潮物[60]。西環人去沙田行商場是一種消閒活動，1980 年代後，香港的商場遍地開花，由舊市區到新市鎮，由商業區到屋邨區，成為市民生活的一部份。

「大家樂」快餐店也在同步發展，1980 年代，快餐店開始進駐人口稠密的公共屋邨商場、新市鎮的屋苑商場、大型超級商場如海港城及太古城中心。隨著香港商場愈來愈多，至 2017 年，「大家樂」已有超過八成快餐店選址在各種性質、規模大小各異的商場之內。

56　Ai, 2016.
57　參照 Far East Enterprises, 1953. 這本以英文編寫的旅遊指南，內容包括香港購物地點，除了位於尖沙咀和中環主要街道的街舖，部份商戶是位於商業大廈的，如 China Building（華人行，有藥房和女士百貨）、Union Building（有中國刺繡和蕾絲內衣店）、Gloucester Arcade（告羅士打行商場，有珠寶店、皮草店、女士服裝、洋服裁縫店、髮型屋等）、Alexandra House（亞歷山大行，有女士禮服衣裙、男士洋服店）等等。酒店商場包括半島酒店、香港酒店，內有珠寶店、女士禮服衣裙店等。
58　Lui, 2001, pp.23-45.
59　吳淑君，1997，頁 16-19。
60　梁款，2002，頁 371-373。

## 屋邨商場

「大家樂」第一個屋邨舖，於 1981 年在柴灣環翠邨商場設立 [61]，以特許經營形式運作；第二個屋邨分店則於 1985 年在黃大仙下邨的商場設立。兩個屋邨的前身都是舊徙置區清拆重建而成的。自 1975 年起，房屋委員會將 1954 至 1961 年期間興建的徙置區逐步清拆，主要在黃大仙、深水埗、觀塘及柴灣等平民舊區 [62]。舊徙置單位是空間狹小、設施簡陋的房屋 [63]，目的是應付臨時的徙置需要，遑論有什麼屋邨規劃或社區設施 [64]：1970 年代興建的公共屋邨，在空間大小和廚房浴室等設施方面有所改善，亦增添了兒童遊樂、籃球場等設施，但社區中心或商場這類社區設施仍然欠奉。設有店舖商戶、街市、超市等設施的屋邨，只限於 1960 年代由當時的屋宇建設委員會興建的四個屋邨，如蘇屋邨、愛民邨、彩虹邨、華富邨等甲型屋邨 [65]。

人口聚居然而社區設施缺乏的公共屋邨，吸引了商販聚集，屋邨小販曾經是令房屋署頭痛的問題。因此，1970 年代的公共屋邨開始有「冬菇亭」熟食中心，租予大牌檔經營，但這方法未能完全改善屋邨小販所造成的環境問題，噪音、衛生、因霸佔地方而引起的糾紛等問題仍然有待解決。

1980 年代落成的新型屋邨，包括由舊區重建的新屋邨如環翠邨、黃大仙下邨，屋邨的設計和規劃大為改善，加入商場、學校、社區中心等社區設施。所謂屋邨商場其實是屋邨的購物中心，由房屋署依社區需要編配予不同類型的租戶，常見的有雜貨店、餐廳、麵包店、超級市場

61 環翠邨前身是柴灣邨 7 座徙置大廈，H 型的徙置大廈清拆重建後，新建的 11 座長型、工字型樓宇，改名為環翠邨。

62 黃大仙區有樂富邨（1984）、黃大仙下邨（1982）、東頭邨（1982）、橫頭磡邨（1982-1993），深水埗區有李鄭屋邨（1984）及大坑東邨（1984），荃灣區有大窩口邨（1979），觀塘區有原來俗稱「雞寮」的觀塘邨，重建後稱翠屏邨（1982/1989），柴灣區有柴灣邨，重建後改稱環翠邨（1979）。原來的第一、第二型樓宇，改建為新長型、工字型、和諧型、Y 型等建築形式。括號為新屋邨的入伙時間。網上資料：〈徙置區〉，《香港地方》；〈房委會物業位置及資料〉，《香港房屋委員會》。

63 1954 至 1961 年興建的徙置大廈是第一、第二型樓宇，第一型的大廈呈「H」字形，樓高 5-7 層，沒有電梯，單位空間大約 10-20 平方米，沒有獨立廁所和廚房，公共水喉、廁所和浴室設在兩翼相連的位置，所謂廚房是住戶在門口自設做飯用的木架和火水爐；第二型的設施一樣，大廈有三條相連通道，使大廈呈「日」字型。第一、第二型的徙置邨有石硤尾邨（1954）、大坑東邨（1955）、李鄭屋邨（1955）、樂富邨（1957）、黃大仙下邨（1958）、觀塘邨（俗稱「雞寮」，1955-58）、佐敦谷邨（1959-60）、紅磡邨（1955-58）、柴灣邨（1957-59）、東頭邨（1959）、橫頭磡邨（1959-61）、大窩口邨（1961）。括號內數字是落成年份。網上資料：〈建設及建築物〉，《香港地方》；〈房屋檔案〉，《香港房屋協會》。

64 從 1954 至 1961 年，政府共建成 115 座 H 型及 31 座 I 型大樓，分別位於石硤尾、大坑東、李鄭屋、紅磡、老虎岩（樂富）、黃大仙、佐敦谷、觀塘及柴灣。資料來源：薛求理，2014，頁 42-59。

65 資料來源：同上。

等，甚至有社會服務機構，有些商場樓下是濕貨街市、樓上是賣乾貨的商戶。

環翠商場和黃大仙中心便是這類屋邨商場。「大家樂」環翠商場分店是於 1981 年開業的，當時的觀察是公屋居民尚未有外出飲食的習慣，除了午市有學生光顧外，早市和茶市生意一般，晚市更加是水靜鵝飛。但 1985 年黃大仙中心的分店卻已大不相同，除了供應廉宜的餐飲外，還擔任社區中心的角色。1997 年被派駐黃大仙中心分店的分店經理黎志強對這分店的印象是「喧鬧」。

> 「大眾飯堂嘛，送孩子上學之後，一班家庭主婦便來光顧，因為樓下是街市，來『大家樂』吃完早餐便到樓下買菜。有一段時間『大家樂』使用圓形的餐桌，一張圓桌配六張椅，方便一班家庭主婦吃東西、閒話家常，屋邨舖的特色就是非常熱鬧。」

黎志強補充，早餐和下午茶時間常見三五街坊圍坐一起，大多是家庭主婦或退休長者，邊吃東西邊熱鬧地聊天，或者安靜地閱讀報紙；午飯時有母親帶著孩子來吃飯，當時小學全日制尚未推行，下午班吃飯後趕上學，上午班下課後來吃飯；「大家樂」推出晚飯小菜套餐後，晚上可見小家庭光顧；週末時則見到一家大小來吃個火鍋餐、鐵板餐，作為假期的家庭活動。這些情景在後來的屋邨舖都非常普遍。

黃大仙中心分店的經驗令「大家樂」確認在屋邨商場的發展方向，1987 年於屯門及馬鞍山再開設屋邨分店。1990 年代，隨著市區人口膨脹、新市鎮的開發、舊徙置區的重建，香港的公共屋邨人口不斷上升，由 1975 年的 170 萬上升至 1997 年的 250 萬 [66]，「大家樂」的屋邨舖亦由 1987 年 2 間，增至 1997 年 22 間 [67]，再增至 2017 年 48 間，其中地區分佈以新界為主，最初只有屯門和馬鞍山，後來擴展至沙田、大埔等較早開發的新市鎮，然後進駐第三代新市鎮如將軍澳、天水圍、東涌。九龍區的屋邨舖多位於舊徙置區重建後的新屋邨，1997 年時有 6 間，2017 年增加至 15 間；香港

66  〈房屋〉，《香港年報 1997 年》，1997。
67  《香港電話號碼簿》，1997 年。

島的公共屋邨數目較少，以 2017 年計，「大家樂」在港島區 27 個屋邨中的 6 個屋邨設有分店，比例上亦不算少。

　　所謂公共屋邨，其實是指公營出租房屋，1997 年以來，政府的房屋政策是增加市民自置居所的比例 68。例如，1997 至 2017 年之間，全港自置居所的人口比例上升約 30%，新界的升幅是 62.5%，九龍區升幅 16.7%，港島區則下降 4.5% 69。因此，除了公共屋邨，各類資助屋苑和私營屋苑都是人口稠密的住宅區，不少都附有商場。綜合 2017 年「大家樂」分店的分佈，私人屋苑商場的分店數目（72 間）比公共屋邨的數目（48 間）多約三分一。

### 大型超級商場

　　1983 至 1987 年期間，「大家樂」分別在三個大型商場開舖──海港城（1983 年 11 月）、新城市廣場（1984 年 12 月）、太古城中心商場（1987 年 6 月），當時「大家樂」人在三個超級商場開舖的心情竟是不一樣的。

　　海港城與兩側的海洋中心及海運中心相連，當時是香港最大的連鎖商業大廈，位處尖沙咀的購物中心區。「大家樂」當時以時代潮流、提升形象等字眼形容這間分店的設立，室內設計與旺角和油麻地的分店不同，「位於海港城二樓，一面靠海，座位設計舒適優雅，四周加添盆栽點綴」，並有地台設計，將水吧和進食空間分隔開來 70。有說「大家樂」於中環雪廠街 7E 號的分店是集團發展的轉捩點，海港城分店則標誌著另一個轉捩點，以悠閒、優雅的形象立足大型商場。

　　「大家樂」到沙田新城市廣場的心情卻是憂心忡忡的，因為當時沙田是剛開發的新市鎮，市區人對新界的發展未有信心，感覺是偏遠和鄉郊地區，新城市廣場尚未被香港市民所認識和接受（詳見上文「『大家樂』入新界」）。

68　政府於 1998 年推出《建屋安民：邁向二十一世紀》的香港長遠房屋策略白皮書，計劃於 2007 年年底前，使全港家庭擁有自置居所的比率達到 70%。資料來源：〈12. 房屋〉，《香港年報》，1998。

69　《香港統計年刊》，1997，頁 187，表 10.1；《香港統計年刊》，2007，頁 170，表 8.1；《香港統計年刊》，2017，頁 210，表 8.10。

70　〈新分店──海港城 207 分店〉，《滿 Fun》，1984 年 1 月，第 3 期，頁 5。

1985年，尖沙咀海港城分店。
分店於1983年11月開業，
是集團第25間分店，位於商場二
樓，靠窗座位可觀賞海景。
（政府新聞處提供）

1987年，「大家樂」到鰂魚涌太古城中心商場開設分店，為再次晉身潮流標記的商場而感興奮。太古城前身是太古糖廠和太古船塢[71]，於1974年宣佈將已關閉的糖廠和船塢清拆，改建為命名「太古城」的商住社區，中央位置設有太古城中心商場。商場第一期於1982年開幕，第二期於1987年建成，成為港島區面積最大的商場，與地鐵站相連、有多元化的功能[72]，標誌著太古城中心是一座跨地區的超級商場。

「大家樂」是在第二期開幕時進駐這個中產階級社區及大型商場的。籌備開舖時，「大家樂」做足準備工夫，嚴陣以待[73]，當時被調派往太古城分店的分店經理練美芳，是從佐敦道51號分店調過來的，第一次服務商場舖，營運上最大的轉變是客人要求不同，必須注意服務質素和態度。

「在商場裡，會見到一些行政人員模樣的客人，他們會找個座位坐下，舒舒服服地吃飯，外賣比較少，就算叫外賣，我們是即時做的那種。佐敦道那邊卻完全不同，客人會預先打電話來說：『我要20、30個飯盒！』我們會預先做好一批飯盒，總之他們的要求是要飽、要快。太古城的客人斯斯文文的，但是要求很

71　太古糖廠於1884年建成投產，船塢於1909年建成，當時鰂魚涌一帶只是荒蕪之地，太古集團為吸納勞工，開闢西灣河為勞工社區，即以「太」字命名的街道；戰後太古集團先後將精煉糖和船塢的業務轉移和關閉；1974年宣佈清拆及重建為「太古城」。資料來源：鍾寶賢，2016，頁78-81、169-175。

72　商場內有永安百貨公司、超級市場、美食廣場、戲院、溜冰場及各種零售商店，除購物功能外還有娛樂設施；商場上層和第三、四期各有一座樓高27層的辦公室大樓，港鐵太古站貫通其他地區，可稱為區域性超級商場，即顧客遊人不單只是附近的居民，還吸引其他區的市民來消閒購物。網上資料：〈太古城〉，《維基百科》。

73　分店經理記得，分店由羅碧靈小姐親自監督裝修和挑選分店人手，自開張日起整整一個月與前線員工一起打拼，在忙亂中應付超乎預期的午飯人潮；當時羅碧靈是業務經理，也是羅氏家族成員，員工背地裡稱她為「太子女」，親自督師，兼且身體力行，可見管理層對這間商場舖的重視。

高，有少許不滿就會投訴，發郵件上總寫字樓投訴我們，那時在太古城真的收到很多投訴。太忙了，要招呼堂食的客人，可能我們疏忽了，未必照顧得好。」

這類超級商場的人流客群多種多樣，早餐和午市時間都要快捷、效率，現時太古城中心分店有一個外賣飯盒分流的窗口，應付午市人潮；下午茶時間的客流，有商場內的售貨員及推銷員以茶餐代替午餐；晚市時有家庭住戶來吃晚飯套餐。作為一個大型商場，什麼時候都有逛街消閒的客群，吃下午茶或吃特色晚餐。

傳統的大型商場位於中環、尖沙咀和銅鑼灣等核心商業區，太古城中心和新城市廣場的出現，將消閒購物的人流拉闊到本來是較偏遠的地區，隨著新市鎮的開發、舊區重建、鐵路網的延伸，發展商在港九新界各區爭相興建大型商場。「大家樂」的商場舖愈來愈多處於功能交錯混雜的商場環境，例如中環新紀元廣場低座二樓的 208 分店，身處商業辦公室大樓之內，大樓前面向著德輔道中的核心商業區，後面向威靈頓街是舊樓住宅區與商業區混合，午飯時間應付繁忙的中環白領人潮，晚飯時間則有不少舊區街坊、家庭客群。又例如長沙灣廣場，它座落於地鐵站及繁忙的巴士站之上，附近是傳統工業區，工廠大廈之間亦矗立了一些新型商業寫字樓大廈，後面是填海區上的新式屋苑。

從上面的小故事可見，應付屋邨、屋苑、商場、街舖的營運策略是有分別的，應付商業區客流的故事，見下一章〈開飯喇！〉。連鎖集團的優勢是，分散於各類地區的經驗都可以綜合出來，互相交流使用，以應付環境和客群多類混雜的分店。

| 與城市發展同步

一九八四年，興建中的太古城。（高添強提供）

## 總結

「大家樂」的開創經驗，累積成這個快餐集團的企業文化，觀察環境、靈活適應、投入拼搏、創新求變。說出來好像一系列口號，我們在第一章講述創辦人的創業故事時，從創業的經過和應對策略中，歸納出這套企業文化。

這套創業文化，由分店前線繼續傳承。前線員工對周圍環境的細心觀察；分店員工自動提早上班，滿足特別的客情；員工發揮了敬業愛業的精神，有些分店座落於治安環境不理想的角落，員工上下靈活變通，巧妙地化解不良影響的入侵；有些分店座落於街頭巷尾的平民社區，員工學懂融入社區，與街坊顧客建立了親切的客情；員工與老主顧之間，更有各種微妙的人情互動。

城市發展下，舊區的分店要改變營運策略，新的地區景貌有新的客情要求，無論環境如何多元紛雜，客群如何多種多樣，50 年來，「大家樂」在不同的社區環境、地理景觀下所累積的經驗，讓它可以靈活調動人力、安排應變策略，去適應香港急速改變的環境。

有些分店已經因租約期滿結業，有些分店仍健在但員工已調職，昔日的工作記憶可以讓我們緬懷香港的舊貌；有些故事提醒我們一些已消失的歷史，有些故事帶出城市地理景觀變遷下的生活轉變。更重要是讓我們從「大家樂」前線的工作文化，再次引證香港人精神——勤勞、拼搏、靠一雙手創造發展的奇蹟。

# 3

開飯喇！

這個篇章講「大家樂」為解決香港市民的吃飯需要，開創新的快餐方式、新的業務和新的品牌，實現做「香港人的大食堂」這個願景。

經濟未發達時，日常三餐，本來是在家裡跟家人吃的，光顧酒樓餐館，是有閒階級的玩意，或者是喜慶宴請時才偶一為之。從什麼時候起，在外吃飯變成一般階層的日常所需？當工商業發展、教育普及化，成人上班、孩子上學，中午時間不能回家吃飯的，便需要在外解決午飯的問題。現代女性需要在職場拚搏，家裡不獨沒有主婦煮午飯，連晚飯也要想辦法解決。外出用膳，成為現代社會的生活方式。

「大家樂」這個香港人的大食堂，並非指一個實體食堂，而是一個由意念帶動、開創靈活模式的集團，只要香港人有需要，「大家樂」就在那個地方、以恰當的方式為大眾開食堂。食堂以快餐模型為基礎，配合時間、地理和人情的需要，衍生了更多操作模型，演變成多元化的「開飯」模式：核心商業區的午飯時間，有外賣快線；教育普及化下，為大、中、小學生供應飯堂膳食或學生飯盒｜香港經濟不斷進步，香港人吃飯不單只要講求飽肚，還要講究口味和格調，於是有社區品牌飯堂和休閒餐飲。

在不同的場景下，「大家樂」繼續將原來的快餐模型加以琢磨，因應環境條件而調整變更，保持創新的精神。特別的地方是，創業者是前線的員工，一聲「開飯喇！」故事再一次帶領我們回顧香港城市的發展，並體會前線者的企業精神。

# 針對中區的午飯需要

金鐘、中環至上環是香港的核心商業區，也是「大家樂」重點發展的地區，在核心商業區做快餐業務，實有別於其他地區，雖然店面設計和餐單都一樣，但核心商業區分店的操作有一些獨特的地方，使能配合繁忙的核心商業區上班族吃飯特色。

## 中環的平民食肆

中環上班族找價廉快捷的午餐，有什麼選擇？1978年的《香港電話號碼簿》提供了一些線索。大約90間位於中環、歸類為餐廳的食店中，有28間以茶餐廳、冰室、餐室、快餐店、小食店、麵家粥店命名，集中在威靈頓街、永安街、永樂街、永吉街、士丹利街、閣麟街、和安里、租庇利街等非主要街道，相信與租金較廉宜有關；另一類平民食肆是大牌檔，集結在中環街市外、必列啫士街街市外、士丹利街及畢街[1]，目前中環仍然有十檔大牌檔，主要在士丹利街，部份在俗稱「石板街」的砵甸乍街，部份靠近閣麟街附近[2]。

一份在政府檔案處的文件，記錄了政府當局和街坊會曾經為中環的午飯問題作出研究。1973年底，市政局議員巡視中環的午飯情況後，有這樣的建議：

「中區的午飯問題與世界各地大城市一樣非常嚴重，紓緩方法可以考慮延長午飯時間；目前中區已發展出一門飯盒生意（lunch box trade），政府應考慮採取促進措施，協助這門生意解決市民的需要；又或者在新建的行人天橋上容許開設飯堂形式的餐廳。」（譯文）[3]

文件中提到飯盒生意是值得支持的方案，這門生意可能指一種叫「包伙食」的行業[4]，若包伙食在中環地區引起市政局議員的注意，證明中區的廉價飲食需求的確很大。另一份文件顯示

---

1　莊玉惜，2011，頁130。

2　同上，頁372。

3　香港歷史檔案館資料，"UMELCO Visit to Central District on 12th December 1973"，檔案編號：HKRS337-4-6968，文件編號3。

4　通常是家庭式作業，買菜、做飯、煲藍全家總動員，或加一兩個工人幫忙，向附近的工廠、辦公室或商戶供應飯菜和湯水。午飯時間可見到運送飯菜的工人以竹筐、藤籃或木盤，或踏單車或扛在肩上、頭上，務求讓客戶可以及時開飯。這行業於工廠地區最常見，因為收費廉宜，配合打工仔的消費水平。

1974年港督落區巡視中環，會見中區街坊福利會時，該會主席
向港督提出中環辦公室僱員的午飯問題：

「中區的辦公室僱員午飯時光顧餐廳是一項沉重的財政負擔，而且
近期價格不斷上升，街坊會促請政府撥地興建一自助飯堂，出售
價格廉宜的食物。」（譯文）5

1960年，中環砵甸乍街。
昔日的工商業區常見
正在運送「包伙食」的工人。
（高添強提供）

　　文件中提到港督初步接納了有關建議，並交有關部門考慮，
而部門的回應是難以在中區尋覓土地，由政府供地的飯堂不應由
民間團體主理，若由政府主理，應該建造成社區中心模式，令土
地得以最大使用效果等等，在政府土地上開設的
飯堂，依條例規定應設使用者入息審查，愈說愈
遠，不著邊際6。雖然港督和市政局議員都表示
關注，公眾飯堂的建議最終不了了之。

5　香港歷史檔案館資料，"UMELCO Visit to Central
　　District on 12th December 1973"。檔案編號：
　　HKRS337-4-6968，文件編號1。

6　回應的部門包括中區民政處及土地測量處。資料
　　來源：同上。

## 以優質的外賣飯盒取勝

可見中環並非沒有平民食肆，但始終僧多粥少。中環是舊商業區，土地空間有限，商業大廈愈起愈高，容納的商業機構和僱員數目愈來愈多，午飯時間，街上擠滿找吃飯地方的上班族，經常出現食肆門外「等位」的人龍。如何在短短一小時內找到地方填滿肚子，是上班族的需要；如何最大限度、最高效率地滿足趕時間的客群需要，是食肆經營者所追求的目標。

市政局議員提出大眾飯堂的方法，並非無的放矢，飯堂容量大，價錢大眾化，最能符合一般上班族的需要，缺點是需要一個租金廉宜、面積寬敞、位置適中的地點，難怪乎有關當局會猶豫不決，相信這構思已無疾而終。

1975年，「大家樂」在雪廠街7E號開設分店，這個位置毗鄰雪廠街政府總部、商業寫字樓及商場中心。7E分店的功能與街坊會構想的公眾飯堂如出一轍，但操作模式卻更勝一籌，出售外賣飯盒，讓顧客帶回辦公室進食，解決了中環乏地、租金高昂的問題，毋須為覓地建飯堂而煩惱。高峰期7E分店每日出售超過1,000個飯盒，差不多等如一個大飯堂的輸出量。

外賣飯盒的好處是「快」，但缺點是口感不及即製食物。創辦人羅開睦細心地考慮到飯盒的品質，專程從日本預訂一批稱為「分體式」的飯盒，一個小圓桶是裝飯的，用特別硬身的塑料製造，另加一個隔層，飯和菜可以分開存放。當年市面其他常見的發泡膠飯盒是沒有間隔的，先放飯再將餸菜汁醬淋在飯面上。羅開睦考慮周詳，分體式飯盒可以讓客人進食時覺得口感較好。

另外是餐單款式和價錢，那時飯盒每個賣3元，跟包伙食一菜一湯加一個白飯的價錢相若[7]，而且可以由自己選擇菜式，不用受包伙食的廚師所限制。餐款方面，以今日的眼光，是一些很簡單的款式，但已經比地道茶餐廳或冰室西化、新潮，例如粟米肉粒、免治牛肉、咖喱牛腩、匈牙利牛肉、焗豬扒飯等；中式飯類有西芹雞柳、麻婆豆腐等，以低廉價格吃到茶

7　吳昊，1988，頁222-223。

樓碟頭飯，又不用等位，所以非常受歡迎。

　　「大家樂」為了迎合中環白領口味，初時仿效酒店餐廳賣公司三文治，還特意設三文治檔在顧客面前即時製作，以相宜價錢吃到公司三文治，非常受歡迎。隨後還衍生出更多款式，如燒牛肉、燒雞肉、煙肉芝士、吞拿魚、番茄雞蛋等，一份三文治加一杯奶茶，是最受白領女性歡迎的輕型午餐，由早餐至下午茶時供應，高峰時平均每天可以賣出超過 350 份。

　　7E 分店的成功，加強了「大家樂」繼續開發核心商業區快餐市場的信心。1975 至 1978 年間，「大家樂」在干諾道中接連開了三間分店，相信這是最早在中環開設的連鎖快餐店。及後，其他快餐集團亦相繼進駐中區 8，但以「大家樂」的分店數目最多。據員工記憶，「大家樂」快餐的價格比附近的茶餐廳便宜，甚至比麥當勞也便宜，因早年麥當勞的定位是潮流飲食，價格絕不低廉。

　　在整個核心商業區的幅員範圍內，「大家樂」曾經在不同位置開過差不多 20 間分店，同一時間內通常有六至七間在營運中，是重點發展的地區之一。在干諾道中，「大家樂」搬過三次，始終沒有離開過，而且都是生意暢旺的重點龍頭店；在華人商業集中的永樂街上，「大家樂」搬過一次，隨著舊樓清拆、多層商業大廈落成，由街舖轉入商業大廈二樓 9；金鐘也是「大家樂」重點發展的地區，曾經在太古廣場做過一間特快店，然後在海富中心商場自置物業，經營一個小型的美食區。

　　今日，「大家樂」在整個核心商業區有八間分店，由上環至金鐘一帶，有些分店還與「大家樂」其他品牌組合，讓吃午飯的白領有多元選擇。在核心商業區，快是分店的主調，由 7E 分店開始，「大家樂」累積了不少追趕效率的經驗，開發出多種最講求效率的輸出方式。

8　從《香港電話號碼簿》的記錄，1978 年之前，其他快餐集團尚未在中環開業，麥當勞在中環只有一間分店，位於干諾道中馮氏大廈；美心在中環有五間餐廳，以美心快餐店命名的分店位於太古大廈。可見，1980 年以前，快餐店尚未在中環普及。

9　1990 年代，中環有兩個舊區重建項目，一個項目是將永勝街、廣源東街及廣源西街的舊式樓宇及街道全部清拆，1997 年改建成新紀元廣場（由廣場及兩座樓高 30 及 56 層的商業大廈組成）；另一個項目是將興隆街、同文街、機利文街、永安街部份街道清拆，改建為樓高 73 層的中環中心。

### 專攻外賣的特快店

「大家樂」快餐店面積約 3,000 平方呎，在核心商業區要找到這個大小的單位殊不容易，所以中環分店通常是兩層舖 10，除了租金昂貴外，編排人手照顧兩個空間的顧客，亦會拉高勞工成本，因此，「大家樂」選擇以「特快店」解決這些問題。

1989 年，Super Express 分店。
以售賣外賣飯盒為主，
曾設在尖沙咀廣東道、
中環士丹利街和金鐘太古廣場
等核心商業區。

第一間「大家樂」特快店於 1988 年設於廣東道 54 號，門口招牌寫著 *Café de Coral Super Express*（大家樂特快店）。有別於傳統的「大家樂」快餐店，特快店採取全開放式、沒有座位、沒有企位，餐單精簡，營業時間較短，針對早午和午市，沒有夜市 11。尖沙咀租金昂貴，但午飯需求殷切，因此以外賣特快店形式解決這個問題。這個模式後來應用到同樣是租金貴、午飯壓力大的中環和金鐘，分別在中環士丹利街及金鐘太古廣場開設這種分店。

特快店注重輸出的效率，部份餐款由分店自己製作，部份由附近的分店供應，例如士丹利街分店由勵精中心的分店支援，太古廣場分店由灣仔胡忠大廈分店支援，透過地區業務經理的協調

10 「大家樂」最早的中環店全部是街舖，而且分地下及一樓兩層，這與 1970 至 1980 年代的中環商業大廈多是單幢樓的形態有關。地下舖位太窄，要上下兩層才達到一間標準「大家樂」快餐店的樓面大小。

11 〈特快分店〉，《滿 Fun》，1989 年 4 月，第 24 期，頁 2-3。

和調度，可以將同一區的資源得以最大發揮。

餐單遵照外賣快餐的原則，選項較少，主要是受歡迎的產品 12，包裝用透明外賣盒，方便、穩妥，易於運送，外觀亦比發泡膠盒較易受落。特快店的優勢是舖位細，租金開支較低，人手和器材開支也相應較低；缺點是餐款選擇少，未必夠吸引，所以分店選址必須設在午飯需求壓力大、鄰近食肆不足的地區，以「快捷」保證競爭力。

## 外賣專線

最早發展外賣專線的是金鐘海富中心分店，大概於 1998 年成立，概念源自分流和效率。港鐵金鐘站上蓋及周邊土地，商業大廈林立，雖然一帶有多個商場，但可以應付午市時間緊迫的食肆不多，「大家樂」快餐店要更有效率地吸納這個午飯市場，最可行的方法是提高外賣的輸出效率。

初時的方法是在收銀枱後面做飯盒包裝，只能有幾個餐款選擇，用常見的發泡膠盒盛載，放置於身旁的飯盒櫃保溫，顧客點餐後，工作員將飯盒從一條斜置的滑槽，將飯盒輸送到收銀枱出售。概念雖好，但技術上有不少缺點，飯盒放置於以太陽燈保溫的高櫃內，燈光照射到的飯盒較熱，下層難接觸到燈光的保溫效果較差；發泡膠飯盒亦不夠穩妥，盒蓋不是密封的，有時會自動彈開，食物卸出或汁醬溢瀉。

外賣快線的生意效果不俗，為了改善保溫裝備，海富分店騰出一個地方，命名為「C. Express」，安裝了由發熱線提供熱力的食物櫃，熱櫃亦有足夠空間增加餐款選擇。羅麗玲是督導中環和金鐘區的業務總監，她說：

> 「這條線我們叫『快線』，點了東西、出了票便可以立即取走，毋
> 須排隊買票、再到水吧排隊，等『嗌咪』（水吧
> 叫廚房準備）、取飯盒、再包裝才可以交給客
> 人。快線是一條龍服務，客人不用排隊兩次，

12 例如焗豬扒飯、燒味飯、咖喱類，還有常設的扒類；中式飯類最受歡迎是生炒排骨、免治牛肉、粟米肉粒等。

買票後便可以立即離開。……通常在商業區和中區推行快線，早期只有兩間，現在多了分店設快線服務，我記得觀塘有幾間，專門做 take away（外賣）的，午飯時間一到，你搶到多少客，你生意額就有多少，你只有一個多小時。有快線的分店，預先準備好飯盒，放在熱櫃內，這樣便可以有最快的效率。」

飯盒的餐單有焗類、蒸飯類、炒粉麵飯、長青的粟米肉粒和扒飯類，另外有沙律和咖啡，適合選吃輕量午餐的顧客。包裝是有錫紙內層的紙製飯盒和塑料外賣盒，紙製包裝讓人有環保的感覺，塑料包裝用來盛載有汁液的食物。飯盒是在分店廚房烹調，在店後的儲物倉騰出一個小工場包裝完成的。

## 以分散輸出點增加流通量

核心商業區的分店，另一個特色是處理排隊人龍的安排。曾任集團業務總經理的羅碧靈在快餐業務方面有豐富的經驗，她曾經對前線員工講過，快餐業務「抓緊一個宗旨，就是一定要快，無論樓面節奏或者廚房輸出，我們叫做『殺掂條龍』。」[13]「殺掂條龍」的意思是，以最快的速度消滅排隊人龍，即是以最高效率滿足顧客的需要。

13　蔡利民、江瓊珠，2008，頁52。

如何快速消滅排隊人龍？最簡單的方法是將一條長長的人龍，拆成兩條、三條。第一代快餐模型將人流分為兩條人龍，一條龍在排隊購票，另一條龍在水吧前排隊領取食物。核心商業區的分店則分為三條人龍，第一條在收銀機前買票，之後分兩條人龍輪候食物，一條排隊輪候燒味食品，另一條輪候廚房食品。

　　從操作層面來說，這是分散食物輸出點，顧客是依輸出點分開排隊的。依觀察所見，大部份分店有兩個輸出點，即燒味和廚房食品，堂食和飯盒都在廚房食品的輸出點前排隊輪候；位於觀塘工業商貿區的鴻圖道分店則採用三個輸出點，燒味、堂食和飯盒分開輸出，店內三條輪候食物的人龍便可加快流轉速度。

　　香港的城市經濟發展不再局限於中環區，核心商業區向上環和金鐘兩邊擴展，灣仔區有多座政府大樓，午飯時間也是滿街都是人；維港對岸的尖沙咀，一直是另一個核心商業區，由尖沙咀碼頭、海運大廈向尖沙咀東方向擴展，商業大廈、商場及酒店林立；近年發展商正在將觀塘改造成另一個商業區，舊的廠廈被拆卸後改建為向高空發展的商業大廈，工業區轉型為工業商貿區。

　　中環核心商業區的快餐營運模式，可引用到其他空間密集、就業人口龐大、急速發展的工商貿區，解決工商業區打工仔的午飯問題。

# 進軍「機構飲食」市場

什麼是機構飲食？這是餐飲業的一種服務形式，主要為機構成員提供餐飲，解決他們的吃飯問題。外國的機構飲食比香港發展得較早，服務地點通常是學校和醫院，也有機構飲食服務送達監獄、護理院舍這類封閉式場所。

「大家樂」進駐機構飲食這個市場已有 20 多年歷史，以 2017 年為例，在大學校園、醫院、工商機構、運輸物流站等 56 個機構設立 84 個營運單位，可說是本地最大的機構飲食供應商。這個連鎖快餐集團是如何加入機構飲食行業的？原來是另一個摸索、敢於嘗試、不斷學習和自我提升的創業故事，過程中培養了一種新的企業精神──可信賴的伙伴精神，且看「大家樂」如何經營機構飲食。

### 踏出第一步

1989 年，「大家樂」接到一個邀請，到位於港島半山麥當勞道的香港基督教女青年會總會所，經營會所餐廳 [14]。對「大家樂」而言，以代理身份營運餐廳是全新事物。首先，餐廳不是以快餐模式營運，女青年會需要的是一間講究服務和食品質素的西餐廳；第二，代理經營者的身份，意味著「大家樂」受女青年會委託，為顧客提供飲食服務，除了照顧客人的需要，還要遵循委託者的要求。

什麼促使「大家樂」去接受這項委託？原來之前有另一個故事。1986 年是香港童軍運動 75 週年紀念，香港童軍總會舉行「香港鑽禧大露營」[15]，大露營的位置是今日香港科技大學的校園，當時那裡只是一片山野斜坡，「大家樂」接到委託，在營地現場供應 5,000 多人的膳食。對方告知，沒有膳

14　這家餐廳是招待女青年會的會員和賓客，女青年會方面計劃更換餐廳的經營者，女青年會董事會主席四出打聽，最後有人向她推介「大家樂」。

15　於 1986 年 12 月 27 日至 1987 年 1 月 1 日在西貢大埔仔舉行，邀請來自世界各地 13 個國家的童軍代表團參加，露營人數達 5,143 人。網上資料：〈香港童軍發展史〉，《香港童軍總會》。

食供應商願意承辦是項委託，「大家樂」反而樂意參與如此一件盛事，本著企業家的冒險精神，便「膽粗粗」接下這宗生意。經過一年的籌備，童軍大露營最終如期舉行，「大家樂」亦在露營地點搭起帳幕、架起石油氣爐，連續六天為 5,000 多位童軍供應飲食。

這可算「大家樂」第一宗機構飲食的委託，但相對於後來的發展，這只是小試牛刀。三年後，接獲女青年會邀請代理飲食服務時，「大家樂」覺得何妨一試？雖然完成合約期後，「大家樂」決定不再續約，但這個嘗試可算是一次寶貴的經驗，讓「大家樂」學習到管理快餐以外的餐飲業務。當 1990 年接到香港理工學院 16 校園膳食公開招標的消息時，「大家樂」決心認真一試。

1986 年，童軍大露營於西貢舉行。「大家樂」搭建臨時帳篷製作飯盒。

當時本港飲食界尚未有具規模的機構飲食集團。一些傳統的華人機構素有為員工提供膳食的習慣，有的在舖頭後面設廚房，由老闆娘兼任或者請個「伙頭將

---

16　香港理工大學前身是香港理工學院，1995 年升格為大學。

軍」負責煲湯煮飯；有的請專做「包伙食」的膳食供應商，所謂「包伙食」是一些小型的食物製造工場，正規的領有食物工場牌照，向機構客戶供應午飯，非正規的可能是家庭式作業。1990年以前，香港理工學院的飯堂正由一家規模細小的經營者主理，因未能符合安全衛生等要求，加上當時本地大學教育正在擴展中，學生人數不斷增加，服務效率也是一個重大壓力，形成學院的管理層考慮透過公開招標的方式，吸引有規模的集團代理校園的膳食服務。

## 首項經驗

跟「大家樂」一起遞交標書的，除了慣常的小規模飲食供應商外，還有極具規模的外資大型餐飲集團，如法國的索迪斯集團（Sodexo Group）、英國的金巴斯餐飲集團（Compass Group）等 [17]。「大家樂」首次加入機構飲食的戰團，在自我包裝和推銷經驗上，與外資集團相比可謂望塵莫及，結果卻成功投得理工學院的膳食合約。

「大家樂」相信這次成功，全憑實幹形象、豐富的本地經驗、對香港人飲食習慣的了解，並且通過密切的溝通，讓機構客戶相信「大家樂」是合適的經營者。這些並非自吹自擂的空言，我們會透過現任泛亞飲食總經理許錦波的憶述，回顧「大家樂」如何將快餐的經驗應用到這項新的業務上，為集團開創一片新的天空，成為集團業務中一項引以自豪的成就。

許錦波是現任泛亞飲食有限公司總經理，於 1980 年加入「大家樂」，由樓面水吧做起，自 1980 至 1987 年之間逐步調升至業務經理，在快餐店前線可謂經驗豐富，1991 年調升業務助理總監，專責理工學院機構飲食這項新業務。

「我接到消息的時候，聽到公司已經成功投到理工學院的餐廳和飯堂，標書被選中了，羅碧靈小姐正在籌

17 以索迪斯為例，它於 1966 年由法國人創建，自稱於 1995 年起成為全球最大的後勤餐飲服務跨國企業，2017 年有 42.7 萬僱員在 80 個國家內的商業及政府機構、學校、大學、醫院、護老院、運動及體育場地等地方供應餐飲服務。網上資料：Group Profile, Sodexo Group。

組班底，所以羅小姐就是我們的領頭人。我記得有幾個會議我有份參與，有法律部方面的、有公司秘書方面的，我們要研究合約條款等等的問題。我是負責具體營運的，開會時，羅小姐特別提醒我，要留心客戶對我們的服務要求。」

與法律部和公司秘書處的同僚開會，是做慣快餐前線的許錦波前所未有的經驗。原來機構飲食的顧客，除了是來吃飯的消費者，還有機構的管理人，所以必須小心依合約辦事，許錦波立即明白到新的挑戰正在等著他。「大家樂」以連鎖快餐店集團的身份開拓機構飲食，必須學習做好委託機構的合作伙伴，這是第一項挑戰。香港理工學院的合約內，將校園內四個膳食設施全部交「大家樂」打理，包括學生飯堂、職員餐廳（中菜部和西餐部）、演講廳旁的休息室（lounge）和泳池旁的咖啡閣，「大家樂」需要同時營運幾個不同的餐飲設施，這是另一項挑戰。

幾個膳食設施之中，以學生飯堂的規模最大，因此「大家樂」的首項任務是建立飯堂的營運模式。在學生飯堂供應快餐，這正好是「大家樂」的強項，然而，快餐的效率與規模直接掛鈎。一間快餐店通常有 100 多個座位，出餐率是以同一時間應付 100 個客人為基礎。至於大學飯堂，卻是另一番景象。當時理工飯堂約有 700 個座位，意思是出餐率是「大家樂」快餐店的七倍，猶如在同一場地內有七間快餐店的人流，難怪「大家樂」人用「賓墟咁嘅場面」、「萬馬奔騰」[18] 來形容，可見理工飯堂人流的規模，對快餐實戰經驗豐富的「大家樂」來說，仍然是非常震撼。

### 防止魔鬼在細節中搗亂

不過，應付排隊人龍剛好是「大家樂」的強項，1990 年時「大家樂」已經有接近 70 間分店，開設新分店前必定派該分店管理團隊在現場觀察，記錄和分析人流數目、組成和動態等，以

18 丘清樺 2017 年 10 月 13 日訪談記錄。丘清樺原本是西餐廳廚師，於 1990 年加入「大家樂」，成為理工學院機構飲食員工，原本在理工職員餐廳西餐部任廚師，後被調派在飯堂管理廚房。他記得當時一個午飯時段，要出餐 2,000 至 3,000 份。從一個廚師的角度，對飯堂人流的印象是「萬馬奔騰」。

便編排適當的分店營運計劃。「大家樂」機構飲食的團隊都是來自快餐前線，自然懂得應用這套實戰經驗來設計飯堂的人流方向、出餐流程、空間運用等，如何分流縮短排隊的時間，什麼餐款可以最善用廚房的設備，不會浪費生產力等等。

「當時我給自己的挑戰就是要克服它。首先，士氣最重要，每個崗位的同事的士氣、幹勁；第二，就是設計合適的方案應對飯堂的人潮，我們需要將快餐店的操作模型作出調整，例如，兩個輸出點還是三個點呢？排隊應該怎樣排？人龍應該如何走？由東向西、抑或由西向東？收銀機前面該預留多少空間？弄不好人龍打成蛇餅，會搞亂人流的秩序的；取飯和取水（飲品）的次序流程如何？先取飯後取水，抑或飯和水一併遞上？每個細節我們都有詳細討論過。」

設計一個有效率的飯堂，不單考慮店面設計，還要有相應配合的餐單和廚房裝備。

1990 年，「大家樂」投得當時的理工學院首次公開招標的校園膳食合約；1995 年起，集團以「泛亞飲食」品牌於理工大學為師生供應膳食。

「好喇，你定好了多少個出餐點，你必須在餐單設計上令到人流的分佈是平均的，例如，你有三個出餐點，可分流為三條隊，但是餐款的受歡迎程度不均，一邊客似雲來，另一邊卻門可羅雀，不獨人流問題沒有解決，生產力也都浪費了。設計餐款供應，我們也要視乎廚房的設備和配置，我們在理工學院最旁邊一個位置

裝置了一個燒味工場，廚房內有中菜爐、焗爐、蒸爐、扒爐、炸爐，於是餐單上，我們有燒味、兩餸飯、蒸飯蒸餸、焗類、煎炸類等等。一些複雜的款式要簡單化，例如配菜，我們會考慮將五款減少至三款，1,000 個餐夾少兩次就可以減少 2,000 個動作。我們在計劃裡要考慮這些細節。」

開拓新事業，不是應該由富雄才偉略的企業家來制定宏圖大計的嗎？什麼分流、排隊、取水、取飯，這些瑣屑小事跟企業家創業有何相干？回想 20 年前，「大家樂」的創辦人還不是一樣要細心設計快餐流程中每個細節嗎？ 20 年來「大家樂」的快餐前線靈活變通，將快餐模型依環境需要而不斷改進。20 年後「大家樂」人再創業，可說是延續這種防止魔鬼在細節中搞亂的精神文化。

## 建立多元專才團隊

除了飯堂，另一個重點是職員餐廳的中菜部和西餐部。當時「大家樂」正在收購「阿二靚湯」[19]，開發快餐以外的餐飲品牌，正在學習如何與中菜廚師和樓面的員工磨合。回顧 1970 年代「大家樂」始創的經過，廣納賢能、凝聚士氣、培養團隊的拚搏和合作精神，正是「大家樂」成長的企業文化。理工機構飲食團隊是由多種專才組成，廚房方面，從快餐部調來一位資深的總廚出任行政總廚，管理外聘來的餐廳廚師、酒樓中菜師傅、燒味師傅；樓面方面，則聘用有餐廳經驗的領班、侍應等。當年負責理工學院這個項目的許錦波，以快餐業務經理的背景，去管理非快餐類的餐飲服務，他的座右銘是尊重人家的專才，虛心學習，幾十年後仍然慶幸當時能夠與一班合作無間的同僚一起拚搏、一起解決問題。

「我是抱住一個虛心的態度去學習，我們聘請了餐廳的人才加入，他們是做慣侍應服務的，我們是做自助形式的餐飲服務，搞理工職員餐廳，運

19 「阿二靚湯」於 1988 年開業，開創湯類兼提供小菜專門店之先河。「大家樂」於 1990 年收購「阿二靚湯」，藉以進駐龐大的中式食肆市場。資料來源：《大家樂企業有限公司一九八九至九〇年度年報》，頁 17。

作流程應該如何設定？舉個例，一個餐湯，有的餐廳安排在水吧出湯，有些是廚房逐個煮出來的，交侍應傳菜，也有將湯放在水吧外，由侍應盛入碗中；通常一個湯跟一個餐包，包是室溫抑或先加熱，這些都要細心考慮，決定哪個崗位負責哪個工序，我們一邊聆聽、一邊討論，這就是一個好好的學習過程。」

所謂「魔鬼在細節」，細微的服務如送湯、遞水都需要考慮周詳，留心顧客的觀感。「大家樂」是快餐集團，但憑著對細節位的執著，對外來專才的尊重，不斷學習新的事物，機構飲食在理工學院行出順利的第一步。一年後，「大家樂」在香港科技大學校園膳食的投標中亦成功中標，應用相同的模式在這個新校園內建立機構飲食服務。

## 「泛亞飲食」品牌的建立

1995 年許錦波被調到中國開發新業務，機構飲食主管的崗位由梁祖成擔任。梁祖成於 1983 年加入「大家樂」，入職時是分店副經理，調升至業務經理，調任機構飲食前，是「意粉屋」業務總監，對管理餐廳已有相當經驗。

這時，機構飲食的服務由大學校園擴展至醫療、政府機關及公共事業機構[20]，但擺在梁祖成面前的是更激烈的市場競爭。「大家樂」機構飲食的擴展吸引了本地其他快餐集團加入競逐，一時間，機構飲食市場是個體戶式經營者、本地快餐集團、外資集團的角力場地。因此，「大家樂」引入 ISO 國際認證，從品質、服務及食品安全方面，與有規模的外資集團看齊，並超越本地的競爭者，合作伙伴進一步伸延至更多工商機構如空運貨站、工業邨內的廠戶及銀行。

1998 年，「大家樂」以「泛亞飲食有限公司」[21]為名，將機構飲食發展為有獨立形象的品牌。「泛亞」之前，集團以「大家樂機構飲食有限公司」的名義推廣業務，因帶著「大家樂」的名

20 1994 年投得第一張醫院合約和政府機構合約，1995 年投得第一張公共事業機構合約，1996 年投得第一張工商機構合約。

21 1990 年「大家樂」以「Café de Coral Catering Management Limited」的公司身份推廣機構飲食，1994 年易名為「大家樂機構飲食有限公司」，再於 1998 年時易名「泛亞飲食有限公司」。

稱，自然令人聯想到快餐。鑒於有些機構要求大家樂供應快餐以外的餐飲，於是以「泛亞」之名營造獨立品牌的形象，從商標、員工制服，甚至餐牌字款和色調都與「大家樂」劃清界線，廚務管理方面分為中菜、西餐、粥麵、點心、麵包、西餅及燒味等。營運單位中有七成是飯堂，其餘三成是中式餐廳、西式餐廳、小食亭、咖啡閣及粥麵。

「泛亞」的企業精神亦秉承「大家樂」的文化精神——隨機應變、視乎顧客需要和情況而製定營運模式。即使如此，發展路途不是一帆風順，作為資深的前線管理人，梁祖成已看通客戶流失的問題。

> 「雖然我們用了不同方法去滿足客人需要，但到約滿招標時，顧客總會猶豫是否應該『換下口味』，就如天天吃著媽媽的家常便飯，孩子會渴望可以出街食飯。客戶嘗試過其他營運者後，又會再次選擇『泛亞』，並且會加長合作年期，猶如孩子吃得太多外邊的味精，又再記掛媽媽的家常便飯一樣。」

## 沙士衝擊下表現伙伴精神

2003 年是香港人的集體回憶，沙士病毒的爆發和大量死亡案例，令社會氣氛緊張，人人自危。「泛亞」在香港的主要公立醫院都有餐飲設施，本著履行合約、維護伙伴關係的企業原則，做好醫院交託的任務，並透過膳食服務，表達對醫護人員的關心和愛護。

2003 年 3 至 6 月期間沙士在香港肆虐 22，醫院為控制疫症蔓延，實施過多種隔離政策，包括曾經關閉急症室、停止所有街症服務、停止對沙士病人及急症病房的探病安排、曾接觸沙士病者的醫護人員要自我隔離等23。病毒身份未明、疫情尚未受控時，全城市民每天戴著口罩出街，假如在巴士或地鐵車廂內聽到一聲咳嗽，大家都

22　2003 年 3 月 15 日，世界衛生組織發出全球緊急通知及旅遊警告，將一種正在中國內地及香港蔓延的嚴重肺炎稱為「嚴重急性呼吸系統綜合症」，英文名稱 Serious Acute Respiratory Syndrome（SARS），香港媒體稱為「沙士」。沙士肆虐導致 1,755 名人士受感染，其中有 300 名病人死亡。疫情由同年 3 月 10 日威爾斯親王醫院 11 名醫護人員同時申請病假開始，至 6 月 23 日世界衛生組織將香港從沙士疫區的名單上除名為止。

23　SARS Expert Committee, 2003 , pp.195 -242 , Appendix III.

會投以憂慮的眼光，對咳嗽者敬而遠之，惟恐一聲咳嗽就會傳播病毒。

當時醫院管理局轄下有沙士病人的醫院共有十間[24]，當中八間使用「泛亞」的餐飲設施[25]。在人心惶惶的社會氣氛下，香港的醫護人員為抵抗沙士表現了大愛精神，「泛亞」員工亦發揮了香港人的關愛互助精神。

醫院對「泛亞」有兩方面的要求：一、在醫院的飯堂內加強防護措施；二、為在隔離病房工作的醫護和工作人員送飯盒。對於醫院的要求，「泛亞」的態度是全力配合。疫症初期，部份醫院為預防員工在醫院餐廳吃飯時不慎傳染沙士病毒，要求「泛亞」安排飯桌的座位面向同一方向，避免有人吃飯時因咳嗽將飛沫濺向對面的同僚；後來醫院員工覺得這樣的吃飯氣氛太過孤寂，於是「泛亞」在四人桌和六人桌上，放一幅由醫院方面提供的透明膠板，讓面對面吃飯的醫院同僚可以稍作交談或以眼神互相慰問，在隔離與人情互通之間取得平衡。「泛亞」的管理層明白，醫院裡，大家整天戴著口罩，吃飯時脫下口罩，一個招呼、一聲問候、一段簡短的交談，已經是難得的日常接觸了。

在隔離病房為沙士病人診治的醫護人員，採取更為嚴厲的防護措施，他們都不會到餐廳吃飯，醫院要求「泛亞」安排送飯盒給這些員工。當時送飯的「泛亞」員工穿上全套防護裝備，戴上N95口罩、透明眼罩，猶如進入輻射區一般，將飯盒送到病房門前交給病房的工作人員。其實「泛亞」員工是普通市民，他們對這種工作安排有什麼反應？梁祖成記得當時送飯的有中層和基層員工，大家都無分彼此地接受任務。

「同事們都很勇敢，沒有人提出異議或表示不願意，我覺得他們都把自己當成醫院的一分子，既然醫院同僚正在為疫症搏鬥，『泛亞』的員工均選擇緊守崗位，同心並肩對抗疫情，沙士期間沒有一位員工離職或請假，可以說，他們都是沙士疫情背後的無名英雄。」

24 十間醫院管理局轄下治療過沙士病人的醫院包括：瑪嘉烈醫院（585）、威爾斯親王醫院（351）、聯合醫院（184）、雅麗氏何妙齡拿打素醫院（130）、伊利沙伯醫院（120）、東區醫院（93）、屯門醫院（87）、廣華醫院（82）、大埔醫院（57）、瑪麗醫院（52）。括弧內是沙士病人數字。資料來源：SARS Expert Committee, 2003, p.341.

25 包括在瑪麗醫院、威爾斯親王醫院、伊利沙伯醫院、瑪嘉烈醫院、屯門醫院、東區醫院、聯合醫院及大埔拿打素醫院內。

「泛亞」管理層不單謹守醫院伙伴的角色，還把自己視為醫護人員的伙伴，聽聞板藍根可以增強抵抗力、有助抵禦感冒，廚房每天必定煲一大鍋板藍根湯，連同飯盒把湯水一起送上病房。

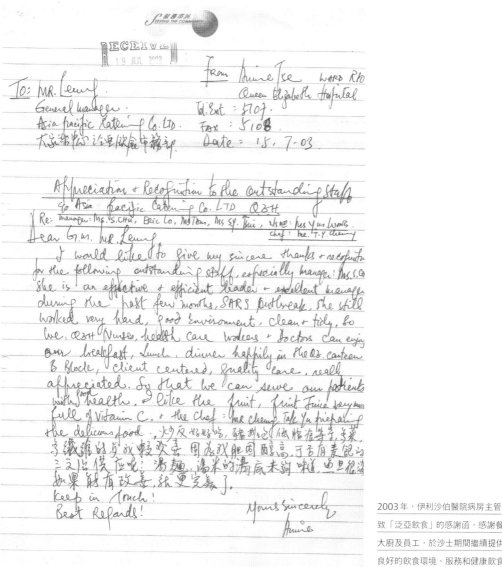

2003年，伊利沙伯醫院病房主管致「泛亞飲食」的感謝函，感謝餐廳經理、大廚及員工，於沙士期間繼續提供良好的飲食環境、服務和健康飲食。

　　「疫症之下，我們可以做到什麼？我們只能在膳食方面稍作貢獻，除了板藍根，我們還煮了糖水，希望可以為醫護人員稍為紓緩一

下緊張的工作壓力。外邊的機構亦不時送來水果、維他命 C 等食物，全部都交給我們送上病房。大家都一樣，想為他們打氣，表示關心，以慰勞他們的無私奉獻。」

在平日，「泛亞」員工與醫護人員經常見面，有些相互間已建立了熟絡的感情，2003 年 5 月 13 日，當接到屯門醫院謝婉雯醫生病逝的消息，屯門醫院的「泛亞」員工都非常悲痛，謝醫生是著名的內科醫生，大家都認識她。謝醫生當日主動自願到病房治理沙士病人，不幸感染病毒後病情迅速惡化，是第一位因沙士離世的醫生，媒體以「香港的女兒」紀念她。為表示敬意，「大家樂」送上帛金，「泛亞」的員工每年都參與由屯門醫院舉辦的紀念儀式。

當時全港市民對沙士都十分驚恐，莫說到醫院服務，很多機構就連到疫區如淘大花園和隔離營提供飯盒服務，均採取迴避態度。最後有關部門找到「大家樂」，集團管理層立即接受委託，安排分店製作飯盒，由勇敢的「大家樂」員工，將飯盒送到淘大花園疫區和隔離營 [26]。

梁祖成和「泛亞」的管理團隊每天都到前線為員工打氣，穩定大家的信心。各員工與家人商議，萬一受到感染便會接受隔離，在家人的支持下，「泛亞」員工如常到醫院上班，辦妥醫院方面交託的任務，幸好沒有一人受到感染。疫情過後，有些醫院向「泛亞」致送感謝狀，而「大家樂」創辦人羅騰祥亦宴請「泛亞」員工，以感謝他們的辛勞和奉獻。

### 與客戶的伙伴關係

許錦波於 1992 至 2003 年間調離機構飲食，2004 年重返「泛亞」時，首要任務是改善沙士後「泛亞」的營業狀況，這時他的關注點不再是飯堂效率，而是與客戶的伙伴關係。

[26] 2003 年 3 月 22 日衛生署在追蹤沙士感染源頭時發現，威爾斯親王醫院 8A 病房的感染源頭病人，曾經於 14 至 19 日到訪過淘大花園；26 日聯合醫院發現來自淘大花園 7 個家庭 15 個患者正在該醫院留醫；隨著淘大花園感染個案數字上升，衛生署於 30 日宣佈隔離 E 座居民十天至 4 月 9 日，當時淘大花園患者已增加至 190 人，主要集中在 E 座；翌日，政府懷疑大廈的水管系統可能是導致病毒擴散的原因，於是立即決定將 E 座居民遷至麥理浩夫人度假村及鯉魚門度假村進行隔離和醫學監測，由民政局負責隔離營的生活安排。資料來源：《淘大花園的疫情》，《調查政府與醫院管理局對嚴重急性呼吸系統綜合症爆發的處理手法專責委員會報告》，2004 年 7 月。

經過沙士後，「泛亞」處於虧蝕狀況，重災區在醫院，因為沙士後醫院依然實施探病限制，影響醫院餐廳的生意。要減少虧損，不外開源和節流，既然無法開源，唯有節流，許錦波逐間醫院約見管理層代表，游說管理層接納他的節流方案，例如減租、減少餐飲供應點、縮短營業時間、夜市休息、週末休息等。現實是醫院是公營機構，運用公帑必須遵守制度，比較缺乏彈性。但有一個令他感動的個案，一間醫院客戶答應減租，減幅是原租金的三分二，一年下來節省近 100 萬元租金。許錦波總結，是次經驗讓他深明，機構飲食的成敗與客戶的合作關係密不可分。

「我遇到貴人，我向對方表達公司的困難，我亦交出最大的誠意和承諾：我們公司是大集團，你可以放心，我們不會爛尾，即使蝕，我們都會蝕到合約最後一日，我們一樣堅持投放正常的資源來營運。客戶減租當然對我是一個鼓舞，凡事要爭取、爭取，但最重要是你要令到人家認同你，你那三寸不爛之舌不是最重要。我的感受是，做好你的基本工作，質素、服務、配合客戶的需要，達到他的期望；相反，你的基礎不好，平時接到諸多投訴，怨聲載道的話，你想提出要求？即使是很細微的要求，人家都不會答應你。」

相信獲大幅減租的主要原因是，「泛亞」員工在沙士期間的表現感動到醫院管理層。機構飲食的營運特色是，必須與客戶保持良好關係，所謂客戶，有來進餐的客人，還有負責管理和監察的機構代表。許錦波所謂「配合客戶的需要」，其實有兩個層次。食客方面，價錢相宜、食物餐款選擇多、味道好、環境衛生、員工態度好、輪候時間不會太長，食客一定有好評；機構代表是另一層的客戶，管理者除了做定期的意見調查，收集食客意見，還會要求經營者協助解決機構的需要。許錦波舉了一個例子，地點在一間遠離市區的大學校園。

「我記得當時這間大學入面有些 outlet（餐飲單位）是我們做的，有些 outlet 是另一個集團做的，結果如何呢？其中一個集團因虧蝕提前跟校方解除合約。學校方面跟我們商討：『你幫下忙啦，兼營

這個 outlet 啦。』我們一向視客戶為伙伴，其實當時我們也是蝕錢的，但考慮到若果連我們都提早結束，大學方面的確會有很大困難，所以在虧蝕情形下，我們仍然接受了學校方面的要求，幸而憑著這份堅持，最終迎來了由虧轉盈的機遇。」

機構飲食是以投標方式挑選承辦者，這種制度有一個風險，為求中標，入標者可能會盡量將成本預算壓到最低，招標的機構自然以價低者得的角度去審視，結果可能有「計錯數」的問題，如上面的例子。結果，經營者的投資超出預算，若收入不及預期的話，由頭到尾就是一盤蝕本生意，有些經營者會選擇離場止蝕。

一個追求利潤的企業當然要維護盈利，止蝕離場是很正常的商業行為，但「大家樂」機構飲食的視野不只是一個營運單位，而是整體的品牌形象──可靠、值得信賴、良好的合作伙伴。建立品牌形象，「泛亞」不單只靠市場促銷策略，同「大家樂」的快餐品牌一樣，也是靠實幹建立起來。

許錦波憶述了另一個例子，地點在另一間有多個飯堂的大學校園。

「這個飯堂位置偏離了主要校園，所以校方一直未找到有規模的公司願意承辦，唯有交『個體戶』去做，可是發生過很多問題，特別是食物衛生方面，結果飯堂空置了兩年。膳食委員會主席向我們提議：午飯時段，由我們的飯堂運餐過去，意思是食物先在我們的飯堂廚房做好，再運過去這空置飯堂賣飯，現場有枱凳讓學生進食，希望這樣可解決校園的吃飯需要。由這邊飯堂搬到那邊飯堂，徒步的路程曲曲折折、又上又落，只做兩個小時的生意，其實經濟效益是很低的，我們肯揹義氣，完全為了維持與客戶的關係。」

得到客戶的信任，「泛亞」在這個校園逐步擴展，由一個學生飯堂拓展至六個營運點，舊的點以保持品質、服務和衛生，愈做愈旺，新的點提供非快餐的選擇，再加上一些規模較細、效益不高的舍堂飯堂，目的是為了令機構客戶感到這是一個合作關係良好的伙伴，從長遠角度維護品牌的持續發展。

# 點止「學童飯盒」咁簡單

1998 年，特首董建華在施政報告宣佈，在 2007 至 2008 學年開始，全面推行小學全日制。這項教育政策間接為本港餐飲業帶來了一個龐大的市場，當時的官立、資助、私立小學合共 832 間，小一至小六學生的總數為 476,802 人 27。以此計算，學童飯盒的需求量高達 48 萬個。無論是餐飲集團或者中小企業，都在摩拳擦掌，計劃如何在市場分一杯羹。原來已經為學校做飯盒的「大家樂」，又豈會錯失商機呢！

## 看準商機設中央生產線

香港中學早已實行全日制，不少學校安排中一、中二學生留校用膳，有些學校向附近的「大家樂」分店預訂飯盒，不少分店都承包一間，甚至兩間中學的學校飯盒。然而，在即將推行小學全日制的大趨勢下，「大家樂」刻下的問題是，應否繼續沿用現有的經營模式？而這種模式又是否可以承擔日益擴張的學生飯盒市場？

要回答這個問題，我們不妨先看看「大家樂」分店是如何製造學童飯盒的。

分店要承擔飯盒生意，涉及的工作殊不簡單，由推銷、製造、運送、在學校派飯，由業務部一條龍全包。業務經理負責聯絡學校，向校方和家長推介，當學校同意訂購後，分店員工每天到學校預售明日的飯票 28，當確定了飯盒的數量後，業務經理要統籌區內各分店，預備食材，並計劃明天的烹調工作，以及人手分配。製作飯盒的工作相當緊張，早餐與午市之間只有大概兩個小時的空檔時間，通常 9 時後至 12 時前，堂食客流較少，分店廚房便利用這段短短的時間，埋頭苦幹地烹調及包裝所需數量的飯盒。以觀塘及將軍澳區為例，2000 年全區有十間分店，總共出產約 3,000

27 《香港統計年刊》，1999，頁 232，表 11.2；頁 236，表 11.6。

28 飯票供學生選擇餐款，每天約提供三款選擇，如蒸飯、焗飯、焗意粉。

個飯盒，即平均每店做300個。裝好飯盒後，分店員工便將飯盒放入保溫箱內，運往學校，並在學校大堂或班房分發予學生。

承包學校飯盒為分店帶來不少生意，但也產生不少問題。每間分店的生產力有限，難以滿足日後數以十萬計的飯盒需求量；外賣工作始終會減少分店處理堂食的時間，影響對堂食顧客的服務；分店內或會堆滿外賣飯盒，對店內進食環境造成影響；最後，由分店大量生產飯盒，有可能觸及法例的限制，即是若果「大家樂」要正面打入學校飯盒市場，必須根據《食物業規例》，領取食物製造商牌照 29。總言之，由分店兼顧生產學校飯盒並非最有效的方法。

大家也許會這樣想，「大家樂」早有中央產製的系統和經驗，將飯盒交中央生產該是輕易而舉的事。但事實並非如此，分店做的是「即製」外賣飯盒，而大量「預製」飯盒需要另一套技術，同時必須注意安全衛生，處理不當的話，飯盒會滋生細菌。當時學校飯盒市場的龍頭大哥，在將軍澳有設備完善的廠房，亦已應用最新技術，日產數萬個飯盒 30。

### 由每日製作 500 個飯盒開始

雖然當時「大家樂」已經有 20 多年歷史，但要開創生產預製飯盒，始終是一項新挑戰；況且勁敵當前，是否能在市場立足，仍是未知之數。然而，「大家樂」決定把握商機，迎難而上。

第一步是先設試點，於 1998 年在火炭大家樂中心七樓的一個房間，設備只有一個雪櫃，每日生產約 500 至 700 個飯盒，並從快餐業務部調升業務經理劉國漢負責開發，他一方面試行中央生產，另一方面構思設廠的投資計劃。

1999 年，「大家樂」落實中央生產飯盒計劃，定名為「活力午餐」，廠房亦由七樓一個房

29 根據《食物業規例》，任何人擬配製或製造食物，並出售該等食物予顧客在食物處以外的地方進食，必須領取食物製造商牌照。

30 當時市場上的龍頭大哥是「陽光一代」，為「大家樂」其中一位創辦人羅芳祥的兒子羅卿彌於 1996 年所創立，向學校提供午餐飯盒。2002 年「陽光一代」每日生產超過 60,000 個飯盒，佔全港學校午餐市場近四成，為全港 140 多間中小學提供飯盒，其中小學佔六成。資料來源：〈小學全日制未落實學校午餐市場先開戰〉（2002 年 10 月 12 日）。《經濟一週》。

右 「活力午餐」團隊應用新機器，以安全和高效率的生產方式，每天為百多間中小學提供超過 80,000 個飯盒。

間移師至六樓全層（面積約 10,000 平方呎），並增購設備。當時學童飯盒的主要生產技術有兩種，一種是「新鮮烹調」（cook-fresh），即在當日早上烹調，大約在供餐前二至四小時把所需的食物煮好，並將食物熱存在適當的器具內。換言之，生產只有早上一段時間，間接限制了生產的數量。另一種技術是「速涼烹調」（cook-chill），中央廚房煮熟食物後，經過先進的速涼機，在 90 分鐘內將食物降溫至 4℃ 或以下，確保細菌不能繁殖，冷卻後的食物會儲存於 4℃ 或以下的冷藏庫。第二天早上，食物便會運送至分區加熱中心翻熱，再被送往學校。跟新鮮烹調比較，速涼烹調將飯盒的生產期由一個早上延長至一天，飯盒的產量可彈性增加。

要應付未來的龐大市場，速涼烹調較新鮮烹調更勝一籌，加上龍頭大哥已示範了速涼烹調的優勢，所謂「人優我學」，「大家樂」從荷蘭訂購相關設備，應用速涼烹調技術。

除了硬件外，「活力午餐」於 2000 年增加人力資源，邀請當時任職業務經理的蔡景橋加入，專責廠房生產工作；而原來主理「活力午餐」的總監劉國漢，便可集中精神，專責向學校展開推廣。蔡景橋憶述當年被邀加入「活力午餐」時，懷著忐忑不安的心情，患得患失，得的是新的鍛煉機會，失的卻是工作環境從開放式、以人為本轉為封閉式、以機器為本：

> 「我做了多年廚師，之後升了做業務經理，工作性質跟廚師非常不一樣。業務經理要管理不同分店的經理，經常與人溝通，又要留意分店的競爭對手的動向，然後構思應對策略，工作性質較活潑和開放。如果我轉去『活力午餐』做廠長，那跟做廚房差不多，整天困在工場裡處理食物。但後來陶哥（即陶邊國，時任「大家樂」產品發展部總監）給予了一個很中肯的意見，指出我的專長是做產品，在『活力午餐』可能有更多發揮與晉升機會，我便答應了。初加入『活力午餐』，我不懂機器操作，又要安排大量生產，唯有邊做邊學，累積經驗。」

蔡景橋把握了新的工作機會，與「活力午餐」一起拚搏、成

長，現已成為「活力午餐」總經理，見證了「活力午餐」如何成為學童飯盒市場的最大供應商。

機器和專責人員準備就緒，看似啟動按鈕便可順利生產，然而在生產初期，機器運作不穩定，經常失靈，要改用人手操作是慣常事[31]。又例如從韓國購置的密封飯盒機器，做8,000個飯盒，可能其中一半未能成功封口，「大家樂」團隊一起面對困難，找出箇中原因，原來是因天氣潮濕，令紙盒紙質變軟，結果機器無法將飯盒完整封口。因此團隊調校機器，以配合紙盒的紙質，又與飯盒供應商研究，如何縮短飯盒存貨期，以避免飯盒紙質變潮。

除了機器不聽話，有時天氣也為「活力午餐」製造麻煩，唯有倚賴團隊齊心協力，共同面對。蔡景橋記得一件深刻的往事：

> 「9月份的一天，懸掛了八號風球，火炭廠房沒有人工作。我們的飯盒是今日做、明日送的，那麼明天怎辦呢？唯有聯絡所有長工回來趕工，結果只有幾個人、幾雙手，工作非常辛苦。一段時間後，我們發現身後多了兩個人，原來羅小姐（即羅碧靈，當時是集團總經理）在生產線後面呢，她聽聞『活力午餐』遇到困難，便回來幫手盛飯，生產線前面是Sunny哥（即羅開光，當時是行政總裁）。事實上，我們未必需要他們『落手落腳』的幫忙，但他們的行動，對士氣好重要，我們整班員工都為此感到振奮、高興。」

## 說服家長接納速涼技術

「大家樂」面對的另一個難題是如何推銷產品，不少顧客對中央預製飯盒投以懷疑的目光，一直向快餐店訂購飯盒的老師認為，快餐店即日新鮮製作熱氣騰騰的飯盒，是預製飯盒無可比擬的。家長也有相類觀感，預製飯盒不夠新鮮，等同「隔夜飯」。「活力午餐」吃過不少閉門羹，甚至有學校和家長向「大家樂」反建議，由分店繼續供應飯盒。那如何是好呢？「活力午餐」以速涼烹調技術所製造的學童飯盒，其實與「飛機

| 31 蔡利民、江瓊珠，2008，頁130。

餐」無異，而大眾市民對飛機餐的觀感是安全、衛生，因此「活力午餐」便將學童飯盒比喻為飛機餐，突出學校和家長特別關心的衛生和安全效益。

2003年，成立四年的「活力午餐」已漸上軌道，日產量由7,000個增至40,000個；然而，市場仍有發展空間，集團再接再厲，訂下每日60,000個飯盒銷量的新目標。負責生產部的蔡景橋坦言，要達到這個增幅，以工場的空間和硬件器材來說是相當吃力的。一個硬幣有兩面，新目標也成為了推動力，蔡景橋這樣說：

> 「當時想到的方法就是利用學校的空間進行『現場分飯』，有些學校設有飯堂的，供應商便將一包包煮熟的食物運到學校，然後在學校翻熱，再分給學生。當時一些學童午膳供應商已經採用這種模式，但我們沒有這方面的經驗，於是便到學校，參觀學校飯堂的設備、了解供應商運送食物的程序、分發飯餸的流程等，從中學習，汲取經驗。」

什麼是「現場分飯」呢？現場分飯不是在現場烹煮食物（蔬菜與白飯例外），而是在學校分派預製的食物。學校設小廚房，裝有湯池、蒸櫃和煮菜的簡單爐具。以咖喱牛腩為例，「活力午餐」的中央廚房預製牛腩和咖喱汁，分別每五磅一包，以高溫膠袋包裝後運往學校，然後利用學校的蒸櫃，將一袋袋的肉和汁加熱，再將牛腩與汁倒入容器混合一起，放置在湯池內保溫，於學生來領飯時分發予學生。至於蔬菜，中央廚房不會預先煮熟，因為預製蔬菜會變黃，味道不佳；中央廚房將蔬菜清洗乾淨、砌好，包裝後運往學校，駐守學校廚房的前線員工，利用學校的「灼菜車」即場「灼」熟。白飯方面，學校可選擇現場煲飯或預製飯。學校或可將送來的新鮮蔬菜與洗好的米，即場炮製香噴噴的「菜飯」。

「活力午餐」現場分飯的模式與其他飯盒供應商沒有很大分別，但在細節方面卻加以改善。當時一般供應商通常用鍋盛載食品，然後將整鍋食品送往學校，這樣難以控制運送途中的衛生水

平。「活力午餐」改用了封口的高溫膠袋盛載食品，令運送食物時更方便、清潔與衛生。

此外，香港學校的飯堂並非全部一式一樣，一些學校或有中央飯堂，設備齊全，有湯池、蒸櫃、「灼菜車」。另一些學校的飯堂因空間不足、設備不全，「活力午餐」會因應學校的環境提供必需的器具；或在各樓層設置中央分發點，讓學生領取午膳回班房進食。

今天，「活力午餐」每日產量已超越 60,000 個飯盒，高峰期更達 90,000 個，為全港百多間中小學、幼稚園提供飯盒與現場分飯兩種供膳形式，飯盒佔 75%，其餘 25% 為現場分飯。委託的學校以小學為主，佔 76%，中學佔 21%，以及幼稚園佔 3%。

### 健康飲食由我做起

世界衛生組織調查顯示，肥胖有全球化的趨勢，而香港的肥胖趨勢也引起社會關注。根據衛生署的資料，2007 至 2008 學年，小學生的肥胖檢測率為 21.3%，即差不多每五名兒童便有一人屬於肥胖；2008 至 2009 年更是高峰期，達 22.2%，自始持續下跌，2016 至 2017 年為 17.6%。值得注意的是，中學生的肥胖趨勢則持續上升，由 2007 至 2008 學年的 17% 增至 2016 至 2017 學年的 19.9%。

青少年肥胖為什麼特別值得關注？這不是外表好醜的問題，主要是影響健康。青少年吸取過多高脂肪、高糖或高鹽的食品和軟飲料，以致超重和肥胖，這狀態在他們成年之後便有機會持續，而成年肥胖與多種慢性疾病，如心臟病、糖尿病、中風、癌症等有密切的關係。因此自小培養良好的飲食習慣尤為重要，而學生飯盒可說是一個起點。

立法會議員曾就此建議立法規定食物供應商提供健康飯盒，但遭政府反對，取而代之，政府一方面提高學童、教師及公眾對

健康飲食的認識；另一方面，衛生署於 2006 年向所有小學、家長教師會、午餐飯盒供應商、小食部等發出《小學生午膳營養指引》及《小學生小食營養指引》。衛生署在選擇學校午膳供應商的手冊中，亦建議將食品的營養價值作為評分條件之一。

「活力午餐」早於 2002 年，已聘請營養師設計餐單，既支持社會對兒童健康的關注，也進一步改變消費者對預製飯盒是隔夜飯盒、沒有營養的概念。但要吸引小朋友吃營養餐殊不容易，必須倍加心思，令飯盒既富營養價值，又色香味俱全。小朋友一般喜歡紅黃等鮮艷顏色，因此可利用新鮮番茄汁、粟米汁，令食物更美味；又或者加入紅米、糙米及蔬菜於飯中，增加色彩之餘，也增加纖維。學童一般不喜歡黑、啡等顏色，因此木耳、雲耳雖是健康食品，但學生偏不愛吃，甚至會從餸菜中挑出來棄掉；學童也不愛吃甘筍、南瓜、菠菜等。對於這些健康但不受學生歡迎的食物，可利用一些小計謀，運用機器將其打碎成蓉或者煮汁，混入食物中，令學童在不知不覺下吃了這些營養食品。

吃得開心和健康的小朋友。

「活力午餐」每天為學童提供 A、B、C、D 四款餐選擇，前三款有較多蔬菜、營養高，但通常是叫好不叫座，受家長歡迎，卻未必受小朋友所喜愛；但也有例外，如焗豬扒飯、魚柳、蝦仁。D 餐最受小朋友歡迎，因為加入了小食類，例如白魚蛋、薯

皮加肉醬、糯米雞。這些小食仍以健康為本，不會包含世界衛生組織所公佈的致癌三寶：腸仔、午餐肉與火腿。

蔡景橋對營養餐的配搭有如此心得：

「家長選擇 A、B、C 餐時，小朋友的反應通常是：『媽咪，好難食呀！』有些家長會反問我們：『我們在現場食，不覺得這些餐「難食」，你們煮給家長的，是否跟煮給小朋友的不一樣？』這令我們啼笑皆非，我們豈會使用這種小計謀矇騙家長？其實是小朋友不喜歡吃，而非食物『難食』呀。所以我們建議，家長與學生一起揀餐，並建議讓小朋友每星期進食兩日有小吃的 D 餐。」

## 飯盒背後的心思

要應付如此大量的生產，「活力午餐」的廠房已由一層擴展至三層，每樓層所負責的生產工序各有不同，但又互相連接，形成一條生產線。設備更趨全自動化，洗米、落汁、落飯、切菜已由機器取代人手，員工所需的體力勞動已大大減少，轉為負責一些檢測工作，如確保菜、肉、飯的份量適當，與監察生產線的工作，如運輸帶是否正常操作等。

別以為一個小小的學童飯盒是簡單的將餸菜混在一起，便大功告成。從米、蔬菜、肉各種食材開始，到最後烹調成一個色香味美、營養均衡的學童飯盒，而且要每天大量供應，當中的過程殊不簡單，每個工序都經過精心設計，符合安全、衛生標準，不容有失。

# 開發新的社區飯堂品牌

「一粥麵」是「大家樂」旗下一個較新的快餐品牌，選址於人口密集的住宅區開設分店，以香港人最愛吃的粥、麵、煲仔飯、創新小菜為定位。這些本來在粥店、麵家、大牌檔、酒家菜館吃到的食物，如何變成快餐品牌？這是另一個「大家樂」的創業故事，在商場的環境下可以選擇吃傳統中式粥麵和中式小菜，也是香港人吃飯方式的轉變。

讓我們先認識一下講這個故事的人物。練美芳現任「一粥麵」總經理，負責開拓和督導業務營運。她出身自「大家樂」快餐前線，1984 年加入「大家樂」的她，先在佐敦道 51 號出任領班，1988 年太古城新店開張，她調任分店經理，管理這間位處區域性大商場的分店。13 年後（1999 年）調任業務經理，除了督導幾間快餐店，還兼管當時名為「一哥粥麵茶餐」的新業務。經過兩年的鞏固和調整，2001 年這新業務正式易名「一粥麵」，由一間小店發展到今日 51 間分店，是有一定知名度的快餐品牌。

### 由茶餐廳過渡到快餐模型

「一哥粥麵茶餐」的前身是「超群快餐」，1998 年「大家樂」收購「超群快餐」六間分店，其中位於黃大仙屋邨商場的分店，原來是賣粥麵和快餐的，眼見有現成的硬件設施和師傅人才，「大家樂」便順勢將之開發為粥麵連鎖快餐店。當時的「大家樂」快餐已經有完備的、標準化和制度化的操作流程，然而，從「超群快餐」演變過來的「一哥粥麵茶餐」是沿用師傅模式運作。首先，負責的團隊（業務總監、業務經理、分店經理、分店大廚等）必須將師傅工藝變成快餐方程式，使粥麵店納入快餐制度中；一年多後，「一哥粥麵」正名為「一粥麵」；幾年後，「一粥麵」面

對定位和方向的問題，為了在顧客心目中建立鮮明形象，改動餐單、推出特色產品，分析客群，決定恰當的選址位置。經過這幾個步驟，「大家樂」對「一粥麵」的定位策略已相當有信心，確認它有持續發展的生命力。

　　原來，第一個步驟已非易事。當時，練美芳是業務經理，負責督導分店的業務和協助分店人員解決困難。過去 16 年來，她接受的訓練是營運快餐的知識和技術，但如何將師傅工藝落實為可以複製的配方，是一個巨大考驗，且看新舊兩代人如何互相接納、合作和磨合，將煲粥、包雲吞、淥麵、煮湯底，由個人化的工藝變成可以複製生產的配方。

　　「大家樂」接收原來的「超群快餐」粥麵檔後，保留煮粥和煮麵的老師傅。首先，必須讓傳統老師傅接納來自快餐背景的管理層，練美芳和區域總廚師親身與老師傅合作，花了不少時間在老師傅身邊學習，如何處理新鮮的粥料、如何挑選優質的麵點、如何包廣東雲吞。總廚師親身入廚房與老師傅一起工作，邊觀察邊記錄各種細節，編訂成製作方；練美芳和快餐的同事與老師傅一起包雲吞，親力親為學習，以尊重、謙虛的態度達到技術轉移的效果。今日，雲吞是中央食品工廠用人手做好再送到分店，這張記錄了做雲吞的材料和調味料的配方，就是當年老師傅留下來

給快餐部的總廚師的。

由傳統技術轉化為現代快餐技術，兩代人似乎合作愉快，以煮粥底為例。

「師傅是老派人，每天清晨 5 點鐘返舖頭煲粥，用一個很大的鍋和明火（燒燃料）來煲。我們建議改用電爐，下米、水和油，調校好時間，五個小時後便有一煲完整的粥，不用人力照顧烹煮的過程。老師傅說，你想煲出綿綿的一窩粥，一定要用皮蛋。安裝了電爐之後，我們一路開發粥底的質素，稀的、綿的，由總廚師去調校。」

學好煮粥底，下一步是雲吞麵的湯底。

「當時湯底是在分店裡煮的。師傅首先燒大地魚，然後再放入湯裡煲。我們再三思量，這不是辦法，若果每間分店各自燒大地魚，做出來的效果會有差別。我們和師傅合作，在旁觀察煲湯的過程，記低材料和做法，然後將配方交上中央研發部試做，轉化成多少安士、多少湯匙等標準化配方。」

再下來就是煮麵的技巧，師傅提醒，一碗麵到達客人的飯桌時，韌度必須恰到好處，所以煮麵時要顧及時間的因素。雖然有老師傅悉心教導，傳授了各種技巧和秘訣，但粥麵始終是手藝工夫，不是口頭傳授便可以成功的，必須有詳細的配方，以及總廚師的監督，雖然未及傳統粥店或麵店的水準，但是仍可以維持一定水平。

聽來一切都在掌握中，料不到油炸鬼（油條）、牛脷酥等粥麵店的常見美食，竟是個人化工藝程度最複雜的食物，無奈地要被迫放棄。

「最後是油器啦。搓粉、剁粉，全部都是手藝工夫，每個師傅都各有不同，質素亦無法穩定。原來做油器跟天氣有關，天氣乾燥的話，要添多點水份；天氣潮濕呢，例如過年的時候空氣較潮濕，水份要減少。師傅摸一摸那粉團，就知道要增減多少水份。搓好的粉團，應該放在哪裡？也是一大學問。我問師傅，為什麼要放在這個位置？他不會解答你的，『得啦，放在這裡就好啦，你別亂

碰它呀。』我們唯有靜靜地在旁觀察，粉團不能太接近炸爐，需要時切一半出來，待用時要用一條毛巾蓋著。這些都是由經驗累積出來的知識，並非可以朝夕學到，我都嘗試過搓粉，總是搓不到師傅那團粉的效果，唯有放棄啦，做不成啦。第十間舖開始我們唯有放棄賣油器。

## 精選招牌產品

一年後，「一哥粥麵茶餐」算是掌握了粥麵的基本工夫、技巧和配方，下一步是精選若干招牌產品。然而，「大家樂」已經有一套程序，必須通過安全檢測、成本控制的準則，即使是香港人至愛的食物，若果含菌量太高、多蟲、成本價太高，全都不能入圍。

「田雞粥、蠔仔粥，是香港人最喜愛的粥品，可惜食物安全不合格，進不了集團餐單之內。因為蠔仔是高危食品，蠔生長在很污濁的水中，我們測試過，結果是在細菌測試中不合格。田雞的肉有蟲，也是不能過關。蠔仔粥、煎蠔餅、田雞粥本來是『超群粥麵』的熱賣產品，通過不了安檢，都要放棄。鱔煲呢，過不了成本控制那一關，鱔是貴價貨，如果賣剩太多，便會拉高了整體成本，採購部負責計算成本後，跟我們說，『你們考慮下啦。』集團有部門監控著產品研發的。」

連鎖快餐企業化制度下的產品，以制度和程序保證品質和安全衛生。即使產品通過了食物安檢，也要在日常即煮的過程中保持安檢水平，因為「一粥麵」的粥麵是分店廚房「即煮」的，每天各分店廚房需要處理「生料」（新鮮待製的食材）。這時，母公司「大家樂」的中央產製系統發揮了後防的角色，分店設有操作流程手冊，前線員工只要依照程序，便可製作到合符標準的即煮粥麵。

## 定位的挑戰

有了粥麵的基本功架和製作配方，「一粥麵」開始擴展，在青衣城和將軍澳尚德商場兩個住宅社區的商場開分店；眼見效果理想，於是再進駐屯門這個人口更密集的社區，豈料這次遭遇「滑鐵盧」，開店八個月便要「腰斬」。這八個月裡的生意的確欠佳，練美芳和分店團隊在拚力扭轉局面的過程裡，明白「一粥麵」尚未有清晰的品牌定位。

> 「這裡是屯門華都花園的商場，在一樓一個角位，有天橋連貫屯門市廣場。以為就近屯門市廣場，地點沒有選錯，豈料我們這個商場是較淡靜的，食肆只有我們一間，當時我們的品牌未夠響，只是第四間，人客過來望一下，『一粥麵？是什麼來的？』門口有人行過，但沒有人入門光顧。八個月之後老闆決定轉做『大家樂』，還安慰我們：『這個品牌未夠知名度。』整個團隊都很失望，我們是否還可以再盡力一下？」

創業之初，「一粥麵」的餐牌上，一半是粥麵，另一半是「大家樂」快餐的招牌產品，包括焗豬扒飯、鐵板西冷牛扒等等，當時的想法是以「大家樂」的招牌菜維持客流。但屯門的教訓帶出了一個挑戰，沒有明確的品牌定位反而是一個問題，屯門市廣場一些地舖也有賣粥麵的，消費者下意識裡，將「一粥麵」與傳統粥麵店比較，那麼吃粥麵還是光顧粥麵店吧，吃焗豬扒飯、鐵板扒餐還是光顧「大家樂」好了。

自此，管理層將「一粥麵」重新定位，重新設計餐單，取消西式快餐項目，集中供應粥麵和中式食品，包括小菜、燉湯、煲仔飯等。由集團開發一個品牌的好處是，既有的經驗和配方可以立即轉移過來，省減重新摸索的成本。開始時，「一粥麵」的中式小菜，其實是「大家樂」做過的產品，但當時已經沒有在快餐店供應；由「一粥麵」供應小菜，與「大家樂」快餐開始有明確的區分。2010年左右，「一粥麵」自成一個獨立的業務單位，有自己的產品研發部，與「大家樂」快餐的分野更加明確。

「一粥麵」伙拍「大家樂」快餐，
定位為社區飯堂。（王惠玲提供）

「我們聘請了幾位中菜師傅做研發的工作，將中式小炒提升，譬如
煲仔菜呀、煲仔飯呀、燉湯呀。譬如冬瓜盅，中式酒樓賣的是高
檔產品，我們調整一下內容，簡化一些，只需要兩、三個工序完
成，便可以是快餐項目。例如我們最近推出的燉木瓜盅，客人沒
條件去四季酒店吃一個燉木瓜盅的，我們請師傅將工序簡單化，
改良內裡的材料，放落分店烹調，令到客人覺得抵食、超值，連
酒樓都無法用這個價錢製作。我們提升了產品的價值，令本來高
價、講究工夫的中式菜式推廣開去。」

中國地大物博，所謂「中式」，是相對於「西式」而言，發
展下來，「一粥麵」愈來愈掌握香港人對中式菜式的口味，產品
愈來愈有焦點，配合到某個客群的生活習慣和模式。

「我們的定位不是茶餐廳，我們定位為粥麵加中式小菜，我們的
客群呢，早餐和午飯呢，是工作人士和一些家庭客。我們不適合
在商業區經營，商業區的客人要求快、急，我們的午市照顧一些
休閒、退休的人士，無須趕時間的。晚上呢，我們做小家庭的生
意，兩三個人，不願意煮飯的，下午我吃過焗豬扒飯了，晚上不
想再吃同一類食物，可選擇家常小菜，亦可以選擇粥麵的。」

## 「大家樂」的中式餐飲品牌

「大家樂」快餐是綜合式的餐單，「一粥麵」是中式餐單，兩個快餐品牌可以互相配合，形成品牌組合，吸納不同的客群，發揮協同效應。

「一粥麵」的起步是「大家樂」快餐業務部轄下一員，經過挫折、反思、再定位，決定以中式餐飲與「大家樂」快餐店劃清界線。一切站穩後，回望與「大家樂」快餐店的關係，卻又發覺是相輔相成的。一來，「大家樂」已有 50 年歷史，吃「大家樂」快餐長大的忠實「老」主顧，少說已是 60 歲或以上的長者了，他們較多人喜歡吃中式食品，「一粥麵」的觀察是，店內的客人以年長一輩為主，這正好為多年「老」主顧提供更多選擇。二來，商場化是香港城市商圈發展的特色，商場舖不同於街舖，商場業主會因應商場的定位和形象挑選商戶，「大家樂」亦以多品牌迎接這個新的趨勢，「一粥麵」的定位正好適合成熟社區的居民，可配合「大家樂」的商場營運方向。

# 滿足多元的飲食興趣

除了解決普羅大眾的吃飯需要，「大家樂」亦注意到另一種飲食態度，自 1990 年起，開始加入特式餐飲市場，從實戰中摸索香港市民對休閒餐飲和特式飲食文化的興趣。

## 投身特式餐飲的歷程

香港人有謂「唔熟唔做」（意思是避免涉足沒有經驗的行業），沒有相關的知識和經驗就貿然進駐新的飲食市場，是一項相當冒險的行為。因此，「大家樂」決定以併購和合作的方式解決這問題，除了購入品牌和業務，同時吸納別人的專業技術和經驗。1989 年，「大家樂」以 51% 股權與加卜吉集團合作，在香港開發「吉太郎」日本餐廳；又於 1990 至 1991 年之間，一口氣全面收購「阿二靚湯」和「意粉屋」兩個品牌。

到今天，這三個品牌之中只有「意粉屋」仍然在營運，「吉太郎」日本餐廳只有一年多壽命，至於「阿二靚湯」，由 1990 至 2003 年，經歷過鞏固、擴張、調整、更新，最後在持續虧損下收縮，以至結束最後一間分店，完成一個企業的生命過程。「大家樂」曾經因它的業務理想而高興過，於艱難時刻不輕言放棄，1996 至 1997 年，亦曾以新形象在鰂魚涌太古城中心及尖沙咀帝國酒店開店，以燉湯和重新包裝的小菜餐單，樹立有別於傳統中式酒樓的形象。可惜始終返魂乏術，自 1993 年的高峰，從 14 間分店逐漸收縮至 2002 年兩間，並於 2003 年結束最後一間分店後全面結業，全程歷時 13 年。

「意粉屋」方面的發展則比較順利。它是於 1979 年由一位澳洲人創辦的，賣盤時 12 間分店全部位於尖沙咀、灣仔、銅鑼灣等消費區，以外籍人士為主要對象。「大家樂」收購「意粉屋」後，採取連串行動將這個西餐品牌本地化，選擇在靠近一般

市民的地區，如葵涌和旺角開設新的分店；另外調整餐單，加入了飯類，使「意粉屋」逐步變成香港人吃西餐的一個選擇。當時香港人吃西餐開始愈來愈普及，連鎖集團之中，已經有若干競爭者[32]，「大家樂」要將「意粉屋」塑造成一個香港人的品牌，必須在同類競爭者之中突出自己，包括在餐廳的裝修加強休閒氣氛的設計，以特色產品獲取顧客的青睞。

收購後三年內，「意粉屋」由12間分店增加至18間，令「大家樂」對開發更多歐陸口味的餐廳有更大信心。1997年10月，「大家樂」在中環干諾道中開辦「Bravo le Café」餐廳，供應薄餅、三文治、沙律、果汁、焗薯及日式餐類，餐廳裝潢走高格調路線；1998年在國際金融中心開辦第二間分店，到2002年有四間，但於三、四年後便結束了；期間「大家樂」又再嘗試另一個歐陸口味的品牌，2001年開始經營「Bistro M」，這是一個來自比利時的高級餐廳品牌，可惜比「Bravo le Café」為時更短。「大家樂」一直有一個信念，一次失敗不會打擊企業發展的信心，反而可以吸納為學習的素材，這信念可從繼續嘗試更多特色餐廳這事實得到印證。

2003年6月，「大家樂」收購怡和集團旗下的「利華超級三文治」（Oliver's Super Sandwiches）全線13間分店。對於一向以穩健作風見稱的「大家樂」來說，這項收購可算是高風險之舉。2003年收購前夕，「利華」正處於嚴重虧蝕的狀態，2001至2003年之間每年虧蝕1,000萬至1,200萬元，當時13間分店中有大部份租約即將期滿，毋怪怡和願意以低於資產價格淨值賣給「大家樂」。「大家樂」敢於接手這瀕臨結業邊緣的業務，表示對西式餐飲市場抱有信心，2003年6月完成收購，11月份的銷售狀況已轉虧為盈，一年後在香港國際機場、新鴻基中心、觀塘apm商場、九龍灣企業廣場等商貿區開設新店，以「清新、健康、時尚形象」[33]及新鮮即製的產品吸引中產階級顧客，2013年最高峰時分店擴展至21間，良好的營業狀況令「大家樂」決定繼

32 根據梁祖成2017年11月10日訪談記錄。例如Pizza Hut、馬利奧、花園餐廳等。

33 資料來源：《大家樂集團有限公司2004-2005年度年報》，頁12。

續向高消費的休閒餐飲市場進發。

　　「大家樂」更著意於開發中價市場的休閒餐飲空間。2008 至 2015 年間，「大家樂」嘗試以特約或代理等不同方式開拓多個西式特色餐飲，包括 ME.N.U、Cooking Mama 360、MIX、Pizzastage、85℃等，供應意粉、薄餅、烘焙產品、新鮮果汁、鮮果滑冰等特色飲食；亦曾經將幾間以年輕顧客為對象的新穎特色餐飲店，以「360 系列」命名，如 Spaghetti 360、Cooking Mama 360、Café 360、ME.N.U 360。

　　1990 年至今，「大家樂」進佔快餐之外的新領域，有失敗也有成功，失敗者為時短暫，成功者越過高峰後需要調整方向。總括來說，較有實力的休閒餐飲品牌依然是「意粉屋」和「利華超級三文治」，另外「米線陣」及「上海姥姥」可稱為後起之秀 34。跌跌碰碰，仍然不甘放棄，對「大家樂」這個快餐連鎖集團來說，有什麼意義？

　　正如剛才所講，最重要是從失敗中學習。雖然「大家樂」透過收購、吸納其他創業者的技術和經驗，但成功的營運經驗是需要投入資源、智慧、精神、心思而達致的，失敗者亦非就是輸家，過程中仍可學習到新知識、新技術和實戰經驗。

### 時尚的餐飲文化

　　自 1995 年起，「大家樂」將新開發的餐飲品牌稱為「特式餐廳」，2015 年再改稱為「快速休閒及休閒餐飲」。1995 年「特式餐廳」只有兩個品牌，2015 年「快速休閒及休閒餐飲」的品牌已有 14 個。不過，數字增長並不代表成功，在 2016 至 2017 年度的公司年報中，名稱改為「休閒餐飲」，轄下的品牌只餘四個，包括「意粉屋」、「利華超級三文治」、「米線陣」及「上海姥姥」；數字減少亦不代表失敗、收縮，相反，「休閒餐飲」被納入為集團五年計劃中重點發展的策略性業務，對於舊品牌如「意粉屋」和「利華」，要更新、重塑品牌形象，對

34　這說法是綜合年報資料及訪談資料而成。

於新品牌如「米線陣」和「上海姥姥」，要樹立鮮明形象。

　　林明豐是現任高級業務總經理（休閒餐飲），正是這兩項任務的主理人。他於 2015 年加入「大家樂」，大學時主修時裝及成衣系，特別專注零售市場學，未加入「大家樂」前，做過零售及客戶管理的工作。他承認自己沒有餐飲業經驗，但敢於將在零售市場學的知識和個人觸覺，注入餐飲的業務管理中。對於「休閒餐飲」的定位，他以百貨公司和茶餐廳來作比喻，為時尚餐飲的特色作一通俗化的闡釋。

　　「我們可以嘗試用零售市場學的觀點去分析飲食業市場形態，以前香港曾經有多間百貨公司，專門店並不流行，在銅鑼灣的日式百貨公司有好幾間，現在還有多少間留下來？SOGO 嗎？還不是由多間專門店組成？它將場地分租給各個品牌，我們認為這個現象是反映了顧客心態的轉變。以前有所謂『百貨養百客』的心態，市民逛百貨公司的樂趣是，從一應俱全的貨品中挑選一件合心意的。今日的消費習慣是，我想買手提電話，我去電話專門店；我想買文具，我去文具專門店。顧客付出一個價錢，他要求的是專和精，我今日想食意大利粉，我不會去茶餐廳，我會去一個符合口味的餐廳。」

　　「百貨公司之死」這說法，早於 1990 年代香港流行文化的

研究中出現過 35，有學者提出流行與分眾的概念：「流行」是人有我有，當社會越發富裕，消費者不再停留在物質的消費，而是從商品中尋找非物質的滿足感，「大眾化」已經逝去，被強調品味和精緻的「分眾」時代所取代。快餐是「大眾化」，另一方面，休閒餐飲則可達到講究品味和格調的「分眾」消費需求 36。

我們可以嘗試用所謂「大眾」與「分眾」的概念，去將林明豐以百貨公司比喻茶餐廳的說法，加以演繹和闡釋。茶餐廳的餐單猶如百貨公司一樣，一應俱全，總有一樣是你需要的；但問題是，追求口味的消費者不會走入茶餐廳坐下，才從餐單中尋找自己想要的食物。他們會有要求、有想法，再品評你是否做到他的要求，有時是探索新口味，有時是追尋味道的記憶。

對於探索新口味，「大家樂」的特色餐廳以中等價錢供應高級餐廳菜式，研發成創新食品，例如「意粉屋」的龍蝦天使麵。劉利芳於 1979 年加入「大家樂」會計部，累積了十多年行政經驗，當 1990 年「大家樂」全面收購「意粉屋」後，被調任主管這項新業務，隨著「大家樂」的業務擴展，曾經主管「大家樂」旗下的餐飲業務，退休前是高級業務總經理（特色及休閒餐飲）。劉利芳外出用膳時不忘吸收新靈感，與行政總廚研究新菜式是她的工作樂趣。

> 「在金鐘太古廣場一間餐廳，當時是週末 3 點幾鐘，我點了一客龍蝦通粉，160 多元，嘩，真的很貴，吃過後覺得龍蝦汁的味道非常好。之後我帶同事去餐廳再試吃，研究這道龍蝦汁該怎麼做，反覆研究後終於成功，我們還選用天使麵，定價 108 元。嗶，天使麵是我們將它發揚光大的，以前天使麵是高級食品，我們夠膽將它平民化。」

「大家樂」內部曾討論過應否引入一般西餐廳的扒餐食品，劉利芳記得自己是反對的，主要原因是西餐廳常見的扒餐難有創新空間。因此，她與行政總廚一起研究多款特色產品，有幾個是特別受歡迎的，如燒豬仔骨、煙三文魚鮮果沙律、酥皮湯、龍蝦天使麵。

35 馬家輝，2002，頁 58-68；李提慧等，2002，頁 374-379。
36 馬家輝，2002，頁 58-68。

另一些情境下，「大家樂」對有歷史根底的「老」品牌，會重新做好原來的品牌定位，讓老顧客可以品嚐到記憶中的味道，覺得物有所值，有些地方是太過本地化的，反而要還原本色。例如「利華」，過去引用「大家樂」快餐的發展策略，為了讓顧客有新鮮感，不時研發新產品，賣得好的留下來，日積月累下，形成了一個龐雜的餐單，卻漸漸失去了「利華」的品牌形象。現任的「休閒餐飲」主管林明豐上任後，首項任務就是重塑「利華」的形象。

> 「大家要反問，什麼是『利華』原本的招牌產品？焗薯和三文治，還有它們的朋友——健康沙律、果汁或咖啡。餐牌上項目太多，看上去沒有焦點的話，客人點菜會有困難；後面的同事要兼顧太多餐種，做出來的質素效果一定不會精美。做休閒餐飲，餐牌上只需要有三、四樣東西，是客人一定會點的，不需要多，只需要精，做得好，反而可以留得住客人。」

　　精緻、專注和形象突出，是「大家樂」對休閒餐飲的心得總結。梁祖成於 1991 至 1995 年是「意粉屋」的總監，之後調任機構飲食和中國業務，2013 年從上海返香港，被委派拓展另一個休閒餐飲品牌——「米線陣」。這是近幾年才開發的新品牌，「大家樂」眼見米線愈來愈受香港人歡迎，於是嘗試開發一個新的米線品牌，但相對一些較有名氣、分店數目較多的米線店而言，「米線陣」的知名度較低，而且市場上還有許多林林總總的街舖小店，開發米線品牌的團隊明白到，要突出自己就要有特別的產品和進餐環境。

> 「『米線陣』有幾款招牌產品，將材料與米線一早配搭好，餐牌上的組合乾淨利落，方便顧客挑選。吃米線最重要是湯底的口味，市面上較知名的米線店是吃麻辣、川辣口味的，可能味道會較突出，容易令顧客產生深刻的印象。所以我們一直研發一個有獨特味道的湯底。還有，每個米線我們都採用即煮的方式，確保它的溫度夠熱，一個熱騰騰的食物，它的香氣和味道濃郁感自然較佳，促使顧客對這個味道有深刻的印象。」

梁祖成希望讓顧客吃完後留下深刻印象，即前面所講的「味道的記憶」；在進食環境方面，相對於環境較擠迫的街舖式米線店，「米線陣」的店面裝修走休閒路線，以舒適的進食環境塑造休閒米線店的形象。供應和需求是相輔相成的，有需求便有商機，「大家樂」在商場裡開設環境舒適的米線店，令更多人以吃一碗湯米線來做午餐及晚餐，以供應刺激需求。

## 多元品牌組合

因此，今日「大家樂」的休閒餐飲特色是專門化，「米線陣」吃米線，「上海姥姥」吃年輕化的上海菜，「利華」吃三文治、焗薯，「丼丼亭」是日本餐廳，加上較有實力的「360 系列」，讓「大家樂」以多元品牌的方式實現「香港人的大食堂」這個口號。再配合選址商場的發展方向，在同一個商場內，「大家樂」可以有多元品牌組合，配合當地的顧客需要，例如，金鐘是核心商業區，「大家樂」設置了三個品牌：「大家樂」快餐、「米線陣」和「利華」，無論需要快捷效率或一頓愜意的午飯，都可各適其適；又例如新市鎮中心區屯門市廣場，商場內有五個品牌，讓社區居民或跨區消費的遊人都可因應個人的需要，有不同的選擇。

2017 年，「大家樂」在銅鑼灣翡翠明珠廣場經營美食廣場，盡用整層商場的空間，將旗下六個品牌集中一處，提供不同口味的餐飲服務，可算是最時尚的「香港人大食堂」。執行董事羅名承是負責「大家樂」旗下各品牌分店租務的，他認為在翡翠明珠廣場的發展是集團的一個里程碑。「大家樂」曾經在銅鑼灣有過六、七間分店，但因為租金上漲太快，唯有陸續退出這個熱鬧的商業購物區，2017 年中之前，只餘下一間快餐店和一間「意粉屋」。

「我們差點在銅鑼灣只剩下一間快餐店作據點。2016 年末，位於翡翠明珠廣場的『意粉屋』租約期滿，業主眼見商場食肆的客流不算理想，有意不再經營商場食肆，於是通知各租戶準備退出商

場。我們卻提出反建議，橫豎『大家樂』旗下有幾個表現不俗的品牌，不如由『大家樂』做主持，以多元品牌滿足各類型顧客。業主接納了建議，由一個集團承租整層商場的舖位，我們放置了六個品牌到商場裡，一下子加強了我們在銅鑼灣的據點。」

「大家樂」以六個不同成熟程度的品牌，編排成一個多元品牌組合。

「原來的『意粉屋』生意不俗，當然讓它繼續坐鎮翡翠明珠廣場，快餐一向是最穩健的業務，肯定是不能少了它；『上海姥姥』在其他地區的表現非常好，『米線陣』在近半年愈來愈受歡迎，另外兩個品牌『丼丼亭』和『Zakka』比較新興，這個『老、中、青』的組合是非常穩妥的發展策略，業主亦樂於與一個集團洽談租約，省卻與個別租戶商談租約的麻煩。」

羅名承解釋，很多商場業主希望可以引入新品牌，為顧客帶來新鮮感，但又擔心新客戶的業績表現，所以「大家樂」的多元品牌策略正好解決業主的煩惱，而「大家樂」亦可利用商場的空間發揮多元品牌的效果。

2017 年，集團於銅鑼灣開設 Festiva，將六個不同品牌聚集在同一商場，提供不同餐飲選擇。

# 總結

「大家樂」快餐及各休閒品牌，形成了一個頻譜般的食肆選擇，配合不同場景、滿足各種飲食需要，履行「香港人的大食堂」的承諾。「大家樂」要創建新的企業系統去應對新的商機，原因是現代社會對飲食的要求愈來愈專門化、精緻化。

創建新的企業系統，猶如讓員工「內部創業」，管理層從快餐業務挑選合適的員工迎接這個挑戰。或許是耳濡目染、或許是從快餐業務累積的工作文化，負責「創業」的員工都傳承了創辦人的創業精神，審時度勢、觀察環境、靈活應變，將快餐店的經驗轉化為新的企業化品牌，以新的形象去應對新的要求。

踏入 1990 年代，單憑拚勁和靈活頭腦已不足夠，新的業務需要注入專業知識、專業經驗，使舊的系統模型銜接上新的法規要求、國際標準，鑄塑成新的操作系統。機構飲食和「活力午餐」不同於經營快餐店，經營者要有溝通能力、合作精神，學習與不同的專業者合作；也要有從容的態度接受批評，亦要有長遠目光，不可只顧眼前利益，明白爭取伙伴信任的重要性，做到可信、可靠，有持續承擔的量度。新的時代、新的社會價值觀下，「大家樂」的企業文化添上了新的文化內涵。

4 從農場到餐桌

前面三篇都是關於「大家樂」的前線發展，由創建第一代快餐品牌、分店擴張到開拓新的品牌，以緊貼香港人的吃飯需要為企業精神。這一章我們轉到「大家樂」的後防組織和經驗，看看它如何提升前線的競爭力。

從農場到餐桌，這是關於食物原材料從農場來到「大家樂」門店餐桌上的整個過程，以人物化的說法可叫做食物的旅程；換個較技術性的說法，過程中涉及整個食物供應鏈多個相關行業。面對全球化的大趨勢，食物不單只要美味，還要安全、環保和衛生，由食物源頭、國際機關、政府政策，近年有愈來愈多安全標準規管食物的供應。

食材從農場走到「大家樂」的餐桌，需要經過採購、運輸、產製、物流等這幾個後防角色，是「大家樂」內部食物供應鏈的專職部門。作為全球化供應鏈的一員，「大家樂」如何與全球食物供應鏈上環環相扣的行業互動，成為全球食物供應和安全監測系統的一分子？

我們會嘗試以「大家樂」的招牌菜式，看看後防的部門如何發揮專業角色，為顧客供應安全、衛生、價格相宜、有特色的美食。

# 食物供應鏈

香港是一個人口稠密的城市，本地漁農生產遠遠無法供應城市人口所需，日常飲食所需都依靠入口，以 2010 年為例，90% 的食物是從外地入口的 1。早於 60 年前，根據 1950 年的政府統計，本港的入口食物都是市民的日常所需，包括牲畜及家禽、肉類及肉製品、乳製品及蛋類、魚類及魚產品、穀類及穀製品、水果及蔬菜、糖及蜜糖、咖啡、茶、可可、香料及調味料 2。而且入口量是持續增加的，2010 年比 1950 年進口價值增加 145 倍，同時間的人口增長是 2.15 倍，可推算除了人口增加，市民的消費能力也增加了，以至對食物的需求大幅提高。

外地入口的食物來自什麼地方？2010 年的資料顯示，食物主要來自中國內地 3。中國未推行開放政策以前，內地的食品通過五豐行入口香港，銷售量和銷售類別都很有限；中國實施開放改革後，部份食物如蔬菜和水果容許私人企業生產，香港進口商直接向內地的生產者買貨，亦促使從中國進口的食物數量增加。

除了從中國進口食品，香港的食物不少來自歐美及東南亞地區，這趨勢一直持續，以 2010 年的資料來看，雖然來自中國內地的食物佔主導地位，仍有不少冷藏和急凍肉類來自其他國家。冷藏豬肉有 32% 來自巴西、6% 來自美國；冷藏雞有 23% 來自美國、12% 來自巴西；冷藏淡水魚有 17% 來自新加坡；冷藏海魚有 30% 來自印度；新鮮水果有 32% 來自美國、8% 來自泰國；冰鮮牛肉 40% 來自澳洲、27% 來自巴西、16% 來自美國、8% 來自新西蘭；急凍淡水魚有 17% 來自菲律賓；急凍海魚有 39% 來自挪威 4。

事實上，食物的供應已是環球貿易重要的一環。在這個背景下，「大家樂」的食物原材料亦早已來自世界各地，以 2017 年為例，集團的

1　網上資料：*Frequently Asked Questions on Food Supply of Hong Kong.*

2　*Hong Kong statistics, 1947-1967*, 1969 , pp.89 - 90, Table 6.3.

3　尤其新鮮蔬菜、水果和肉類主要來自中國內地，例如 94% 的新鮮豬肉、100% 新鮮牛肉、92% 蔬菜及 66% 蛋類都是從中國內地進口的。凍鮮和冷藏肉類、魚類則較多來自其他國家和地方。網上資料：*Frequently Asked Questions on Food Supply of Hong Kong.*

4　資料來源：同上。

食材來源地，中國內地佔49%，南北美洲佔16%，其他亞洲國家佔17%，歐洲、澳洲、新西蘭及南非共佔11%，香港本地佔7%[5]。值得留意的是，香港進口肉類和蔬果總量約佔60%來自中國內地（以2010年計算）[6]，但「大家樂」的食材來自中國內地的只佔49%（以2017年計算），相對來說，「大家樂」的食材來源較分散。這種分散來源地的採購政策對「大家樂」餐飲供應的穩定性是很重要的，以保障當某供應產地的食品發生事故時，「大家樂」不至於完全缺貨，影響企業的持續經營，這將在稍後〈食物追蹤系統〉一節內討論。

　　無論來自什麼地方，食物材料由來源地到達「大家樂」前，中間經過多個食物行業的操作，將農產品變成可供食用的食物。以「大家樂」的牛扒為例，牛隻在新西蘭的農場草食飼養，成熟後被送往屠房屠宰，屠宰程序包括撿走藏在肌肉中的異物（如鐵釘），經包裝和冷藏成為可供售賣的冷藏牛肉，加工廠並做好貨源的資料記錄；出口批發商與入口批發商之間亦有連串商務活動，包括資訊往來、市場推銷、保險、船務、貨櫃運輸等等；「大家樂」透過入口批發商買入牛肉，當貨櫃抵達香港，「大家樂」安排將經抽檢合格的貨物運載至冷藏倉庫。前線分店推出鐵板牛扒時，位於大埔工業邨的中央產製收到分店訂貨通知後，便從冷藏倉庫提取貨物，解凍、切割至所需的大小、醃味、包裝，再運至分店廚房製作成鐵板牛扒。

　　這過程有兩個供應鏈在運作，一條是環球食物供應鏈，另一條是「大家樂」內部的供應鏈。在環球食物供應鏈中，「大家樂」屬下游的零售餐飲服務商，大多數情況下，會透過中游位置的出入口批發商安排採購，鮮有與上游的農場、屠房和加工廠直接接觸。

5　從中國進口的主要是肉類、海產、蔬菜、雜貨；從南北美洲進口的主要為肉類（豬肉、雞肉為主）及水果；從其他亞洲國家入口的主要是肉類、海產、蔬菜及雜貨；香港供應肉類、海產、蔬菜及雜貨，特別是新鮮的肉類。資料來源：《大家樂2017可持續發展報告》，頁23。

6　計算方法是將所有從外國輸入而又保留在香港食用的肉類（包括新鮮、冰鮮和雪藏）、魚類、蔬菜、雞蛋的重量綜合起來，發現約60%來自中國內地。網上資料：*Frequently Asked Questions on Food Supply of Hong Kong*.

## 源頭採購與開發特色產品

　　本來「大家樂」是透過食物入口商做採購的，所謂「睇餸食飯」，入口商有什麼供應便做什麼菜式。「大家樂」的行政總廚將餐廳菜式引入總菜單中，令顧客可以快餐價錢享用餐廳類的菜式，這已經在第一章詳述過；以食材來說，早期的菜式都是普通的肉類和蔬菜，所以在採購上只要做到價廉物美即可，當年主要的產品是雞髀、香腸、火腿、煙肉和雞蛋，主要來自美國的，蔬菜則來自中國內地。1980 年代，「大家樂」進入擴張期，不斷研發新口味的菜式，促使採購部開始探訪食材的原產地，以尋找合適的食材，即是所謂「源頭採購」。

　　「源頭採購」的意思是，處於食物供應鏈最下游的餐廳，親自到供應鏈的上游，即食材的原產地選購合適貨品。「大家樂」第一次採用源頭採購，是於 1980 年代的時候，當時行政總廚正在研發鰻魚飯這個新產品，當時主管財務、採購和市場推廣的許棟華記得，當接到鰻魚飯的構思時，他的第一反應是鰻魚飯是日式食品，莫非要向日本選購鰻魚？許棟華於 1984 年加入「大家樂」，是創辦人羅開睦專誠聘任、以加強專業管理的其中一位主管級僱員。在開發新產品時，許棟華要求採購部員工先掌握食材的資料、市場上各種貨源和價格的比較，方可為「大家樂」做出最好的選擇。

> 「我們向進口商追查之下才發現，在日本，高檔的鰻魚是當地出產的，但檔次較低的鰻魚是由中國進口的。日本鰻魚實在太貴了，我們負擔不起，既然日本人也進口中國鰻魚，倒不如到中國找找質素較高的貨源。於是，我們走上廣東一個有日本買家的魚工廠參觀，親眼見到出口日本的包裝箱。我們也發問了很多問題，對方解釋日本人叫鰻魚，中國人叫白鱔；飼養的方法、塘坭的品質對白鱔的味道會有影響等等，我們還即場試味。」

　　當時「大家樂」的餐單以西餐為主，1980 年代末至 1990 年代初才開始研發中餐，1990 年推出的鰻魚飯是「大家樂」第

一個日式食品。計劃是推出一個令顧客有驚喜的新產品，所以不容有失，但大家都所知無幾，對如何燒烤鰻魚、用什麼豉油都一無所知，主菜鰻魚是最重要的，涉及可行性和定價評估，因此，親身到源頭探知是最好的方法。進口商推銷貨品時會提供基本數據和資訊，但作為買家，「大家樂」必須有能力判斷資料的可信性。這次源頭採購的結果是正面的，顧客可以到「大家樂」以快餐價錢吃到有質素的鰻魚飯。

這次經驗促使「大家樂」開始運用了另一套採購模式，藉以提高競爭力，不再只能「睇餸食飯」，可以主動發掘合適的食材，支持新產品的構思，讓顧客得到物超所值的驚喜。許棟華承認源頭採購始終費時費力，因此只用於重要的皇牌產品，在他的記憶裡，1986年上市後至1992年他離開「大家樂」這段期間，有兩款令人驚喜的重要產品：鰻魚飯和粟米燒春雞。

## 總廚、採購和市場推廣聯手合作

1990年推出的粟米燒春雞是「大家樂」的集體回憶，這個新產品由構思到擺上餐桌，創下一個更完整的供應鏈模式，使「大家樂」持續推出創新的驚喜。起步點也是總廚一個新構思，當時的總廚陶遵國提議「不如做一味燒春雞，如何？」

正如當日不知道鰻魚是何物一樣，採購部又要探知什麼是春雞？進口商又再提供資料，春雞是西餐菜式，法國是主要的來源產地之一，價錢較普通雞貴；美國也有春雞，但體積較大，價錢也是偏貴。究竟春雞大隻好還是細隻好？以較高價錢買入較細小的雞是否划算？剛巧有集團高層領導正在出席德國科隆舉行的國際食品展覽，於是專程前往一家春雞產量最高的法國農場去探訪，原來法國供應的春雞是體重650克、未曾下過蛋的母雞。春雞是雞成長中的一個階段，這個階段雞只顧吃飼料而不長肉，然而雞的價值是以肉的重量計算，所以農場必須以較高價錢賣出春雞，可是大多數農場寧願把雞養大才出售，所以春雞的貨源非

常有限。

有了現場知識，「大家樂」決定與法國農場合作。採購部安排好貨源供應後，總廚便落實燒春雞以中式方法烹製，原隻春雞以滷水汁浸熟後再炸成脆皮，正如後來新產品的宣傳廣告上所形容，「原隻燒春雞，熱辣辣、香夾滑」。

只有燒春雞還未能送上餐桌，市場推廣部負責將燒春雞包裝成一份完整的餐款。「大家樂」的產品是飽肚食品，每個菜式必定配飯或意粉，但飯或意粉與燒春雞極不相襯，結果決定燒春雞配牛油粟米和俄羅斯沙律，以一個食物籃盛載，使產品由外觀到口感都極具吸引力。市場部將這幾個特點通過電視廣告宣傳，雖然定價高於快餐店內的平均餐價，但顧客反應超乎意料地熱烈。當時在分店前線的員工，至今仍記得顧客排隊入場吃燒春雞的熱鬧情景。

可是，貨源追不上銷售量，小雞生長需時，法國農場產量不能滿足香港人的需求，「大家樂」必須另覓貨源，結果在巴西找到，巴西春雞雖因體積較大（重950克），肉質不及法國春雞嫩滑，但市場反應依然踴躍。不料巴西春雞有新的問題，許棟華需要親自到巴西一趟，尋找解決方法。廚師發現有些春雞浸過滷水汁後表面有些地方不著色，猶如患了皮膚病一般。對此，集團內有不同看法，是否應停用巴西春雞，將燒春雞改為時令食品，當法國貨源充足時才推出？持不同看法者認為，若突然中止反應極佳的產品，顧客會產生「大家樂」無法持續提供服務的誤解。為了找出最符合「大家樂」利益的決定，許棟華和採購部親自飛往巴西，直接在加工廠尋找答案。

> 「我們每天細心觀察整個生產流程，證明雞沒有生病，但花了好一段時間，才開始懷疑與水溫有關，於是要求廠方量度水溫。原來工廠方面為了增加生產量，將自動生產線加快了，但沒有相應增加用來清除雞毛的熱水，於是水溫比平常降低了，雞的皮下脂肪凝結成脂肪塊，那些位置是不易著色的，浸過滷水後表皮好像癩痢一樣。」

許棟華解釋，過去習慣將食物的問題交給廚房解決，但今次是食材本身有問題，採購部有過之前源頭採購的經驗後，決定親身到貨源去偵測問題所在，證明採購部不是被動地買貨，還可以幫助前線業務解決問題。

無論如何，燒春雞的經驗落實了前線和後防跨部門合作的重要性，不單只總廚和採購合作，市場部亦以產品包裝和推廣來提高新產品的銷售效果；強大的顧客需求對供應造成壓力，反過來再推動總廚和採購部合作解決供應的問題，做成跨部門合作的良好效果。

## 專業採購

食材採購在「大家樂」食物供應鏈上的角色愈趨專業，前線推出的產品就愈有競爭力。源頭採購雖好，但只能偶一為之，隨著貨源分散、食品種類繁多，採購部以專門化分工方式，將採購工作分由不同專責隊伍負責：肉類、海鮮、加工產品、果菜、乾貨及非食品類。劉穎於 2012 年加入「大家樂」，現任採購部總監，大學時主修供應鏈及物流，曾經在本港一家連鎖超級市場從事新鮮食物採購，有十多年採購經驗。劉穎解釋成立專責小組的重要性，可令員工更掌握自己所採購食物的質量、供應量與價格，方可為集團提供專業意見。

> 「專責小組的成員可說是專門化的食物專家，例如，專門買豬肉的同事，對不同級數的豬肉要一清二楚，例如為『上海姥姥』的小籠包採購新鮮豬肉，為快餐部買急凍豬肉；果菜組的同事知道不同蔬果的收成季節，可準確預備訂購時間。又例如廚師建議使用某個奶製品，若果那個貨品的價格偏高的話，專責的同事會跟廚師商量，提出代替品，以控制成本。」

目前「大家樂」旗下有多個餐飲品牌，快餐和休閒品牌的產品級數是不同的，採購部必須細心分辨食材的級數和價格水平，為食材和餐飲品牌做好配對工作。所以，他們對食物的品質、口

感、味道效果、價格和食物評級都要瞭如指掌，例如小籠包要配對新鮮豬肉，快餐部的湯可以用從豬扒切出來的碎肉熬製，以減輕成本。在口感和味道方面，對於初來甫到的劉穎來說，實在是鉅大考驗，她只有超級市場採購經驗，對食物的認識是品質、新鮮度和價錢，但「大家樂」對食材的要求是餐桌上的效果，而非只是新鮮時的品質，所以她也要學習從咀嚼中分辨食物的質素。

「Rosa 姐（指劉利芳，當時是「意粉屋」總監）經常在外邊吃東西找靈感，譬如有一次她說：『這個豬扒味道很好喝，麻煩你去看看他們是用什麼豬扒做的。』於是我去那間餐廳，點了這味豬扒，吃過後，我相信是美國豬扒，於是我買了少量貨來，交給『意粉屋』的廚師做出來給 Rosa 姐試食。Rosa 姐說：『對喇，就是這塊豬扒喇，我就是要求這個肉質。』有時候，可能與豬扒的肉質無關，只是製作上的技巧，例如用了黑松露醬烹調，那麼就要總廚去辨識了。」

所以，食材採購與前線經常需要密切溝通，大部份時間是依前線的要求尋找合適的食材，間中採購部會為前線發掘新菜式的可能。一個突出的例子是丹麥豬，當時採購部正開發更多豬肉的貨源，尤其是沒有使用荷爾蒙或抗生素的豬場。

「譬如丹麥豬就是我們發現的，然後請總廚構思一些新菜式出來。我們第一次與這個供應商合作，第一次買來自丹麥的豬，這時才認識到豬有一個位置叫做 BB drumstick，在家禽或動物來說，是小腿位置的一塊肉，可能廣東人叫『腳瓜囊』，現在我們叫它做『豬寸骨』，跟雞脾仔很相似，一條骨跟一團腜肉。我們交給樺哥 [7]，他構思了用來做鐵板餐，效果相當成功，然後又再開發其他產品。」

由採購丹麥豬肉而促成的新餐品，有快餐部的脆爆燒腩和「意粉屋」的燒豬仔骨，這是由新貨源推動新產品的構思。換句話，採購與廚房之間有雙向的關係，上面講了很多關於採購如何支援總廚的構思，然而有時採購可以幫助總廚推出新的菜式。

7　指丘清樺，現任「大家樂」產品研發部的總廚師之一，專門研發西式食品。

上面談到燒春雞的故事，當中發生了貨源無法持續供應的問題，所以採購部必須先確保貨源可持續供應，方可容許某個菜式放在「大家樂」的菜單。原來法國人每逢暑假必定停止工作，農場也不例外。因此，採購部團隊必須掌握供應的持續性，食物的季節性是另一個要小心的因素。以檸檬為例，「大家樂」原本進口美國檸檬，但美國檸檬在每年11月至明年5月之間方有收成，於是採購部安排5至10月間以南非檸檬補充貨源，否則半年裡沒有檸檬飲品供應。以草飼的牛也有屠宰季節，時間與草的生長季節相關，「大家樂」要預先訂購足夠全年使用的牛肉食材，否則每年有半年沒有牛肉供應。

採購部以專業分工運作，果菜組熟悉果菜的時令季節，每年11月至翌年5月向美國購入新鮮檸檬，5月後則向南非入貨。

上述是微觀的食物供應鏈管理，目的是維持「大家樂」餐飲服務的穩定性和可信賴性，是維持集團競爭力的必要條件。從宏觀角度看食物供應鏈管理，則有另一套管理原則。食物資源是有限的，持續不斷地消耗地球資源會破壞環境生態的平衡，最終無法達到持續的食物供應，如何平衡微觀供應和宏觀供應的矛盾？這需要應用環保意識到飲食文化和習慣之中。

環境保護是香港社會，以至全球各國的共識，但如何實踐尚

在不斷發展中，「大家樂」亦開始學習環保意識，在供應餐飲的細節中，嘗試引入保護環境的原則。海洋生態的破壞是環保問題一個重點課題，漁業過度捕撈損害了海洋生物的多樣性，某些魚類的數量大減，有些品種甚至已經絕跡。有見及此，世界自然基金會發出一套《海鮮選擇指引》，教導消費者吃環保海鮮，《指引》內將香港市民常見的海鮮分為三類，綠色代表「建議」可吃，黃色代表要「想清楚」自己是否支持保育海洋，紅色代表「避免」，少吃為佳。

環保海鮮是以可持續發展的方法養殖或捕撈，以保護海洋生物多樣性。

　　根據這份《指引》所述，昔日的家裡飯桌上常見的魚類如紅衫魚、大眼雞、馬頭、白鯧等，因過度捕撈而數目銳減，已被列入「避免」一族，「大家樂」採購部選購這些魚類時，不會購入野生捕撈的品種。同一品種的食材，因世界各國的飲食文化或捕

撈方式不同，在不同地域的瀕危程度亦有所差異。例如東星斑是中式食肆常見的菜式，在東南亞遭過度捕撈，而澳洲的東星斑數量維持在健康的水平，因此，來自東南亞的東星斑是「避免」類別，澳洲東星斑則是「可接受」。

「大家樂」依據這套《海鮮選擇指引》採購魚類，若總廚要求選購《指引》內列為紅色類別的，採購部會請總廚另找代替品。劉穎記得曾就海鮮火鍋的食材與總廚一起研究替代品。

> 「有時廚房師傅向我們下單採購這個食材，我會告訴他：『不要呀，這個品種已經是「紅燈」的啊。』他們都會明白的，『哦，好啦，我再構思過另一個食材啦。』採購部不是被動地照單全收的。如果沒有記錯，我們研究過斑類食材的問題。師傅做火鍋的時候希望有斑片供應，我們知道東星斑是『紅燈』的，所以現在『大家樂』火鍋用藍斑做斑片，而且是養殖的品種，應該是『綠燈』的。」

假如對食材的身份有疑問，「大家樂」會邀請世界自然基金會求證。因為貨源種類繁多，以東星斑為例，同一個品種是綠是紅，視乎源頭的捕撈或養殖方法，「大家樂」交環保專家鑑別後，才決定是否將某個產品列為「環保海鮮」。

「大家樂」的魚柳早餐是非常受歡迎的產品，輸出量非常大，因此在採購魚柳食材時，希望可以選擇「環保海鮮」。採購部發掘到一種來自越南的魚柳。

> 「越南出口很多魚柳，當地有很多加工廠、很多品牌供買家選擇，我們挑選了幾個品牌向世界自然基金會查詢意見，得到基金會的確認後，我們亦親身去越南的產地源頭參觀，肯定這個魚場獲『水產養殖管理委員會』[8]認證，方可列入為『可持續海產』類別。」

目前「大家樂」有六成水產食材是獲認證的，屬於「可持續海產」（又稱「環保海鮮」[9]）類別。從農場到餐桌，端上「大家樂」餐桌上的產品都是美味、新穎、配搭吸引，而且以環保方法飼養或栽種的食物。

8 「水產養殖管理委員會」，於2010年由世界自然基金會和荷蘭可持續貿易倡議共同創建的獨立非牟利組織，英文名稱 Aquaculture Stewardship Council，簡稱 ASC，成立目標是創建負責任的養殖水產品認證和相關標籤，以此幫助購買者選擇對環境和社會友善的養殖水產。而海洋捕撈的海產則由「海洋管理委員會」，英文名稱 Marine Stewardship Council，簡稱 MSC 發出認證。
9 網上資料：〈支持環保海鮮〉，《世界自然基金會》。

# 可靠的食物產製

採購人員找到衛生、環保、價錢合理、配合菜式要求的食材後，食材便進入中央產製的步驟，即中央倉庫、食物加工廠和運輸物流，這個過程需要注意保持食物安全和衛生，防止受污染的食品送到門店的餐桌上。

中央產製在大家樂由來已久，我們在第一章已經講過「大家樂」的大廚房，負責將某些食物生產工序在加工廠預製，既可節省成本，又可保證產品的質素和味道。「大家樂」第一間正式的食品加工中心於 1979 年設於油塘工業中心；其後因分店增加，生產規模擴大，1985 年食品加工中心搬往大角咀角祥街一個 30,000 平方呎的工業大廈單位；1991 年，「大家樂」在火炭的自置物業設立「大家樂中心」，其中三層負責中央產製 10。隨後 20 年，除了快餐品牌本身迅速膨脹，還開發了其他業務如機構飲食、學童飯盒、多個休閒餐飲品牌，對中央產製的供應形成龐大需求壓力。2011 年，「大家樂」在大埔工業邨購置逾 50,000 平方呎的土地，興建一座逾 14 萬平方呎的「中央物流產製」總部，於 2013 年 4 月正式啟用，供應「大家樂」旗下各品牌分店六成所需的食品材料；製作學童飯盒的「活力午餐」生產線則保留在火炭的廠房內。

大埔廠房的中央產製，主要有幾個部份：生肉處理（包括切割、醃製及包裝）、熟食烹製部（預製湯膽、汁醬；沙律用的薯仔粒混沙律醬）、精工生產線（例如包雲吞）等；另外，有專門人手依汁醬配方量秤調味料，乾料有糖、鹽、生粉、香料，濕料有生抽、老抽、番茄膏、白醋、蠔油等，待煮製汁醬或湯膽時使用，也有磅秤乾料做炒飯味料，供分店廚房使用，這部門的工作與產品味道標準化有關。而前面的部門經人手和機器產製食品，過程中一不小心就會將細菌或異物混入食物中，導致食物安全和衛生出現危機。

10 熟食生產位於四樓，肉類切割和調味位於三樓，包裝位於二樓。資料來源：蔡利民、江瓊珠，2008，頁140。

所以，從農場運到中央產製、再輸送至分店廚房之前，必須有一套可靠的安全制度，嚴加防範食物危害。

老實說，早期的「大家樂」未曾設立食物安全監測系統，當時的香港社會對食物安全的意識薄弱，幸好「大家樂」的高級廚師（尤其總廚師）均來自酒店餐廳或西餐廳的廚房，所以對廚房衛生非常注意。直至與國際餐飲集團競逐機構飲食的合約時，「大家樂」開始注意到國際食物安全標準和系統的好處，於是大幅改善集團整個食品中央生產流程。

「大家樂」中央產製於2014年9月分別獲取「ISO22000」以及「HACCP」的國際認證。這些認證代表了什麼？與食物安全有什麼關係？

集團設於大埔工業邨的「中央產製中心」。

「ISO22000」是一套國際認可的食物安全管理系統，「HACCP」（Hazard Analysis and Critical Control Points）即「危害分析與重點控制」是其中一環，這個系統用來監控整個食物製造過程，確保製成及半製成食物符合安全準則。要明白 ISO 認證的重要性，我們不妨先了解一下 ISO 標準的制定過程和認受性。

ISO 全稱 International Organization for Standardization，即「國際標準化組織」，此乃非官方國際組織 [11]，旨於建立國際標準，推動創新與解決全球挑戰。挑戰之一是，全球人口迅速增長，對食物需求急增，但個別生產商為追求利潤，做出危害食物安全與持續發展的行為。為此，ISO 制定標準（包括 22000）、指引、「良好守則」，以及訂立不同的食物測試方法，以確保食物安全與質素。

ISO 是如何制定食物安全標準的？ ISO 就不同食物（例如蔬菜、肉類）的安全標準組成不同的專家委員會，專家委員由 ISO 成員國提名，成員有不同持份者，包括業界專家、學者、消費者權益組織、非政府組織與政府。專家委員會草擬標準後，經商討、修訂，必須達到各方共識才可成為 ISO 標準，整個制定過程約需時三年 [12]。

ISO 標準對企業和消費者都非常有利。對於企業而言，遵守 ISO 系統下清晰有序的處理食物步驟，可提高生產力、減少犯錯、避免浪費，結果是成本下降。對於消費者而言，ISO 所訂立產品安全與質素的標準，是吸納了國際專家的豐富經驗與知識，而且獲得百多個成員國的認同，具有可靠的信譽，消費者光顧有認證的企業，便可食得安心；再者，ISO 的安全標準，也會被一些國家採納成為政策，或通過成為法例，持有這

11　ISO 由「國際標準化協會聯合會」（International Federation of the National Standardizing Association，簡稱 ISA）與「聯合國標準協調委員會」（United Nations Standards Coordinating Committee，簡稱 UNSCC）兩個機構合併而成。1946 年 10 月 14 至 26 日，來自 25 個國家的 65 個代表在英國倫敦開會，決議成立 ISO，並通過章程及議事規則。1947 年 2 月 23 日 ISO 正式成立，總部設在瑞士日內瓦，早期工作主要是統一工業成品的規格，如螺絲釘螺紋等，今天已發展了 22,156 套產品與服務的標準。截至 2018 年 8 月底止，ISO 共有 161 個成員國。網上資料：About ISO, *International Organization for Standardization*.

12　資料來源：同上。

些國家發出的證書，表示該食物已獲政府確認符合標準。

目前「大家樂」旗下品牌的食品之中，有六成是經中央產製加工的，換言之，這些產品全部符合「ISO22000」國際標準，涵蓋範圍包括原材料採購、原材料輸送入廠、中央工場的生產過程，以及製成品或半製成品存倉等各步驟。其餘四成是由供應商直接送達分店廚房，這些供應商都經過集團的企業審核，確定其產品持有符合標準的證書。

現在，讓我們隔空參觀中央產製的安全系統，鄭家華和吳振鋒是中央產製負責食品製作和品質控制的主管人員，由他們帶領是次食物安全之旅，可讓我們了解「大家樂」供應鏈如何監控品質安全。這套安全系統有很多細節，現以「一哥焗豬扒飯」為例，看看豬扒、洋葱、西芹、小甘筍未曾變身為「大家樂」的皇牌產品前，如何經歷重重關卡，一直保持安全和衛生。

## 檢查步驟一步都不能少

豬扒的原材料來自巴西的有骨豬柳，因此採購的第一步，是嚴選供應商。採購部和中央產製都曾派員到過當地視察廠房，亦即上面所講的源頭探訪，鄭家華是食品製作主管，著眼於廠房的衛生環境（例如地方清潔、廠房是否與外界隔絕，以免屠宰後的豬肉受污染）、員工的個人衛生（例如如廁後洗手、帶口罩，換鞋，戴髮網等）。採購部負責確認供應商所持的牌照和證明，包括屠宰肉場必須獲得巴西政府發出的牌照，以確保豬肉符合當地法規，如沒有向生豬餵飼哮喘藥，或者催促生長的藥物；廠房屠宰的豬隻，必須由「大家樂」批准的工廠加工（以廠號記認）；以及所供應的豬肉必須符合香港進口食物條例，如肉商必須提供當地簽發的衛生證明書。另外，鄭家華也從生產商那裡抽取豬肉樣本，運到香港進行大腸桿菌和沙門士菌的微生物檢測，以確保豬肉在屠宰過程中，沒有受到細菌感染。豬肉生產商通過這些審查後，才會成為「大家樂」合資格的供應商。假若當地供應商的

一些廠房設施未能完全符合「大家樂」的要求，供應商必須採取改善或預防措施，若持續未能達到要求，「大家樂」會將它從供應商名單中剔除。

當一箱箱的豬柳送抵產製中心後，品質管理員即進行來料檢測，首先檢查是否符合規格，然後判辨品質，例如根據肉質的色決定豬柳是否保持新鮮及衛生。完成檢測後，豬柳會暫時存倉。當中央產製安排產製豬扒時，廠房員工便會根據標準操作程序，將豬柳解凍、切割、拍鬆、醃味、包裝等工序，然後送入冷凍倉庫儲存。

由1970年代的焗豬扒飯至今日的厚切一哥焗豬扒飯，已經過幾代變革。焗豬扒飯一直以番茄做醬汁，隨後加重番茄的份量和調整甜酸度；配菜本來有青豆、芹菜、小甘筍、洋葱、磨菇，後來芹菜被撤走以保持新鮮口感；最新的改良是將兩塊薄豬扒改為一塊厚切豬扒，並加入菠蘿粒。

食物在產製過程中經過人手和機器接觸，有機會感染細菌或藏有異物，出貨到分店前，必須經過「危害分析與重點控制」

抽樣檢查，以確保食品安全。抽查檢測可分為三個範疇：微生物、化學性與物理性測試。微生物測試以大腸桿菌與大腸群菌為主 13，大腸桿菌是經常引致食物中毒的細菌之一，患者會出現腹瀉、嘔吐的病徵；化學性測試 14 在食物安全方面，主要是酸鹼值，若酸鹼值偏低（即食物變酸），顯示食物遭細菌污染已經變壞；物理性測試即包裝後所進行的金屬檢測器檢定，查看是否有異物藏在食物中。

抽樣測試通過後，物流員工會將貨品送到執貨區分門別類，按分店的訂單送到分店。為免細菌滋生，貨物在執貨區也保持適當溫度，物流貨車的冷藏車廂亦保持在0℃以下，保證食物在運輸過程處於安全狀態。

焗豬扒飯用的小甘筍、番茄、洋葱、青豆等蔬菜主要經批發商從中國進口，批發商必須提交蔬菜農場的證書，確保符合相關政府部門的標準，如中國國家質檢總局的法規，以及香港食環署的入口食物規定。食環署也規定進口蔬菜不能超過《食物內除害劑殘餘規例》所規定的除害劑濃度與份量。用來製作焗飯汁醬的蔬菜經品質管理員判辨有否被細菌或害蟲侵襲，通過檢測的蔬菜才會被送入工場製成汁醬。

經過這次食物安全之旅，大家應該明白，眼前一客「焗豬扒飯」，原來是經過層層檢測、符合安全標準的產製過程和物流運輸，才來到分店廚房，讓顧客吃得安心。

---

13　其他的細菌測試包括總菌數 [Total Plate Count (TPC)]、大腸菌群 (Coliform Count)、大腸桿菌 [Escherichia coli (E. coli)]、沙門氏菌 (Salmonella ssp.)、李斯特菌 (Listeria monocytogenes)、曲狀桿菌屬 (Campylobacter)、酵母菌及霉菌 (Yeast and mold count)。

14　化學性測試包括食物味道如鹹度、甜度及黏稠度。

# 學童飯盒安全至上

「大家樂」旗下的學童飯盒產製中心是另一條生產線，因為食客是小孩，生產學童飯盒的安全系統更加嚴格和認真。

自從政府於 1998 年宣佈推行小學全日制，小學生及初中學生在學校吃飯盒的數目持續增加。然而，學生吃飯盒導致嘔吐及腹瀉的新聞一直不斷，1998 至 2000 年三年內，共有八宗學生因進食學校供應的飯盒引致食物中毒的事件，受影響人數達 721 人 [15]。表面看來八宗是少數目，但每次事件均是集體發生，難怪學童飯盒的安全問題迅即引起社會關注。

其實，飯盒供應商必須遵照《食物業規例》，領取食物製造廠牌照 [16]，根據牌照要求，飯盒供應商必須確保廠房和生產工序的衛生。然而，飯盒中毒事件依然不斷，最直接的原因是飯盒在生產過程中受到細菌污染，有時是經過雪藏的食品翻熱工夫不足，未能有效殺死細菌；亦有可能於飯盒運送過程中，因儲存器的保溫能力不足而令飯盒滋生細菌。食物環境衛生署（簡稱食環署）轄下的「食物安全中心」叮囑，熱吃食物必須保持在 60℃ 或以上，冷吃食物要保持在 4℃ 以下，否則容易滋生細菌。及後，食環署額外增加發牌規定，對運送車輛的衛生水平以及保存食物的溫度等作出規管 [17]，以確保運送過程同樣符合安全標準。

政府除了立法規管供應商外，還向學校和家長提供各方面詳細資料，包括製造飯盒的知識、參觀供應商廠房時應特別留心的安全設施和措施、挑選供應商應注意的事項等，以協助學校與家長積極扮演監察者的角色。

在這些監管下，學校午餐飯盒的食物中毒個案已減少，但仍時有發生。由於供應商需要預先製作大量食物，在生產製造、冷凍後加熱、保溫

15 〈學校飯盒中毒無一檢控，食環署解釋證據不足〉（2000 年 7 月 14 日）。《蘋果日報》。

16 根據《食物業規例》（第 132X 章）第 31 條，任何人士如有意配製或製造食物在食物業處所以外出售，必須向食環署申領食物製造廠牌照。食物製造廠牌照人如欲供應午膳飯盒，必須得到食環署的批准，並須遵從有關規管存放膳食、運送膳食所用的車輛、飯盒及資料記錄的附帶發牌條件。

17 在食物配製後至分發給顧客食用前，經煮熱的膳食存放溫度必須保持在 63℃ 攝以上，冷凍膳食則須保持在 4℃ 度以下。

儲存和運送等多個環節中，安全措施稍有鬆懈，便有可能造成集
體食物中毒事故 18。

## 「活力午餐」的安全制度

1998 年，為積極響應由小學全日制帶來的學校飯盒商機，
「大家樂」開始研發中央生產飯盒的方法和技術。當時市面上已
有多個學校飯盒供應商，「大家樂」要突圍而出，最重要是在食
物安全方面爭取學校和家長的信心，所以「大家樂」旗下專門生
產學童飯盒的「活力午餐」中央工場，每一個生產步驟都以安全
第一為守則。有關生產工程我們在第三章〈點止飯盒咁簡單〉已
有詳細敘述，這一節我們討論飯盒送上學生的「餐桌」前，整個
產製和運輸過程如何保障食品安全。

不過開始時，「活力午餐」仍未有一套安全守則，工作團隊
只知道事事小心，避免出錯。現任「活力午餐」總經理的蔡景橋
憶述，初時對於食物安全的管理可謂膽戰心驚：

> 「當時沒有一套完善的系統監控產品的質素，因此不能確定在生產
> 過程中，產品是否百分百安全，每種產品都要抽查，送到實驗室
> 檢驗，等待報告結果，才能確定產品是否安全。從生產至實驗結
> 果公佈的過程，都充滿不確定因素，對我們造成相當大的心理壓
> 力。」

這些擔憂源於當時未有建立從採購、烹調、包裝、運輸及分
發等每一個過程的標準，也缺乏相關的監管制度。未幾，「活力
午餐」明白只有引入安全制度，才可讓員工知所行止，不會做得
過多、或做得過少，最重要是有標準可依，便可確保食物安全。
再者，爭取學校的訂單，必須通過家長和老師一關，國際認證
是最客觀和最有力的證明。於是，2001 年，「活力午餐」取得
「ISO9001質量管理」和「HACCP」的認證，是全港第一間取得
國際認證的學校飯盒供應商；隨後於 2007 年，
取得「ISO 22000 食物安全管理系統」認證，

18　網上資料：〈食物安全焦點（二零一六年三月第
一百一十六期）〉，《食物安全中心》。

也是全港首間獲得這項認證的供應商。

## 挑戰高難度的國際衛生標準

　　雖然「活力午餐」是「大家樂」旗下的品牌，但有獨立的生產工場，甚至比「大家樂」的中央產製更早獲得「ISO22000」認證。正如前面所述，這是令消費者放心的可靠認證，同時為「活力午餐」生產工場建立一套品質監控系統，統一了各工序的流程，為員工提供了處理各項工序和檢測工作的標準。

ISO 制度嚴控每一個程序，
加上員工絲毫不苟的執行態度，
生產出健康美味的
「活力午餐」。

　　「活力午餐」將這套國際認證拆解為採購、製作、運送等11個程序，務求做到事事小心、安全至上。

　　步驟一，原材料採購需符合「ISO 22000」的國際標準。由於多宗假雞蛋、毒菜、走私凍肉事件被揭發，「活力午餐」特別嚴加挑選食材，蔬菜選用「好農夫」標籤 19；肉類必須備有出口及入口衛生證明書；從外地潔淨水源入口可持續海鮮，並定期監察產品水銀或重金屬含量；採用植物油烹調，含豐富不飽和脂肪酸，有益心臟健康；使用來自本港經高溫消毒的蛋漿及蛋白漿；食水也會定期做水質微生物與重金屬含量測試。

19　漁農自然護理署會對符合良好耕作方法及正確使用農藥的農場賦予信譽農場的資格。這些農場出產的信譽蔬菜，均以蔬菜統營處註冊的品牌「好農夫」出售。

步驟二，原材料驗收由專人處理及檢定。步驟三，原材料儲存環境及溫度以嚴格系統監控。步驟四，蔬菜、白米等食材全都經過機器徹底清洗，其中蔬菜是以冷凍水清洗，比室溫水清洗更加能保存品質與營養。然後採用自動化烹調設備，記錄所有烹煮食物的時間與溫度，以確保符合 HACCP 的標準。

步驟五，飯盒以密封式封口包裝，避免與空氣接觸。步驟六，飯盒經金屬探測器檢定，確保餐盒裡面沒有任何金屬異物。步驟七，利用先進速涼設備將食物降溫至4℃或以下，以縮短食物處於危險溫度的時間，有效減低細菌繁殖的機會；也避免食物長時間處於高溫，而失去口感與營養。

步驟八，製成品儲存於設有警報系統之恒溫冷藏庫內。步驟九，將飯盒送到各區加熱中心，加熱至80℃以上。步驟十，立即將已加熱的飯盒放入保溫箱內，然後透過專責車隊，於30分鐘內送抵學校。步驟十一，學生享用飯盒時溫度仍保持在60℃以上。

「活力午餐」有五個加熱中心，分別位於沙田、元朗、葵涌、油塘與柴灣，可縮短運送飯盒到學校的交通時間。這一點較其他供應商優勝，因為供應商若只有一個交易中心，比方說廠房位處大埔，若要將飯盒送達香港區、荃灣、觀塘的學校，飯盒的運送時間較長，較難確保食物的溫度與衛生。

ISO 標準也有助推動員工的工作認知與加強員工對食物安全的重視，因為 ISO 審核官每年都會到「活力午餐」廠房，審查產品品質、工作流程，以及到學校現場評估；還會抽查員工的做法，以評核「活力午餐」員工的執行能力。

在制度和認真執行的態度雙管齊下，學生、老師和校長才可享用色、香、味俱全的「健康」飯盒！

# 食物追蹤的系統

前面談到環球食物供應鏈的概念，這絕不是新鮮的事物，因通訊和運輸全球化，食物作為商品，必然隨商業全球化而被輸送到世界任何一個角落。

食物供應全球化可以為我們帶來好處，也帶來了問題。好處是令香港可以做到「美食之都」的美譽，「大家樂」也可以持續供應顧客所需的餐飲產品。問題則與農業商品化之下有些不良的操作有關，例如 2014 年的「地溝油」事件、2017 年的「巴西黑心肉」事件，因食材的源頭發生問題，被污染的食物隨著環球供應鏈散播到全球不同角落，一個地方的問題變成全球的問題。

香港人的日常食物有九成來自外地，如何避免受污染、劣質的食物在市面上散播？其中一個重要環節是食物追蹤系統的設立，以及盡早制止入口和使用。

### 香港的食物追蹤系統

香港的食物追蹤機制建基於 2012 年生效的《食物安全條例》，該條例主要分兩部份，第一，建立食物供應商的登記制度，規定任何人直接從事進口或分銷食物的交易，都被視為食物進口商或食物分銷商，必須根據《食物安全條例》登記。第二，要求供應商妥善記錄獲取食物的來源和途徑，規定進口商、分銷商必須備存所有進口或從本地購入食物的交易記錄，及以批發方式供應食物的記錄。至於零售商（包括食肆），若果只向最終消費者作零售供應，則必須保存購入來貨記錄，不必保存銷售記錄，因為市民購入食物後會保留單據，或至少會知道有關食物購自那間零售商。備存的資料包括獲取或供應食物的日期、有關公司名稱及聯絡詳情、食物的總數量及其描述。

食物環境衛生署轄下的「食物安全中心」（簡稱食安中心）

於 2006 年成立，負責執行上述條例，阻止「問題食品」擴散。若出現有問題的食品時，食安中心便會透過涉事零售商所提供的來貨記錄，知悉貨品的進口商，再從該進口商的交易記錄，查出其他零售商。換言之，食安中心透過登記的食物經營商，以及其備存的交易資料，追查問題食物的來源和去向。登記制度與保存記錄的完整性，可說是追蹤系統成敗的關鍵，因此食安中心每年都會巡查食物進口商、分銷商與零售商，確保其登記與記錄儲存符合法例要求。有效的食物追蹤機制能盡早鎖定問題食品的根源，以免影響其他沒有問題的同類食物，有助恢復公眾對食物安全的信心。

### 「大家樂」的食物追蹤系統

根據《食物安全條例》，「大家樂」集團作為餐飲零售商，必須妥善保存食材來源的記錄，若以 2017 年 9 月 30 日計，集團旗下在香港的業務共有 378 間分店，包括 170 間快餐店、51 間「一粥麵」、85 間機構飯食和 72 間休閒餐飲品牌的餐廳，每日從中央產製出貨約 150 噸製成或半製成食物，另有約 100 噸由外間供應商提供的食材。

如此浩大的食物流通量，必須有一套中央化的資訊系統，才可配合法例要求，於發生事故時，以最快的速度查證集團的食材用料與事故的關連，使能夠盡早回應突發的食物安全事故，才可令顧客安心，保障「大家樂」的企業形象。

早於政府立例要求前，「大家樂」已設立「分店管理系統」（簡稱 BMS），各分店只須將所需貨品的資料和數量輸入電腦中，BMS 系統接收到訂貨的資訊後，便會立即將信息傳達至相關部門。採購部已將每種貨項編碼，例如某種白菜是 1 號，分店廚師只要輸入 1 號、數量及要貨日期，BMS 系統會自動統計各分店訂購貨號 1 的白菜總量，再經一個電子數據系統，向專門供應這種白菜的供應商下單，供應商便會依訂單送貨；若分店訂購

咖喱汁醬，這是由「大家樂」中央產製生產的，信息會傳達至中央產製，該中心綜合各分店的訂單後，會安排生產及送貨流程。

這是食物材料流通的資訊，可追蹤食物材料的方向，包括日期、時間、以貨號表達的貨物、數量、供應來源等；食物的資訊必須由供應商提供，「大家樂」要求所有供應商提供詳細的產品資料，並會定期覆核。以焗豬扒飯為例，食材有茄膏、豬扒、蛋、洋葱、青豆、甘筍、米等，每種材料都是一項獨立的貨品，每項貨品以編碼辨識身份，都附有如身份證般的電子條碼，上面記錄了供應商的資料、貨品批次、產地、加工廠廠號、物流資訊、檢驗項目等，因此工作人員一掃條碼，便可迅速追蹤到有關貨品的供應商、倉存，以及分店使用的資料。利用貨品編碼，BMS 的貨品流通資訊便與採購部的貨品記錄聯繫起來，某個編碼的貨品從何處來、往何處去都可以追蹤到。

這就是有規模的食肆所採用的食物追蹤系統，從近幾年所發生的食物安全問題所見，例如 2014 年發生的「地溝油」事件及 2017 年發生的「黑心肉」事件，都證實了食物追蹤系統是很重要的監察方法，讓有社會責任意識的食肆可適時應變，並及早向社會發出有效的信息。

## 2014 年「地溝油」事件

我們嘗試從 2014 年的「地溝油」[20] 事件，回顧「大家樂」的應變能力和食物追蹤系統的重要性。所謂「地溝油」是指由去水渠收集的廢油，這些廢油通常被驗出含有危害人類健康的物質，既然與市民的健康攸關，食物安全中心曾發出三次「食物安全令」，禁止劣質豬油入口。

劣質豬油事件始於 2014 年 9 月 4 日，台灣警方公佈位於高雄某食品批發商自當年 3 至 8 月間，涉嫌將廢油製成 782 噸劣質豬油出售 [21]，引起台灣媒體和民眾嘩然，擔心進食了含有劣質

20　地溝油泛指由去水渠（地溝）收集的廢油。這些廢油一般含較高的苯並芘（polycyclic aromatic hydrocarbons，簡稱 PAHs），對人類基因有害，並會致癌。世界衛生組織的國際癌症研究機構在 2009 年把苯並芘列為「令人類患癌」的物質。由於不能釐定苯並芘的危害性，市民應盡量減少攝入。網上資料：〈食物安全焦點（二零一三年一月第七十八期）〉，《食物安全中心》。

豬油成份的食品對身體造成傷害。因為部份香港食品供應商亦從該台灣批發商輸入豬油，事件立即引起各方面尤其政府部門的關注22。

　　究竟這批劣質豬油有沒有流入香港？香港食肆有沒有使用這些豬油？這是政府、本地企業、媒體和市民最關心的問題。9月5日，食安中心和食物環境衛生署呼籲業界將使用問題豬油製成的食品下架23。由於問題食品的源頭在香港境外，香港政府部門必須等待台灣當地機關的消息才能公佈確實的資訊24，本港企業無奈地處於被動位置，必須等待台灣當局調查確實後，經香港政府公佈才能採取相應行動。一段時間內，沒有經官方證實的消息在坊間流傳，以至市民和飲食業界都無所適從；直至9月12日，香港政府公佈禁售25款問題豬油，事件才明朗化；9月14日，香港政府實施第一個與地溝油相關的「食物安全令」，業界立即停用經確認的劣質豬油及將存貨全部送交食安中心銷毀25。

### 化被動為主動

　　至於「大家樂」方面，台灣新聞公佈後，集團內部立即成立危機處理小組，統籌各相關部門追查集團使用豬油的情況，以及構思保障食物安全的措施。追查資訊方面，採購部負責向供應商索取豬油的源頭資料；中央產製部查核正在使用豬油的產品，編成受影響產品清單；原來製造西式汁醬是需要用豬油保持汁醬的黏度，發現有豬油成份的汁醬共有11款26，影響製作咖喱類、焗飯類、忌廉汁類、粟米汁類，甚至湯米線及早

21　根據媒體報道，查獲位於高雄的「強冠企業股份有限公司」（簡稱「強冠公司」）涉嫌將廢油製成劣質豬油販售。自是年3至8月間，強冠與專門收購廢油的商人合作，將廢油與豬油混製成「全統香豬油」，以桶裝出售，相信已流向食油供應商、食品加工廠，再流入市面。資料來源：〈好噁！782噸餿水油變香豬油 高雄強冠企業涉嫌販售劣質油，恐有653噸流入市面〉（2014年9月5日）。《工商時報》。

22　9月5日起，食物安全中心顧問醫生何玉賢及食物環境衛生署署長劉利群每日都會見記者，報告政府的最新資訊及跟進行動。網上資料：〈食物安全專頁：產自台灣的「劣質油脂」〉，《食物安全中心》。

23　特別受關注的食品行業包括食油、烘焙、點心製造和專門出售台式食品的零售店。

24　有一段時間，香港政府部門的說法不一。例如，9月9日食物安全中心顧問醫生何玉賢公布，從台灣當局提供的資料，確認目前為止未有發現台灣劣質豬油輸港。資料來源：〈港沒進口台灣劣質豬油〉（2014年9月9日）。《香港政府新聞公告》；9月12日食物環境衛生署署長劉利群表示，因應台灣劣質豬油事件最新發展，被禁止於香港出售的問題豬油總共有25款，當中有本港公司使用有問題的豬油製造食品。資料來源：〈禁售豬油增至25款〉（2014年9月12日）。《香港政府新聞公告》。

25　9月14日，香港政府實施第一個與地溝油相關的「食物安全令」，即日起禁止「強冠公司」旗下25款豬油入境，香港企業入口或使用有關豬油是犯法的；10月29日實施第二個「食物安全令」，禁止另外兩個台灣食油生產商的油脂產品入口和使用，涉事範圍擴大至其他動物性油脂（如牛油、人造牛油、起酥油等）；11月7日發出第三個「食物安全令」，再多兩個台灣食油製造商列入黑名單。三個「食物安全令」的詳細內容，可參考網上資料：〈食物安全專頁：產自台灣的「劣質油脂」〉，《食物安全中心》。

26　用豬油調製的西式汁醬有11個項目，包括焗忌廉汁、焗葡汁、燴粟米汁、香蔥醬汁、燴忌廉汁、三重芝士焗汁、忌廉雜菌汁、海南咖喱雞醬、咖喱汁醬、米線雞湯膽、早餐濃雞湯膽。

餐時吃的湯通粉類產品；此外，食物追蹤系統的記錄顯示，「泛亞飲食」旗下一個醫院飯堂正使用有問題的精煉豬油，用於烹製雲吞麵時調升口味，知悉此信息後，飯堂廚房立即停用此品牌的豬油，並將餘下的食油送交食安中心處理；同時集團將使用中的豬油送樣本到獨立檢測機構化驗，以策安全。

香港政府當局亦開始採取行動，依台灣當局確認的資訊，向香港入口商進行檢測，並公佈有問題的豬油名單。「地溝油」事件反映食油的資訊管理相當困難，由於食油的煉製不單來自一個加工廠，有時出口商或入口商也是製造商，將不同來源的油混合煉製成新產品，以不同品牌名稱推廣銷售。檢測部門需要細心查核才可梳理出每種品牌豬油的來源，過程需時，於是分階段公佈問題豬油名單，以「食物安全令」規定本地企業必須依法辦事。

「大家樂」一直緊密關注食安中心的公佈，任何確認為劣質豬油的存貨，立即停用並送交食安中心銷毀。「大家樂」從這個過程中得到教訓，懷疑不單止一家批發商的豬油有問題[27]，說不定來自台灣的豬油供應都不可靠，萬一稍後發現其他台灣豬油供應商也在生產劣質豬油，而「大家樂」繼續使用台灣豬油、甚至太過倚賴豬油的話，可能會承受很大風險。於是，產品研發部的總廚師開始研究使用其他油類產品而又可保持菜式口味的方法，當構思到一個替代品時，中央產製食品製作部立即嘗試製作，讓總廚師試味後決定是否接納為替代品，當決定到一個替代品後，採購部便進行搜索和採購的工作。

事實證明這幾個部門的合作和努力是沒有白費的。10月8日台灣當局再宣佈多兩間豬油供應商的產品是劣質油脂，而且不單止豬油，還包括牛油、人造牛油、起酥油等。翌日，「大家樂」決定於10月10日起改用替代品，為「大家樂」快餐店供應三文治麵包的「丹尼麵包」生產線改用印尼白乳油，這是產自印尼的植物油脂；汁醬所需的豬油改用荷蘭豬油，稍後更全部改用植物油，目前「大家樂」中央產

27 開始時，台灣公佈「強冠公司」其中一個品牌的豬油有問題，然而該公司出品不止一個品牌的豬油，媒體迅即質疑，強冠其他品牌的豬油未必就是衛生的；果然，9月12日台灣當局宣佈強冠25個品牌的豬油是劣質油，香港第一個「食物安全令」就是禁止入口及使用這些產品。資料來源：〈禁售豬油增至25款〉（2014年9月12日）。《香港政府新聞公告》。

製的食品已全部沒有使用豬油。當日早上，「大家樂」將倉存的12,000包汁醬，以及含有由台灣動物油生產的丸類食物如「芝士包心丸」和「乾貝燒」等外來加工食品，一併全數丟棄，委託廢物處理公司以專業方法棄置。雖然未確定所用的台灣食油是否有問題，但「大家樂」管理層堅持「安全至上」的一貫原則，寧可忍痛拋棄這批數量龐大的食材，也不要有任何人受到污染的食物所影響。

良好的食物追蹤系統有助及時發現有問題食物的源頭和去向，方便有關部門和企業及早行動。事件過後，「大家樂」立即提升食物追蹤系統的效能，使每項產品都可以追蹤到所使用的原材料，然後再接合到原材料的資訊系統，產品的倉存和去向亦可一目瞭然。這系統於2017年「黑心豬肉」[28]事件中顯示到它的效能，這次事件比「地溝油」事件較單純，問題豬肉的來源是一些未獲安全認證的加工廠，憑加工廠的廠號資料，「大家樂」的食物追蹤系統便大派用場，可迅速核對豬肉食材的貨源，確定該批肉類不是來自涉事的21間加工廠。不過，為免顧客擔憂，集團仍然採取預防措施，停售焗豬扒飯、烤雞二人餐及雞翼。

有效的食物追蹤系統可以盡快查證食材的資訊，使企業可盡快作出反應，即使沒有使用問題食材，若可盡快公佈確實的資訊，既可維持餐飲服務暢順運作，亦可釋除社會疑慮。這系統於2017年獲「香港貨品編碼協會」頒發「優質食品源頭追蹤計劃」金企業獎，2018年更獲頒最高級別的鑽石企業獎[29]，是項獎項證明「大家樂」在全球食物安全及追溯標準的應用，以及食物追溯系統的發展已相當成熟，達到優秀級別。

28 2017年3月17日，巴西警方公佈，經過兩年調查，揭發多間肉類工廠使用致癌化學物掩飾腐肉，然後透過賄賂以取得銷售許可證，在巴西當地出售且出口至其他國家；香港的食安中心於3月21日宣佈，暫時停止所有巴西生產的冷藏及冰鮮肉類和禽肉進口；3月22日確認正接受調查的21間巴西肉商之中，有五間向本港出口肉類。

29 「香港貨品編碼協會」（簡稱「GS1」），是非牟利的全球供應鏈標準組織，總會設於比利時布魯塞爾，並在150個國家擁有超過110家分會。

# 做到「平、靚、正」

「大家樂」放上分店餐桌的產品全都經過詳細的成本計算，必定是價格相宜的產品，務必令顧客覺得物有所值，甚至物超所值。要做到這點，供應鏈管理的概念和措施便至為關鍵。

「大家樂」的供應鏈可分上中下游三部份，上游是供應商，中游是中央產製中心，下游是門店與消費者。這三個環節如何結連成為一條「鏈」？採購向供應商購買食材，為產製中心提供生產原料，換句說話，採購將供應商與產製中心串連起來。產製中心製作食物後，將食物儲存於倉庫，然後按訂單送往分店，因此中央產製透過物流（即倉庫存取、貨物運輸），與分店連接起來。從成本角度考慮，這條供應鏈中的採購、產製、庫存成本，都影響最下游門店的餐飲售價。

吳子超於 2013 年加入「大家樂」，職位是供應鏈總經理，負責管理和協調供應鏈上游下游各部門。他加入「大家樂」之前，曾從事大型貿易公司的市務、供應鏈物流管理工作，以及連鎖超級市場集團的採購工作。他解釋供應鏈管理的其中一個重要目的，是要減低食物送到餐桌的最終成本，同時要確保食材及產品的良好質素。要達到這目的，各部門之間必須緊密聯繫，考慮相關部門的成本效益；若果各部門只顧提升自己的成本效益，產品的最後成本可能不降反升：

> 「假若採購部為了降低該部門的成本，以廉價購買豬扒肉，沒有理會中央產製可能要耗用人力物力來處理品質不佳的豬扒肉，才可達到行政總廚的要求，結果是採購部的成本減低了，但中央產製的成本卻增加，在此消彼長下，產品的最終成本可能是上升了。因此採購部不能單單考慮食材的價格，還要配合中央產製的成本效益，注意材料的質素。」

食物成本是餐飲業的主要開支之一，一般而言，佔食肆收入

三成至四成，在香港經營食肆，租金和人力成本都偏高，食肆都盡力壓抑食物成本以減低開支。從 1980 年代至今的統計數字發現，食物成本比例由 1982 年的 43.04% 逐年下降至 2017 年的 31.99%[30]。同樣，「大家樂」亦致力降低食材成本，讓顧客可以快餐價錢品嚐特色菜式。

當產品研發部的總廚師有一個新構思時，他要解決的第一個難關是，將產品的成本調控至快餐水平。如何可以做到？從供應鏈管理角度，總廚師必須依賴後防部門的幫忙，產品研發部、採購部和中央產製部，三個部門要緊密合作，才能做到平衡成本和品質的效果。我們在〈食物供應鏈〉一節已經引用不同例子說明採購部的角色，在這一節，我們將焦點放在中央產製的角色。

目前是食品製作助理總監的鄭家華，在大學時主修食品科學，2003 年加入「大家樂」時，先在火炭廠房工作，負責食品製作部，並協助大埔廠房的生產線設計、機器搬遷，期間曾兩度短暫離開。鄭家華形容這是增進知識的歷程，並得到「大家樂」老闆的認同，相信可幫助提高中央產製的專業水平。現在，我們隨鄭家華隔空參觀工場，從廠房的生產故事說明利用中央產製控制成本的方法。

## 以量產降低成本

中央產製設址於大埔工業邨，是一所現代化食物工廠，主要特點是透過生產線及自動化機器，進行大規模生產。以「大家樂」這個有 370 多間分店的餐飲集團來說，興建自動化食物工廠，是控制食物生產成本的最有效方法。目前大埔廠房每日切割及醃製肉類達 40 噸，烹製汁醬和湯膽達 90 噸，無論是產量與自動化程度，在快餐業界都是處於領先的地位。

大規模生產必須有相當數量的需求配合，某個工序應該在分店廚房炮製？抑或以中央產製方

30 根據政府統計處每季刊出的《食肆的收入及購貨額按季統計調查報告》的數字計算，將該年第四季的食肆購貨總額除以食肆總收益價值得出。該統計報告由 1982 年開始出版，自 1984 年每季刊出。資料來源：《食肆的收入及購貨額按季統計調查報告》，2018 年第 2 季。

式做好後運到各分店？這要計算需求量，需求量細的產品由廚房各自主理較簡單方便，需求量大的由中央生產可降低生產成本，這是工業式生產的基本原理。若果需求量大，但生產量追不上，便會窒礙前線的發展。有趣的是，究竟先有需求才編排生產？抑或以產量供應帶起需求？這是「雞先抑或蛋先」的問題。以「一哥火鍋」所用的牛肉片為例，火鍋牛肉片本來是在分店由廚房員工用電動機器切割的，隨著「大家樂」的火鍋類產品日益受歡迎，牛肉片需求大增，經中央產製分析後，目前火鍋的牛肉片是在大埔廠房以較高速率的機器切割。不過，目前的生產過程並非全自動化，操控機器和包裝仍是由人手操作，每天生產 1,000 多箱、約 20,000 小盒。若可使用機械臂代替人手，生產時間和生產量都可增加，每年 10 月至翌年 3 月的火鍋季節便可延長，由季節產品變為常設產品。

其實引入自動化機械，除了資本能力外，還要有足夠廠房空間。1990 年代「大家樂」急速擴張，火炭廠房入伙兩年後已發現不敷應用，無法容納大型先進的機器。尤其熟食煮製部的產品需要經過快速降溫，才可送入食物儲存倉，否則產品堆積在廠房內，會妨礙其他工作的進行。當年火炭廠房用可移動的水缸做降溫，缸內放置了冰塊後，再放入一包包熟食煮製的產品冷卻，冰遇熱變成水，食物包浮在水上，廠房員工形容為「撐船仔」；完成冷凍後，搬運員工將冷凍了的食物包送入食物儲存倉；另一邊廂，廠房的員工將水缸移走，將工作枱搬回來，工人才開始做切肉或包裝的工作。這樣搬來搬去，既浪費人力，也浪費時間，影響產量，變相增加成本。大埔廠房有足夠空間，於是裝置了降溫水槽，這是固定裝置，而且容量特大，可同一時間將大批經過煮製的食物包冷凍，每日產量可大大提升，同時減少浪費人力。

大埔廠房亦裝置了運輸管道，減少員工將貨品搬來搬去的麻煩，亦可提升工業安全。以「一哥焗豬扒飯」為例，豬扒在四樓拆箱後，在同一層的廠房經過切割、鬆肉、醃製的程序，再會經過一條管道，以地心吸力的原理，從四樓跌落三樓的包裝機頂，

包裝機便自動運作，包裝妥當的豬扒只需一程搬運便進入倉庫。此外，電動運輸帶也是減少人力搬運的設施。

另外，應用新技術也可提升效率，甚至改善產品質素。例如解凍技術，解凍食物最基本的方法有自然解凍和啤水解凍，後者是利用氣泵在解凍池內製造水流，使解凍中的冷藏食物在池中轉動，可加快解凍的速度。這個方法比單純利用水的傳熱能力解凍（即自然解凍）優勝，可減少用水量，所需時間較短，但仍然未夠效率，始終食水和泵氣增加能源成本，而且用水解凍亦比較費時。中央產製正在研究其他解凍方法，如微波爐解凍和高週波技術，相信有經驗的讀者都知道微波進入食物的中心位置時，會煮熟外邊的部份，目前發現高週波是較好的解凍方法，既可減少能源消耗，亦有較高穩準性。

應用科技和機械設施進行中央生產製造，可減少使用人手、縮短生產時間、提升產量，這就是中央產製降低成本的方法。

## 中央產製精緻菜式

大家或許以為，中央產製只負責大量生產品質要求不高或價格低的食品，事實並不是如此，不過要視乎情況而定。中央產製會先仔細分析一件產品如何進行工序分割，若果能分拆出某個具高度重複性的工序，以中央產製的方法大量生產，就可縮減部份成本，然後將比較追求口味和品質的步驟，留給分店廚師細心加工，便可做出降低成本的美味產品。以雞湯類產品為例，中央產製將湯分割成「湯膽」和配料兩部份，中央產製負責煮好「雞湯膽」，然後供應到各分店，分店廚房可因應當日的餐牌加入配料，如「米線陣」可供應番茄雞湯米線，快餐店可於早市時供應湯通粉早餐、茶市時供應湯麵，甚至加入更多材料做特色湯款。中央產製和分店廚房分別負責不同工序，大量生產之餘又可保留精緻口味。

本來數量少的產品，通常是由分店廚房自行主理的，但若遇

上某些產品必須利用中央產製的條件和技術才能做得好,中央產製都會安排生產。例如「意粉屋」的龍蝦湯,「意粉屋」總廚要求用龍蝦殼熬湯,方法是先弄碎龍蝦殼,方便熬製時出味,然而龍蝦殼容易被海洋的污染物所污染,用來熬湯需要特別小心處理,由中央產製碎殼熬湯,較能確保工序安全。中央產製計算過生產成本的確偏高,貨量細但工序複雜,但龍蝦湯是「意粉屋」的招牌菜式,權衡過成本與收益後,認為值得保留這個產品,所以這類貴價湯款可在中央產製的生產線上出現。

切割魚柳的技術殊不簡單,
加上魚肉容易感染細菌,
「大家樂」直接向專業供應商入貨,
可保持質素和安全。

相反,有些產品即使數量龐大,但大埔廠房沒有相關技術和設備的話,中央產製唯有放棄將之安排入工場生產線,魚柳便是

一個例子。魚柳是需求量很大的產品，早餐、午餐、茶餐都有用到。原來切割魚柳的技術殊不簡單，中央產製曾經嘗試過，但無論在質素、形狀、面積大小等，都無法達到總廚師的要求；加上魚肉容易感染細菌，是高風險食品，不適合在「大家樂」的中央工場做切割和包裝，最理想還是直接從供應商採購符合規格和安全標準的魚柳。雖然中央產製有利降低成本，但「大家樂」亦不會容許因此降低品質。

也不是說只有中央產製才可降低成本，羊腩煲是一個例子。中央產製曾經為「大家樂」快餐供應羊腩，當時的工序是將雪藏原隻羊切割、斬件，但這做法經過一段時間後便被放棄。原來切割羊肉需要相當技術，羊的大小不一，標準化的中央生產線難以配合，結果是生產效率不高，亦不見得可縮減成本。幸好採購部搜羅到價格相宜、包切割的羊腩供應商，「大家樂」才繼續有羊腩煲供應。

可見中央產製不只是一個食品加工廠，它從工業生產、製作方法、成本效益、安全保證的角度研究一個菜式的製作流程，為平衡品質和成本，提供最專業的意見和最符合經濟效益的生產安排。

## 倉存管理的重要

在供應鏈中，中央產製和分店之間是儲存倉和物流隊，倉庫和物流的角色是為分店提供足夠的「彈藥」。物流隊每天兩次向分店輸送所需食材，即使在八號或更高颱風訊號的日子，分店員工固然勞苦功高，不懼風雨，繼續開店營業，方便市民外出用膳，但背後的倉庫物流在穩定供應方面亦功不可沒。當颱風襲港，天文台掛上八號風球時，「大家樂」的貨倉物流仍保持正常運作；但當懸掛九號、十號風球時，運輸服務只能有限度運作，運輸貨量也相應減少，物流部便會決定貨品運送的緩急先後，分店的新訂單會優先處理，令分店有足夠食材繼續營業，而其他補

從農場到餐桌

貨的訂單則會延後處理。

　　事實上，庫存管理是餐飲業另一項主要成本，因此，「大家樂」亦非常重視控制倉存的成本。分店前線是「大家樂」企業發展的火車頭，生意愈好表示營業額和盈利理想，這是企業成員人人樂見的景象。要配合分店的好生意，後防便要有充足的食材供應，但全港370多間分店，如何可以保證分店有充足食材儲備？一是在分店設大雪櫃，又或另設中央倉庫和頻密的送貨物流，但現實是，兩個方法都行不通。分店舖租高昂，所謂「寸金尺土」，空間應該用來做生意而不是用來儲存貨物；大型倉庫的租金也不見得便宜，始終租金是香港企業的一個沉重負擔。

　　如何最有效地使用倉庫空間，才是壓抑倉存成本的最佳方法。「大家樂」採用的方法是，最有效地使用中央產製的輸出量和物流量，目前，中央產製輸出分店的貨量，每日平均150噸，換言之，貨倉要儲存足夠每日出產150噸產品的食材。但食材種類繁多，若某個貨量太多、另一個貨量太少的話，供應程序一樣受到阻滯。因此，中央的資訊系統發揮重要性，除了食物追蹤的功能，分店管理系統亦可幫助供應鏈各部門規劃食材的供應量和供應程序，以減少成本浪費。

　　中央產製收到來自分店管理系統的信息後，物料計劃的專業團隊會安排生產計劃，包括生產的貨項和數量，貨量的計算需要非常精準，假若生產過剩，便會囤積貨品；生產太少，又不能應付分店需要。採購部收到分店管理系統的信息後，亦要綜合需求量，向供應商訂貨及安排送貨。別以為採購部會為了減少佔用倉庫空間、避免加重倉租成本，就安排供應商每日送貨，因為這樣做會被一些突發性因素如天氣或意外導致斷貨的危機。現實是，採購部會配合中央產製每日的生產安排和分店的需要，確保倉庫存貨維持在一定水平，防止因食材不足而業務被迫停頓。

　　目前「大家樂」的倉庫存量是30天，供應鏈團隊正研究是否可調低至14天，這需要一個非常高效的中央資訊管理系統，包括清晰掌握倉庫記錄，現在

左　「大家樂」的自動化倉庫存取系統，是集團食物鏈系統其中一個重要環節。

「大家樂」的倉庫管理系統，記錄了食材的存倉位置和數量，方便提取和監測存貨量。

現任供應鏈總經理吳子超強調，從庫存管理的過程，可見整條供應鏈的運作，每個環節都是環環相扣的，從分店下單開始，採購、生產、倉庫管理、物流都要密切地配合，才可降低庫存成本，同時確保分店的持續性：

> 「原材料庫存量很重要，若果不足，要立即找替代品補上，否則便無法如期生產，影響分店的持續性。假若採購部購入的貨量，足夠六個月使用，表面看是最穩妥了，可是生產卻另有計劃，毋須如此貨量，那便會發生囤積存貨的問題，集團要承擔倉租。為了削減無謂的倉租成本，大家被迫要想辦法清貨，莫非分店要以餐單遷就倉存，強迫顧客每天吃同一款菜式？這是不可能的。因此，供應鏈必須一環扣一環，互相協調，若果各個部門獨立運作，你有你一套，他有他一套，便會弄至整個供應鏈失衡了。」

一個規模龐大的企業集團，要做到平衡成本、效率和品質，又要確保安全衛生，便需要一套完備的中央資訊系統、專業和有靈活性的專業團隊，以及部門間互相協調的企業文化。這就是「大家樂」內部的供應鏈所發揮到的全面效果了。

# 總結

這一章談到「大家樂」的後防組織，環球食物供應鏈的操作，全球化下食物安全問題，這些故事如何反映「大家樂」的企業精神和文化。後防組織的角色是支援前線的業務，使大家樂可以持續地、穩妥地發展。開發新產品、採購、生產安排、應對食物危機、控制成本、計算產量、管理庫存、保障安全衛生，由農場到餐桌這條食物供應鏈，實際上就是一套兼顧食物品質、持續供應、安全監測及商業效益等多重功能的管理系統。

因此，「大家樂」的後防組織就是一個專業團隊，在大學的課程裡可找到相關專業，如經濟學、管理會計學、食品科學、採購、環球物流、資訊科技等等。團隊成員除了有相關知識，還要有相關經驗，更重要是有吃的意識，明白客觀的準繩不能犧牲對味道和品質的期望。

因此，後防組織的企業文化是專業和團隊精神，以專業、知識、分析能力、系統管理，把前線龐大複雜的運作組織好，並經常與前線合作，有時幫忙推動開發新產品、有時化解食物危機、有時令不可能變成可能，令「大家樂」成為一個以專業為骨幹、靈活變通為腦袋的餐飲業集團企業。

作為消費者，顧客是處於供應鏈最末端的餐桌前。把產品放到餐桌上之後，「大家樂」還未停止它的任務，近年，「大家樂」強調顧客體驗，以各種方法收集顧客的評分和意見。其實前線、後防、顧客之間是一個多向互動的循環系統，為了前線和顧客，後防經常跑到全球食物供應鏈的源頭，並且在供應鏈上的重要環節發揮專業角色，因而在企業內部形成一條非常有效的餐飲業供應鏈。

# 5

下一站，中國！

這一章是關於「大家樂」在中國內地成長的故事。中國自1979年實行改革開放以來，逐步從貧窮國家晉身為中等收入國家1，可說是創造了「經濟奇蹟」。1992年，中國政府深化改革開放，進一步向外商開放投資領域，從製造業擴展至服務業，掀起了新一輪的外商投資熱潮。

1992年的「大家樂」已經在香港上市，擁有豐富的營商經驗，並建立了一套成熟的快餐經營模式，集團充滿信心，進軍新的中國餐飲市場。面對內地陌生的商業環境和市場，「大家樂」的工作團隊將香港開店的經驗與經營快餐的模式，全盤複製到中國，但原來這是行不通的。團隊遇到不少挫敗，但卻沒有放棄，反而不斷學習，迎難而上，成員身體力行地「跑部門」（意即到不同的政府部門，辦理各種手續），熟悉當地市場；又在華南設經營試點，細心探索市場的需要，從而確立本地化的經營模式。

中國經濟改革繼續前行，促進深化發展的政策相應推出，如營業稅改增值稅、粵港澳大灣區計劃等，「大家樂」的對策是因勢利導，善用自己的市場優勢，擴大發展幅度。再者，隨著餐飲市場愈趨成熟，「大家樂」確立了自己的市場定位，進一步更新、提升品牌的聲譽，為正在擴大的中產消費層提供可靠、優質的餐飲服務。

中國在這近40年的改革開放過程中，無論是經營環境或餐飲市場，可說是發生了翻天覆地的變化，「大家樂」身處其中，學會了因應市場和社會環境的變遷而不斷調整。讓我們回顧集團在過去25年的寶貴經驗，它是如何面對持續變化的中國經營環境；如何在不同階段下的餐飲市場靈活應變、發掘商機，從而穩佔市場地位。

1　1979年，中國人均國民收入（即 Gross National Income per capita）為210美元，1992年為390美元，2017年為8,690美元。網上資料：〈世界發展指標〉，《世界銀行資料庫》。世界銀行按收入水平劃分國家，中上收入組別國家的人均國民收入介乎3,956美元與12,235美元之間；中下收入組別國家的人均國民收入介乎1,006美元與3,955美元之間。網上資料：TheDataBlog, *The World Bank.*

# 順應時勢　踏足內地

1992年是中國外商投資風起雲湧的一年2，6月份，鄧小平南下深圳、珠海、上海等地，發表講話，肯定了經濟特區的成就，並強調全國要大膽地加快改革開放的步伐3，以及擴大經濟改革領域，開放過去一些「禁區」，准許外商投資零售（包括餐飲）4、商業、交通運輸、金融、房地產等第三產業5。

在這背景下，國內不少省、市官員和機關也利用香港這窗口舉行招商活動，吸引外商通過香港進入中國市場。國內外的投資熱潮由此掀起，這一年間，中國的外來直接投資增加3.85倍，投資合約共值580億美元，較1979至1991年推行開放改革政策以來所簽訂的合約總值還要多6。

今次的開放浪潮不單帶來了大規模的外來投資，也改變了投資型態，外商對服務業的投資大幅增加。早期的外來投資以勞動力密集的製造業為主，1990年，製造業佔中國的外來直接投資84.4%，至1993年，這比重下降至45.9%。服務業中，地產和公用事業的比重最高，由12.6%增至39.3%，商業及飲食業也由1.5%增至4.1%7。

這時大家樂已經在香港上市六年，是香港規模最大的快餐集團，約有86間分店，市場佔有率約為24%8。集團正充滿信心地擴展業務，一面擴張香港的連鎖快餐店，一面把握時機，順應時代發展的趨勢，於1992年宣佈進軍中國內地餐飲市場，位於深圳的第一間中國分店將於年底開幕。

事實上，今次並非「大家樂」第一次拓展香港以外的市場，集團早於1980至1984年間，

2　中國經濟改革自1978年開始，至1984年稱之為中國第一階段的改革；從1984年10月中共十二屆三中全會至1988年年中，稱之為第二階段。1988年9月中共十三屆三中全會至1991年底，稱為第三階段改革，當中1989年6月期間發生「六四事件」，令香港及海外的投資活動陷入低潮，中國經濟改革也充滿不穩定的因素。1992年鄧小平南巡，強調深化改革的講話，確定中國開放經濟的方向，恢復海外投資者的信心，掀起投資熱潮。資料來源：《中國經濟改革狀況報告》，1992年8月。

3　1992年10月舉行的中共十四大，明確地指出以建立社會主義市場經濟體制，定為經濟改革的目標。

4　餐飲業是中國最早開放的零售業，始於1987年，第一間進入中國的國際快餐企業是肯德基。1990年，麥當勞也進入中國；1992年，中國政府准許外國餐飲業開設分店，擴大市場。資料來源：Bell & Shelman, 2011.

5　1992年6月國務院頒佈〈關於加快發展第三產業的決定〉。

6　〈中國的外來直接投資：趨勢與展望〉，《恒生經濟月報》，1994年12月。

7　同上。

8　大家樂的快餐市場佔有率比麥當勞與其他中式快餐集團為高。資料來源：Hong Kong Research, August 1992.

已於台灣、新加坡分別開設兩間「大家樂」餐廳，然而，這四間餐廳的業務並不理想，相繼停業。「大家樂」汲取了不少經驗，也深明拓展海外市場的困難，但不會為過去的挫敗而固步自封、畏首畏尾，不敢向新市場進發，正如創辦人羅騰祥曾經說：「創業不一定成功，但若不創呢，就永遠不會成功。」同樣道理下，開拓市場有機會失敗，但若不敢嘗試，成功機會就等於零。

中國這個新興市場被視為商機處處，充滿賺錢的機會。媒體是這樣形容這個市場的：「要發財，到中國去」；「中國經濟愈發展，就會創造更多的香港資本家」[9]。投資者對中國市場抱著樂觀態度，因此香港的上市公司一旦宣佈投資中國，便會刺激其股價節節上升。如是，「大家樂」於宣佈深圳分店即將開業後，股價便由 1992 年初的 3 元多，拾級而上至 1993 年 3 月的 6.8 元最高水平[10]；其盈利預測也因投資中國而被調高。

## 組中國團隊　接受新挑戰

拓展中國市場由時任集團行政總裁陳裕光領軍，他調兵遣將，從「大家樂」旗下各業務單位集合適當人選，組成中國業務團隊。他有這樣的憶述。

> 「當時每位被委任的同事，都在『大家樂』原來的工作崗位上表現出色，『大家樂』鼓勵這些同事接受新挑戰，並表明不會以新任務的成敗作衡量工作表現的指標。『大家樂』強調的是，從挫敗中學習的過程。今天，不少曾經北上的員工憑著在中國工作所累積的經驗，已更上一層樓，在『大家樂』承擔獨當一面的角色。」

許錦波是第一階段北上的團隊成員，他於 1980 年加入「大家樂」，由基層員工做起，在香港快餐業務部逐級提升至業務經理，1990 年調職機構飲食高級經理、1991 年升為助理總監，1992 年調任「大家樂」中國業務總監。他還記得當時被集團總監羅碧靈邀請，負責開拓中國市場的心情：

9　〈送別難忘的一九九二年〉，《1993 年香港經濟年鑑》，1993 年 9 月，頁 48。

10　《經濟一周》，1993 年第一季，頁 315。

「我對羅小姐邀請的答覆是：取諸公司，用諸公司。我在『大家樂』做了十多年，學到很多東西，但對於中國市場，可說是一無所知，就算到國內旅遊也不多。因此公司給予我這個機會，我是義不容辭的，沒有推卻的理由。當時唯一的顧慮是，兩個年紀尚小的孩子和年事已高的母親，因此照顧家庭的責任便落在太太身上，太太的工作時間長、不穩定，週末一樣要上班，所以當時難為她要家庭工作兩邊兼顧。」

許錦波決定加入北上團隊，在中國工作約四個年頭，用他的說話，這是「一次奇妙的旅程，就如劉姥姥入大觀園，精彩到不得了，令人大開眼界。」而「大家樂」在這四年裡，也完成了一個經濟周期所必然出現的階段，由低向上升，達至高峰後下滑至谷底。「大家樂」和中國業務團隊在這四年裡，到底有過怎樣的經歷呢？

談到入中國，必先了解中國對境外資金的規限。中國容許境外資本以三種形式經營，稱為「三資企業」，即中外合資經營企業、中外合作經營企業和外商獨資企業，「大家樂」在1992至1996年經營的分店，全是採用「中外合作經營」方式，中方的合作單位通常是國家部門或者國營企業。雙方簽署合約時，訂明「大家樂」負責斥資和日常管理，而中國伙伴則必須盡最大努力，協助「大家樂」完成開店的計劃。「大家樂」每間分店均與當地的國營機關組成伙伴，如深圳店的合作伙伴是深圳糖煙酒公司，珠海店是珠海市外經委，東莞店是東莞市外經委，而江門店是旅遊局等。雖然合作伙伴各異，但所有分店的管理權都是屬於「大家樂」所有，好處是避免合作雙方在經營和管理方法上發生重大爭拗。

中方在「中外合營」的角色，主要是就物色舖位、聯絡相關部門、辦手續、建立人脈網絡等方面提供意見，並收取顧問費。以佛山分店為例，中方合作伙伴是中國旅行社旗下的華僑大廈，華僑大廈先租下南方日報的物業，然後再將物業租予「大家樂」。

## 開設深圳分店　認識中國第一課

深圳是「大家樂」踏上中國之路的起點，首間「大家樂」中國分店於 1992 年 12 月 18 日在深圳東門誕生。選擇在深圳起步，有客觀的利好因素，深圳鄰近香港，當時市民對香港的品牌有相當的認識，是當時香港零售企業的投資熱點，東門更是深圳最早發展的一個零售商業區。1992 年初至 10 月之間，「三資企業」平均每天由三間增至八間之多，包括香港的快餐集團、超級市場和便利店 11。

在機緣巧合下，「大家樂」一位曾經從事中國地產的僱員，與深圳東門區的區長有聯繫，而對方正進行招商工作，「大家樂」團隊把握機會，與招商團隊商談後，即拍板落實開店。

首間「大家樂」中國分店於 1992 年底在深圳東門開業。

「大家樂」深圳分店開幕那一天，生意狀況令工作團隊上下非常振奮，門外大排長龍，店裡店外擠得水洩不通，但在熱鬧背後，「大家樂」團隊其實已默默上了中國市場的第一課。對集團而言，在香港經營分店，從裝修門店、領取牌照、聘請員工、採購食材、設計餐單，以至服務顧客，都有一套慣常程序，但將這一套應用在中國市場上，換來的卻是「此路不通」，於是工作團隊不斷自我調

11　包括「大家樂」、「大快活」、「百佳」及「7 Eleven」。〈十月又有235家三資企業落戶〉（1992年11月9日）。《深圳特區報》。

節，學習當地的做事方式。

讓我們從第一間分店的裝修說起。深圳「大家樂」位於一幢三層高的舊樓，物業為合作伙伴深圳糖煙酒公司所擁有，租予「大家樂」作快餐店之用。一、二樓用作堂食，約有200個座位，三樓是半露天的天台，「大家樂」的計劃是將三樓全層改裝為廚房，但是這幢樓宇比較舊，承辦商指出樓宇結構未必能承受廚房的機器設備和十多個廚房員工的重量。當時舖位難求，不能輕言放棄，那如何是好呢？許錦波坦言，一面監督裝修工程的規劃和實際執行情況，一面擔心這部份改裝工程不獲接納，心裡承受了極大壓力，幸好承建商找到權宜方法解決問題：

> 「承辦商總是說：『放心啦，冇問題！』他一直很有信心，原來建築工人在每一層樓，橫橫豎豎地裝上多支工字鐵，以加強每層的承托力，裝修進行時，室內場景可以用驚心動魄來形容，不過，裝修後工字鐵是不會外露的。整個裝修工程獲得有關部門批出，我們可以順利開店。」

除了裝修工程的安全，許錦波還要小心室內裝修用料的規定。深圳店內的裝修是跟隨香港門店的規格，如瓷磚、不銹鋼具、燈飾、火牛（即變壓器）都是外國進口貨，然而使用從英國進口的火牛卻遇上了阻撓。英國火牛有安全線路設計，並附有國際認證，如此優質的火牛，怎可能不符合中國的規定呢！結果是令人意想不到，雖然中國審批人員明白英國火牛是高質素貨品，但他們審批的不是規格，而是產地來源，解釋說國家政策規定必須使用中國製造的火牛，於是「大家樂」把火牛全部重新安裝。許錦波直言，真是「一路做一路學」，這次事件說明了，複製香港經驗而忽略當地法規的做法，只會造成不必要的金錢損失。

開立新店需要經過繁複的程序，以及獲取不同部門批核，如招聘員工必須經勞動局、申請進口食物的批文經海關，衛生與清潔裝置經衛生檢疫局檢查，消防系統、花灑系統、防盜設施等要經公安局審批。因此許錦波初到中國市場，便用了最務實的學習方法，跟當地人士一起「跑部門」，認識開店程序的每一步。

對於來自香港的許錦波，「跑部門」可說是一件苦差，應該接觸哪個部門、申請程序如何、需要遞交什麼文件、規章制度怎樣等問題，港商不明當地法規，往往因不知就裡而浪費時間，因此，有些港商會僱用當地中介公司，由他們代辦一切手續，免卻碰釘的麻煩。

分店的裝修、牌照已準備就緒，餐單、價格又如何呢？這關乎「大家樂」在中國的市場定位。「大家樂」香港品牌進入中國，餐單亦仿照香港「大家樂」。1990 年代的中國，食材供應不足，食物質素亦不穩定，於是中國分店使用的食材如粟米、牛扒、春雞、雞蛋等全部從香港進口。中國當時只是有限度開放貿易，食物進口一般都要經審批、徵稅，因此進口食材的成本原來已較昂貴，加上批文的行政成本、關稅、運輸費用，令整體食物成本進一步上升，快餐的零售價也相應調整，平均為25至30元。

整體而言，中國「大家樂」的裝修、餐單與售價，跟香港「大家樂」相若。「大家樂」在香港是平民食肆，餐價為普羅大眾所接受；但同一水平的餐價實非中國普羅市民所能負擔，例如1992 年，中國的人均收入只及香港水平的 2%。即使如此，頭兩年間，「大家樂」中國全線分店仍其門如市，為什麼呢？

## 「大家樂」名牌效應　其門如市

深圳「大家樂」開張了，店裡店外擠滿顧客，多達幾百人。當時的說法是，「大家樂」即使不做什麼市場推廣，只要燒串炮仗、舞兩台獅，新店已人如潮湧。「大家樂」佛山店其後開業，開店前一天凌晨 3 時許，已見長長的人龍在門外等候；東莞舖開張，盛況依然，第一天便做了 12 萬元生意[12]。

「大家樂」如何吸引這麼多顧客呢？它的賣點是香港知名品牌。在那個年代，香港產品在國內市場深受大眾歡迎，香港知名歌手的廣東歌不單紅遍廣東省，在上海、北京也非常流行。再者，珠江三角洲一帶的居民，喜歡觀賞香港的電 ｜ 12 蔡利民、江瓊珠，2008，頁191。

視節目，相信通過觀看「大家樂」的電視廣告，對這個品牌已早有認識。

值得注意的是，1990 年代初，中國居民是沒有個人旅遊這回事的，只有透過公事訪問才可出外考察，到境外一遊，跟今天中國遊客足跡遍天下是兩碼子事。在過去有限度開放的環境下，中國居民對西式的飲食文化接觸機會較少，對咖啡、三文治這類產品特別覺得有新鮮感。「大家樂」不單提供中西兼備的餐單，而且餐廳氣氛與本地食肆不同，表現了難得一見的時尚風格，正好滿足國內消費者對外來飲食文化的好奇心。

1993 年，佛山分店開業。「大家樂」憑著香港品牌的知名度，新店門外吸引了大批顧客排隊輪候入內。

普羅大眾對「大家樂」餐飲躍躍欲試，但畢竟他們收入不高，消費力有限，因此只是偶爾到「大家樂」用餐，或是還了心願後便減少光顧。對一般市民而言，到「大家樂」用餐是一件隆重的事情，例如情侶拍拖到「大家樂」享用扒餐；或者朋友聚會，一下子點五、六道菜；政府官員的消費能力較高，喜歡挑選價錢較高的套餐，特色產品如海南雞飯、煲仔菜等較受歡迎。

深圳、佛山分店相繼開業，生意不俗，「大家樂」團隊乘著大好的形勢，在中國的主要城市繼續開設分店。在 1992 至 1996 年間，分店版圖從中國南部擴展至北部，分別在珠海、深圳、佛山、北京、江門、上海、東莞、廣州等九個城市設立分

店，高峰期數目約 20 間 [13]。

## 宏觀調控　重創分店業務

這邊廂，「大家樂」在增設分店；那邊廂，中國經濟持續擴張。1992 年全年及 1993 年第一季，本地生產總值（GDP）增長率分別為 12.8% 與 14.1%，較 1991 至 1995 年第八個五年計劃所訂的目標（即平均增長率 8% 至 9%）高。然而，強勁的經濟增長，令原材料及貨品供不應求，帶動物價上升；而且中央大量印鈔以應付財政赤字，更進一步推高通脹率。1993 年頭五個月，35 個大城市的平均通脹率高達 17% [14]。

在過去開放改革的過程中，曾經發生過因通脹高企，引發銀行擠提 [15]、市民搶購物品等現象，嚴重影響社會的穩定性。今次通脹的情況嚴重，中央政府不敢掉以輕心，於是採取強硬措施以壓抑通脹和控制經濟增長速度，防止經濟和社會危機重現。1993 年 7 月，中央政府正式實施宏觀調控，採取緊縮的貨幣和財政政策，然而這些宏觀調控的工具尚未完善，因此，中央輔以嚴厲的行政手段，例如加強房地產和證券市場的管理，嚴格限制企業隨便集資、借款，以控制經濟過熱。

1994 年上半年，宏觀調控初見成效，經濟增長開始放緩，本地生產總值實質增長為 11.6%，較去年全年的 13.4% 為低。其中國營企業投資、消費開支的增長明顯放緩，前者上半年的增幅為 25.2%，大大低於去年同期的 70%，以零售值計算的實質消費，只上升 4.8%，較上年下半的 10.4% 為低 [16]。

在宏觀調控下，社會消費增長減慢，「大家樂」難免受到影響，尤其中央所推行的反腐敗措施，嚴禁官員鋪張浪費 [17]。早期「大家樂」的客群中不少是政府機關官員，新措施下他們減少

13　《大家樂集團有限公司 2017-2018 年報》，頁 6。
14　〈中國經濟現況及其對香港的影響〉，《恒生經濟月報》，1993 年 9 月。
15　1987 年，中央開放工業原料如煤炭及鐵，以及電視機、洗衣機等消費品的價格管制；接著在 1988 年，進一步開放副食品的物價管制，結果食品價格上升，也帶動了整體通脹，通脹率高達 23.2%，引發市民恐慌，湧至銀行提取存款，最終中央暫停物價改革，避免物價繼續飆升。資料來源：〈中國之通貨膨脹〉，《恒生經濟月報》，1995 年 6 月。
16　〈中國的經濟狀況〉，《恒生經濟月報》，1994 年 8 月。
17　〈11 月 23 日——11 月 26 日國務院糾風辦在廣州召開糾正行業不正之風工作座談會〉（1994 年 11 月 28 日）。《人民日報》。

消費，而普羅市民那種試新的熱潮亦已冷淡下來，令「大家樂」的生意迅速縮減。

　　隨著經濟放緩，在一般情況下，通脹壓力相應減少，宏觀調控的緊縮政策可望結束。「大家樂」當時的判斷是，宏觀調控屬於短暫性，即使當時的業務受到影響，集團對中國經濟發展的前景抱樂觀態度，於是繼續增加分店。

　　現實並非如此，經濟過熱即使受到控制，本地生產總值增長由 1993 年的 13.5%，下降至 1994 及 1995 年的 11.8% 及 10.2%；但通脹依然高企，1994 年的通脹率高達 21.7%，1995 年雖降至 14.8%，但仍處於雙位數字的高水平，中央繼續維持緊縮政策。

　　高通脹的背後涉及了錯綜複雜的經濟改革問題，中國一面實施宏觀調控，一面進行物價改革，進一步放開糧食價格；加上國營企業改革，大幅提升了工廠工人的工資，在在增加通脹的壓力；更甚者，是抵銷了宏觀調控對遏抑物價的成效，因此要預測當時的經濟形勢，實不容易。「大家樂」沒有料到宏觀調控的持續性與影響力，在大環境愈趨困難下，集團的經營問題也開始浮現。許錦波這樣憶述當時的處境。

> 「到 1994 年中，分店首兩三個月的生意雖然跌得很厲害，但我們沒有察覺到危機的來臨，以為緊縮措施只實行一段短時間，很快便會過去。直至 1995 年，我們開始意識到，經濟形勢沒有好轉，老闆問：『你預期經濟何時扭轉呀？生意何時轉好呢？』『大家樂』團隊包括我自己在內，在過去幾年一直向前衝，或許這是時候停一停，想一想，前景若繼續變差，那怎麼辦呢？過去兩年的經營策略又有沒有問題呢？」

「大家樂」開始調整業務策略，集團認為產品的特色是中西兼備，這是正確的發展方向，但要改變過去忽略普羅大眾客源，因此價錢需要調整，顧及消費者的購買力。再者，集團制定宣傳策略，推廣大眾化、較低價格的餐飲，以擴闊客源。許錦波解釋當時的宣傳策略。

「初期生意理想，我們未有太多思考本地人的消費能力和口味問題。漸漸地我們發現，市民對『大家樂』的產品認識不多，而且在不同的飲食習慣下，對同一個名稱會產生不同的想像，例如有當地消費者以為粟米肉粒飯的粟米是一整支的。因此，我們在餐牌設計上下了一番工夫，配上食物圖片，實行圖文並茂，餐單名稱也入鄉隨俗，採用國內用語，例如薯仔、薯條就改稱土豆，雞翼改稱雞翅膀、雞髀改為雞腿、沙律改為沙拉等，務求令消費者熟悉我們的產品。」

## 逆境反思　自強不息

中央的緊縮政策一直維持至 1997 年，本地生產總值的增長持續放緩，但仍符合增長目標；通脹最終降至單位數字，宏觀調控可說是達到「軟著陸」的成效，一方面成功控制通脹，另方面令經濟放緩，又不致衰退。然而，這番持續緊縮的調控政策對「大家樂」卻造成相當大的衝擊，行政總裁陳裕光在 1996 至 1997 年度的年報，這樣描述「大家樂」在中國的艱難局面。

「本年度中國快餐的業績，令本人甚表失望。面對中國政府持續實施的宏觀調控政策，國內經濟發展及零售市場均受到嚴重打擊，大眾之消費能力不但被削弱，顧客流量亦相應減低。同時，中國政府在各省各市推行市區重建及房屋重置等計劃，均對本集團在國內之分店業務造成重大及不能預計之不良影響。而本集團於上海及東莞店亦因應上述因素影響而相繼結束業務。」 18

「大家樂」如何面對這進退維艱的局面呢？有企業或會一走了之、止蝕離場；但「大家樂」雖然面對虧損，卻沒有選擇撤離，堅持在挫敗中汲取教訓，累積經驗。嚴峻的經營環境促使「大家樂」認清市場方向，當時中國的人均收入水平仍然偏低，市民的消費力有限，出外用餐的市場仍處於發展初階段。不過，中國經濟增長持續，集團認為中國市場長遠仍有相當潛力。

18　《大家樂集團有限公司 1996-1997 年報》，頁 14。

羅開光於 1997 年接任集團行政總裁，在 1997 至 1998 年度年報中說：

> 「本集團相信中國快餐業務必須經歷艱辛過程，在市場上重新有效定位，方可切合中國市場需求。」 19

　　這預示著「大家樂」正步向另一階段，接著的日子，「大家樂」進入整固期，大刀闊斧關閉虧損的分店，將分店數目由高峰期的約 20 間減少至 5 間，全部設在華南一線及二線城市，包括珠海、江門、佛山，以及深圳，用作探索中國市場的觀察站、試驗場。

---

19　《大家樂集團有限公司 1997-1998 年報》，頁 17。

# 穩守華南　推行「本地化」實驗

羅開光出任行政總裁後，接手整頓中國分店。他沒有靈丹妙藥，只是繼續摸索前行；他選擇停止擴張的策略，與員工一起到不同的快餐店實地考察，了解中國消費者到快餐店用餐的理由、對餐價的接受程度、顧客每月到快餐店的次數等。許錦波對於羅開光親力親為，在現場接觸顧客，並進行市場調查，印象深刻。他認為羅開光身體力行，向員工做了一個很好的示範，讓員工明白掌握市場脈搏是非常重要的。不久，許錦波被調返香港總部負責開發新業務。

## 「在地」經營　掌握市場脈搏

「大家樂」在1996至1997年度年報提到，以控制成本、調低餐價及照顧本地消費者的口味作為改革方向，但在當時瞬息萬變的中國環境下，該如何具體執行呢？為了尋找答案，羅開光大膽地做了一個實驗，打破「大家樂」沿用的標準化經營模式，將中國分店分別交予幾位「大家樂」員工主理，每位主理人各自管理一間，容許他們運用各自的智慧設計合適的管理方法。他們的在地經驗，將作為日後「大家樂」在中國重新擴展業務的具體參照。李偉基負責的佛山分店是其中一個成功的例子。

李偉基早於1973年加入「大家樂」，初時擔任二廚，後晉升為大廚、分店經理、業務經理，1994年移民加拿大，時任助理業務總監。他於1997年重返香港，以特許經營方式主理佛山分店 20。李偉基需要向集團上繳若干費用，日常的營運開支以自負盈虧方式處理。

佛山店這個街舖位於舊城區的主幹線上，街舖對面有一個廣場，附近有一個市民熟悉的體育館，該處偶爾會舉行一些活動如演唱會、女子足球比賽等，為分店帶來一些額外生意。整體而

20　李偉基於1997年從加拿大回流返港，有意重返「大家樂」效力。適逢當時中國佛山分店出現虧損，羅開光建議李偉基先視察當地環境，看看有沒有改進業務的方案。李偉基認為值得一試，於是「大家樂」將佛山店以特許經營方式交予李偉基打理。

言，分店的位置其實沒有什麼特別的地理優勢。

　　佛山店是「大家樂」其中一個實驗基地，故此經營模式毋須蕭規曹隨，仿照香港「大家樂」的模式辦事，可以依情況靈活變通，甚至引入創新措施。佛山店推行革新，不是以一次過的「大爆炸」方式進行，而是按部就班，測試市場反應，然後逐步建立新的經營模式，包括調低餐價、調整餐單，以及實施當地採購和員工本地化，我們將逐一討論這些新措施。

　　先說餐價的變革，1998 年中國經濟維持增長，意味著國民收入持續改善，但「大家樂」的餐價仍屬偏高，非一般市民所能承擔。因此佛山分店將餐價大幅調低，以符合小康家庭的消費水平，例如咖啡每杯售價從 10 元減至 7 元，20 多元的套餐調低至十多元，其他餐飲定價亦較之前便宜最少三分之一。

## 重新定位　吸納普羅客源

　　至於消費者口味，佛山店打破過去完全複製香港「大家樂」餐單的做法，一方面繼續供應受歡迎的「大家樂」招牌菜式，如美式雜扒、法式燒春雞、咖喱牛腩、免治牛肉等；另方面給予顧客新鮮感，提供富特色的餐飲，如日式鰻魚飯、西炒飯、泰式炒飯。為免與當地酒樓直接競爭，佛山店的餐單沒有傳統的豉汁排骨飯、揚州炒飯等當地常見菜式。

　　顧客用餐，除了考慮餐單與餐價外，也著重餐飲環境，因此，佛山店重新裝修，突出「餐廳」的形象，營造舒適和現代化的餐飲環境，為消費者提供與傳統酒樓、粥麵食肆不一樣的用餐體驗。

　　佛山店進行改革以後，如何讓顧客知悉「大家樂」的新定價和餐單呢？佛山店不時針對特定產品或時段推出特價優惠，例如在晚上 8 時後較為冷清的時段，以「一元紅豆冰」作宣傳，結果吸引大批新、舊顧客光顧，重新熟習佛山店的產品價格與餐單的特色。

繼調低餐價、調整餐單、擴大客源後，佛山店實行當地採購以減低成本。1990 年代下旬，中國餐飲業及其上下游行業都蓬勃發展，因此「大家樂」門店的食具、食材（如牛扒、豬扒），由香港進口轉為當地採購。即使門店的燈飾，也在當地燈廠選購，雖然質素和款式略為遜色，但價錢卻較原來的入口燈飾便宜四分之一。

一次偶發事件令李偉基到市場買菜，發現當地蔬菜價廉物美，便開始了當地採購食材。

> 「椒絲腐乳通菜套餐的銷量很好，那天通菜不夠用，我便親自到市場購買，商販擺賣的通菜質素很好，而且一斤只售 2 毫，相比由『大家樂』輸入的價錢便宜很多。因此我們決定佛山店的部份食材，由同事踏三輪車直接到市場購買。」

所謂「經營無瑣事」，每一項經營細節都可能影響成本。李偉基沒有忽略一些細微的成本項目，如佛山店廚房使用的石油氣以管道取代瓶裝，可節省石油氣開支；在缺乏監督下，供應商送來一箱雞翼，員工簽收的貨單上卻顯示是五箱，裡外串通導致分店損失。於是，李偉基密切監督店內各個操作細節，以防浪費、造假或疏忽。

當時中國分店的高層職位如大廚、經理，通常由香港職員（簡稱港職）擔任，以下級別則聘用本地員工。港職的工資、旅費、福利等支出，為各分店帶來不少成本壓力。以一個經理和一個大廚為例，人工合共 50,000 元，另額外要支付住宿費、船費，因此成本甚高[21]。佛山店逐步實行員工本地化，不單減低成本，也增加本地員工的晉升機會，有助提高團隊士氣和工作積極性。

佛山店午餐的售價大約十多至 20 元；早餐售價 10 元左右，有煎蛋、炒蛋、牛扒、煙肉、腸仔、奄列、湯粉麵、火腿湯米粉，雞絲湯米粉、蘿蔔糕、糯米雞、火腿蛋等不同組合，再加一杯飲品。餐單與餐價，在逐步調校下，終於對準了市場，佛山店的客源擴闊了不少，除政府官員外，還有個體

| 21 蔡利民、江瓊珠，2008，頁197。

戶、小老闆、高級管理人員、具消費力的年輕人。在週六、週日，佛山店份外熱鬧、人流暢旺，客群中增添了不少小康家庭和情侶。

「大家樂」不單在佛山店打響了名堂，還成功與顧客建立了客情，李偉基記得當時培養了一批長期顧客。

> 「很多熟客都很長情，他們早期坐摩托車，後期就駕駛奧迪（Audi），可見市民的生活提升了，但仍然鍾情於『大家樂』，他們會說：『約朋友去邊呀？去「人大」（即佛山人民路「大家樂」）。』有一個客人甚至說：『若果想找我，去「人大」啦！』『大家樂』成為了市民的落腳點、朋友聚會的地方。」

佛山店與另外四間分店都做出不錯的成績，營業額轉虧為盈[22]，這次實驗可算圓滿結束，對「大家樂」日後在中國發展起了重要的示範作用。在 2001 至 2002 年度集團年報的〈行政總裁業務回顧〉，羅開光如此總結：

> 「憑藉集團在中國累積的十年營商經驗，深信已掌握一套清晰及審慎的營運策略。對再度進駐國內市場，充滿信心，並將積極於華南地區開設新分店。」[23]

「大家樂」總結經驗，分店不能將香港門店的經營模式照搬如儀，必須就本地人的經濟負擔能力與口味，調整餐單與訂價，以擴大客源，增加收入；同時，分店要積極推行當地採購和管理層本地化，以減輕成本，提高價格競爭力。

所謂「十年磨一劍」，自 1992 至 2002 年，集團花了十年時間積極備戰，於 2002 年 11 月再次投入中國市場。同年，李偉基帶著在佛山店四年的心得，重返「大家樂」集團，擔任南中國快餐總經理，其首要任務是在廣東省增加分店數目。

---

22　《大家樂集團有限公司 2001-2002 年報》，頁 14。

23　資料來源：同上。

# 十年磨一劍　再戰華南華東

「大家樂」重出江湖，適值江湖盛勢。中國經濟在 1990 年代下旬面對經濟增長放緩、通縮、內需不足的問題；進入 2000 年，中國經濟增長率重新回復上升的軌跡，2003 年，中國雖然經歷沙士打擊，但經濟增長仍高達 9.35% **24**，為 1997 年以來最高的增長率。在政府方面，2001 年 3 月，全國人民代表大會通過了第十個五年計劃（簡稱「十五計劃」），以擴大內需、刺激經濟為目標，中央加強內需，直接促進了餐飲、零售等消費市場的發展。

在這利好的經濟環境下，加上十年的磨練，「大家樂」運用剛建立的本地化經營模式，實行「兩條腿走路」，重新開發華南、華東兩個市場。「大家樂」如何邁開擴展之路？且讓我們先到華南看看，然後才轉到華東。

## 重建華南分店網絡

「十五計劃」一再強調政府減少經濟管理和干預。同年，中國宣佈加入世界貿易組織，意味市場開放的範圍繼續擴大，成為吸引外商投入中國製造業與服務業的亮點，而外資獨資的經營方式也成了大趨勢。「大家樂」決定獨當一面，不再以外資合營方式經營，以外商獨資形式在華南增設分店，不再依賴合作伙伴找舖位的方式，而是自行物色舖位。

「大家樂」重新拓展華南的第一間舖位，原來是來自創辦人羅騰祥的敏銳觸覺，將一次巧合變成了一個商機。那天，他在家裡觀看由馮兩努 25 主持的電視節目，該節目向中國內地企業家教授營商之道，羅騰祥靈機一觸，主動聯絡馮兩努，向他請教到內地營商的意見。其後，在馮兩努穿針引線下，李偉基代表「大家樂」與國內企業家李健標見面，李健標邀請「大家樂」到他旗

---

24　網上資料：〈世界發展指標〉，《世界銀行資料庫》。

25　馮兩努為香港知名的商業謀略培訓講師，曾擔任電視節目主持人，也經常演講，並有不少著作。於 2008 年逝世。網上資料：〈馮兩努〉，《維基百科》。

下位於中山小欖的商場設置分店[26]。羅開光與李偉基視察舖位後，一拍即合，便決定租下來，這便成為了「大家樂」自1997年之後第一間新分店[27]。

接著，一位來自香港的投資者得知「大家樂」在小欖開店後，便邀請集團到他在石岐投資的商場開設分店，這成為了集團在中山的第二間分店[28]。雖然這些都是二線城市，但仍然具有人口密集、消費力不弱的優勢，加上租金遠較深圳與廣州等一線城市低，是不錯的選擇。集團把握機會，在中山、東莞先後開設四間分店，以提高品牌的知名度。

集團除了增設分店，也將位於珠海、江門及深圳等舊分店翻新，為顧客提供更舒適的用餐環境，並強化品牌形象。集團所試驗的經營策略，可說是相當成功。分店的營業額錄得雙位數字增長，而且在華南的分店迅速增至十間[29]。

在捲土重來的初階段，「大家樂」雖然具有一定的知名度，但要獲得優質舖位，也非想像般容易，還需要經過一番努力來提高品牌的聲譽。2004年，集團成功進駐廣州第一線商圈的天河城商場[30]，這可算是一大突破，說明了集團的知名度得到確認，被商場視為吸客的磁石。自此，更多優質店舖的業主向集團招手，而集團在租金和租務條款的議價能力方面也大大提升。李偉基憶述，進駐天河城是一件令人振奮的事，但更令集團自豪的，是商場打破慣例，讓兩間「大家樂」開店：

> 「集團原來計劃在廣州天河城六樓開設一間分店，但後來聽聞商場業主有意招攬另一間燒味餐廳在七樓開店，集團便向商場業主自薦在七樓開設燒味餐廳。結果商場打破慣例，接納我們的提議，讓我們在同一個商場內，開設兩間以『大家樂』命名的門店。」

「大家樂」在天河城的經營，也是靈活應變，適應當地市場，在燒味餐廳內增設兩間貴賓房，方便客人開會之用。這服務甚受歡迎，現時一些分店如深圳海岸城也設有貴賓房。

26 李健標在中山經營家庭電器批發，又在中山小欖承包了一個商場，有意招攬香港品牌進駐。
27 小欖鎮分店於2002年11月開業。
28 石岐分店於2003年5月開業。
29 《大家樂集團有限公司2003-2004年報》，頁11。
30 廣州天河城為中國最早的大型購物商場，於1996年開業，是天河城商圈的重要組成部份。

自2001年後，「大家樂」繼續推行本地化策略。菜式餐價調低至貼近當地市民的消費水平；餐單雖然採用香港的菜式，但一樣照顧當地口味。「大家樂」在內地屬檔次較高的消費，因此裝修上會增加一些消閒元素，在個別分店更提供點餐服務。在人力資源方面，集團在實施本地化的過程中，已逐步培養了一批本地經理、大廚，成為了今天中國團隊的重要骨幹。

## 利用「合資經營」開發華東

2003年開始，「大家樂」實行「兩條腿走路」，同時開拓華南和華東兩個市場。在華南，「大家樂」繼續擴展業務，廣開分店，並在東莞開設食品製作廠房，亦嘗試開展機構膳食服務。在華東，「大家樂」也遇上新的投資機會，「上海新亞集團」（現易名為「錦江集團」）於2003年邀請「大家樂」到上海，以合資經營方式開發「新亞大包」中式連鎖快餐店。雙方合資成立「上海新亞大家樂餐飲有限公司」[31]，各佔一半股權。合資公司除經營「新亞大包」外，也計劃在華東開設「大家樂」分店。

「新亞大包」為上海規模最大的中式快餐連

31　集團於2003年3月與上海新亞集團股份有限公司簽署協議，共同投資上海「新亞大包有限公司」，各佔50% 股權。資料來源：《大家樂集團有限公司2002-2003年報》，頁18。

鎖集團，擁有 90 間分店 32，由於當時的經營狀況並不理想，因此中方找尋合作伙伴，希望可以整頓業務。「大家樂」雖然只有一半股權，但擁有百分百的管理權，負責「新亞大包」的日常運作，並在營運、市務、產品發展方面注入新元素。

「新亞大包」分店主要位於住宅區的街舖，向普羅市民提供豆漿、油條、大餅、菜肉包、小籠包與麵條，售價屬中檔水平，介乎小販攤檔與飯店之間。這些產品是早餐類食品，較難吸引上海人於午飯或晚飯時間光顧；為了開發午市和晚市，「大家樂」擴闊餐單，引入其他食品如豬扒飯。

「大家樂」發揮所長，運用管理香港分店的經驗，協助「新亞大包」建立分層分組的管理架構，首先將「新亞大包」的分店劃分為兩個區，每區設有兩名內地總監，而內地總監之上設香港總監。每名內地總監負責管理幾個組，每組由業務經理和總廚管理屬下各分店的經理。各組的業務經理已實行本地化，除了一名香港經理外，其餘所有業務經理都是內地員工，而香港經理在團隊中主要扮演指導角色。此外，「大家樂」訂明總廚巡查表的檢查清單、經理和大廚的權責等，為「新亞大包」提升管理水平。

經歷了四年的革新，「新亞大包」連鎖業務於 2007 至 2008 年度轉虧為盈 33。可是，管理文化的差異還是令雙方分手拆伙。「大家樂」於 2008 年決定提前解除合作協議，「新亞大包」歸上海新亞集團所有，而在華東以「大家樂」命名的餐廳則歸「大家樂」所有。

事實上，不少中外合資企業都是因了解而分開，他們面對的一大難題是，外資企業與國營企業的經濟目標不盡相同，前者以賺取利潤為首要目標，後者則著眼於「最大利潤」以外的目標，如擴展市場或吸納外資技術。此外，國營企業還要肩負社會責任，例如創造就業機會、維持業務、穩定經濟增長等。既然目標各異，雙方在經營方針、管理文化上都容易出現分歧。

「大家樂」與「新亞大包」也面對類似的差

32  《大家樂集團有限公司 2002-2003 年報》，頁 18。
33  《大家樂集團有限公司 2007-2008 年報》，頁 7。

異和分歧。羅碧靈曾經這樣說，母公司的國企文化，以國家責任放在首位，而「大家樂」的商業文化則以市場為原則，利潤為依歸[34]。事實上，上海新亞集團是市政府企業，除了經濟目標外，它同時需要滿足兩項社會功能，一是為下崗工人提供就業機會，二是作為上海市早餐供應的「模範店」。

華東項目的團隊成員有總監、總廚、大廚等約七人，初期由集團業務總經理羅碧靈負責，2004 年由梁祖成接手。梁祖成於1983 年加入「大家樂」，入職時為分店副經理，一直在香港快餐業務部效力，升至業務經理，1990 至 1995 年擔任「意粉屋」總監，1995 至 2003 年擔任「泛亞飲食」總經理，在管理快餐、特色餐廳、機構飲食方面有豐富經驗。2004 年調任華東業務總經理，主理「大家樂」在華東的發展。

梁祖成的首要職責是引入新的管理制度，以提升「新亞大包」門店的營運效率，他的方法是借用「大家樂」在香港的成功經驗，鼓勵內地員工工作的積極性。

> 「內地的管理風格跟我們在香港習慣的一套差異很大，所以我們為提升企業的效率，鼓勵多勞多得的觀念，嘗試引入一些新的措施，例如設立獎勵制度，類似我們在香港沿用的方式，將營業盈利與獎勵系統掛鈎；此外，對於表現良好的同事，我們提供晉升機會。」

過程中「大家樂」經歷了一次管理上的學習之旅，原因是內地與香港之間在管理文化方面差異相當大，改革的成效並非預期中順利。

### 突破框架　經營「茶餐廳」

2004 年，「大家樂」在上海淮海路時代廣場購物中心開設分店，以年輕人及白領為主要顧客，走中高檔路線，每人平均消費約 20 元，較「新亞大包」7 至 9 元的消費水平高出一大截。食品種類包括雲吞麵、鰻魚飯套餐、海南雞飯

| 34 蔡利民、江瓊珠，2008，頁199。

等。分店具港式茶餐廳風味，裝潢甚至比本港的「大家樂」更摩登[35]。

然而，「大家樂」在華南成功推行的餐單與快餐模式，卻不太適合上海市民的口味。梁祖成有這樣的見解：

> 「上海人吃早餐正是『新亞大包』所供應的食品，如豆漿、油條、小籠包；『大家樂』提供的西式早餐如奶茶、咖啡，不太合他們的口味。上海人不大喜歡在晚上或假期吃快餐，因此『大家樂』快餐最旺的時段，只有週一至週五的午飯時間，如此一來，業務是很難維持下去的。反觀來自香港的食肆，在上海開設的茶餐廳，甚受歡迎。對上海人而言，港式茶餐廳有裝修、環境整潔、食品味道比華南的粵菜清淡點，沒有那麼油膩，他們視港式茶餐廳為粵式小菜館，在上海有一定的市場。」

「大家樂」的快餐模式不太適合上海，團隊認為茶餐廳或是可行的出路。快餐店與茶餐廳不同，前者以自助形式，不提供送餐服務；後者則提供侍應服務。更重要的分別在於，茶餐廳的菜式選擇比快餐多，而且食物製作的質素有賴於廚師的手藝。「大家樂」以勇於嘗試、不斷學習的精神，於2011至2012年度，邀請顧問指導集團開設茶餐廳，在南京水游城商場設立試點，結果令人鼓舞，門店開業第一年已經獲得盈利。梁祖成如此描述當時的南京店：

> 「我們聘請了一位茶餐廳顧問，他是內地的廣東人，與所熟悉的廚師領班[36]一同籌組南京店。水游城店的餐價大眾化，食物種類繁多，除了提供『大家樂』的經典菜式，如一哥豬扒飯、咖喱牛腩，還增設中式小炒，如炒粉麵飯、雲吞麵等粵菜，那兩位搞手在下半年更增加水煮牛肉等一系列水煮菜式；又提供上海前菜，如薰魚、糖蓮藕等。這間店非常成功，第一年已經賺錢，繁忙時段主要是晚上與假期。雖然晚上6時才入座，但顧客早於下午4時，便已開始排隊取籌。場面之熱鬧，曾刊登於報章。」

南京第一間茶餐廳成功後，集團便陸續在南

35 〈闊別八載「大家樂」再登陸上海〉（2004年11月11日）。《香港經濟日報》。

36 茶餐廳顧問與廚師領班在南京店開業後一年離開。

京、蘇州開店 37，並將原有在上海的快餐店轉為茶餐廳。華東的茶餐廳亦改以「金裝大家樂」命名。

可是，隨著茶餐廳熱潮過去，華東茶餐廳業務漸走下坡，加上上海的餐飲業競爭激烈，雖然集團曾調低餐飲價格，但始終未能扭轉劣勢。梁祖成再補充兩點困難，第一，商場環境變化，尤以南京兩間分店為甚。南京水游城附近興建了新商場，增加了不少食肆，因此競爭非常激烈；另一間南京店也面對相類的問題，商場內增加一層，闢作食肆之用，在在打擊「大家樂」分店的生意。第二，茶餐廳倚賴廚師手藝，然而集團一直未能組成堅實的廚師隊伍，無法穩定食物質素。

### 撤離華東　專注華南

「大家樂」於 2017 年 10 月下旬，宣佈關閉華東餘下兩間分店，暫時撤出華東。梁祖成長駐華東十年，2013 年重返香港總部，將多年累積的經驗和心得，應用於推進香港的休閒餐飲業務。「大家樂」在文化、語言和地理方面，與華南較為接近，但與華東則有較大差異，為此，集團嘗試以有別於華南的獨資經營方式，透過與「新亞大包」合資經營，希望吸納華東市場的經驗；又打破固有模式，開設茶餐廳，希望配合當地的市場需要。結果是「新亞大包」轉虧為盈，可惜因合作問題無法持續下去；茶餐廳方面雖然初期成績理想，可惜未能持續發展。雖然華東的試驗未能成功，但毋庸置疑，這些經歷成為集團日後繼續在中國開拓市場的寶貴經驗。

撤離華東後，集團專注華南。自 2001 年起，集團已經在華南大展拳腳，餐飲業務迅速增長，截至 2018 年 3 月底止，共有 97 間分店 38，並已有明確的市場定位。華南「大家樂」跟香港「大家樂」的快餐定位不同，以中高檔休閒餐飲作為發展方向，符合華南市場的發展趨勢。快餐類餐飲在中國的增長率雖然較香港高，但增長放

---

37　據梁祖成的訪談，蘇州店的位置不佳，不足一年便結束了。

38　《大家樂集團有限公司 2017-2018 年報》，頁 9。

緩，顯見市場漸趨飽和；相反，休閒餐飲的增長率較高，甚具市場潛力。

再者，集團的餐飲定價較中國本土的快餐店或西式快餐店高，為提高性價比，集團打破快餐店全自助的模式，提供半自助式服務。顧客購票點餐後，不用自助取餐，可先坐下體驗舒適的餐飲環境，服務員自會將餐飲送到。事實上，集團早於 2002 年在華南開設分店時，已為顧客提供送餐服務，反觀香港快餐店，直至近年才開始提供這類服務。

# 繼往開來　發展華南

「大家樂」在華南市場已定下了一套營運方向，接下來如何在現有的基礎上，進一步拓展華南市場？且讓我們聚焦華南，探索「大家樂」的新里程。

　　集團專注華南，特別是大灣區的廣州和深圳等一線城市。這策略可說是因勢利導，中央於 2017 年將「粵港澳大灣區計劃」（簡稱大灣區計劃）提升為國家戰略[39]，中港澳三地政府大力推動各式各樣的基建投資、產業發展等，致力將大灣區打造成國際一流的灣區。大灣區計劃的內地部份涵蓋 11 個廣東省城市[40]，其中廣州和深圳的人口與人均收入最高。2016 年，廣州的人口為 1,404 萬，深圳為 1,191 萬，人均收入分別為 21,375 美元與 20,263 美元，遠高於廣東省平均的 10,962 美元[41]。參與編寫大灣區規劃報告的中國國際經濟交流中心更預測，到 2020 年，大灣區的本地生產總值將追平東京灣區；到 2030 年，將達 4.62 萬億美元，超過東京灣區（3.24 萬億美元）與紐約灣區（2.18 億美元）[42]。大灣區的經濟潛力，實有利於「大家樂」擴展華南的版圖。

　　值得留意的是，中國於 2016 年 5 月 1 日起，進行了一項重大的稅制改革，全面以增值稅取代營業稅，稱為「營業稅改徵增值稅」（簡稱「營改增」）[43]。「營改增」的目的是避免企業雙重課稅，遏止納稅人逃稅漏稅的情況，雙重課稅的意思是企業同時支付營業稅與增值稅，前者以營業額為徵稅基礎，後者基於商品及服務的增值部份徵稅。一些企業為了避免重複納稅，便隱瞞交

39　早於 1994 年，時任香港科技大學校長吳家瑋曾提出參照美國三藩市灣區建設「香港灣區」或「港深灣區」，直至 2008 年，國家發展和改革委員會（即國家發改委）提出珠三角發展策略，自始，逐步展開了大灣區的構思。2017 年 3 月，大灣區計劃提升至國家戰略層面，國務院總理李克強在《政府工作報告》中提出，「研究制定粵港澳大灣區城市群發展規劃，發揮港澳獨特優勢，提升在國家經濟發展和對外開放中的地位與功能。」資料來源：《粵港澳大灣區概況》，2018 年 2 月 23 日。

40　粵港澳大灣區蓋涵「二區九市」共 11 地，包括香港和澳門兩個特別行政區，以及廣州、深圳、珠海、佛山、中山、東莞、惠州、江門、肇慶九個城市。資料來源：同上。

41　2016 年，除廣州及深圳外，其他大灣區城市的常住人口為東莞 826 萬、佛山 746 萬、香港 712 萬、惠州 478 萬、江門 454 萬、肇慶 408 萬、中山 323 萬、珠海 168 萬與澳門 64 萬。除廣州及深圳外，其他大灣區城市人均收入（以美元計）為澳門 70,160 元、香港 43,743 元、珠海 20,263 元、佛山 17,453 元、中山 14,981 元、東莞 12,452 元、惠州 10,784 元、江門 8,038 元與肇慶 7,708 元。資料來源：同上。

42　〈粵港澳大灣區規劃現雛形 2030 成全球第一〉（2017 年 7 月 11 日）。《香港經濟日報》。

43　「營改增」於 2012 年起由上海交通運輸業與部份服務業開始，逐步將營業稅改徵增值稅，直至 2016 年 3 月下旬，財政部和國家稅務總局聯合公佈，由 2016 年 5 月 1 日起，將餘下的四大服務業：建築業、房地產業、金融業以及生活服務業（包括餐飲業），全面納入「營改增」範圍，這標誌著實施 60 多年的營業稅完全被取締。

易，減少稅務負擔；但「大家樂」作為香港的上市公司，一向依循法規納稅，承擔兩種稅款。推行「營改增」後，餐飲業統一支付增值稅，估計可大幅減少隱瞞交易所造成的偷稅漏稅行為，各餐飲企業都依法納稅，方可維持公平競爭。

「營改增」實施後，一方面減少餐飲業重複納稅，創造更公平的營商環境；另方面，稅率也作出下調，鼓勵投資。2016年5至11月期間，全國餐飲的稅務負擔減少50.7%，達89.5億元人民幣[44]。

「大家樂」中國業務經過了十多年的增長，到了2014年，又再進入企業經濟周期的放緩階段。2014至2015年度，集團的同店銷售較去年同期只有3%的輕微增長[45]，2015至2016年度，集團同店銷售相對去年同期減少7%[46]。

「大家樂」明白集團在華南發展近20年，必須不斷創新思維、更新經營模式，才能跟上市場急速發展的步伐。2016年，楊斌加入「大家樂」，擔任行政總裁（中國），負責統籌集團在中國的業務，首要任務是改善分店的營運效率和士氣，重新部署人力資源、產品質素，以及電子餐飲市場等各方面，進一步提升集團的競爭力。楊斌出身於中國內地，在多間跨國飲食集團從事過策略管理，具備開拓中國市場的豐富經驗。這時李偉基已屆退休年齡，以顧問身份協調新舊交接。

### 商圈變化影響分店生意

「大家樂」為提升整體營運效率，唯有關閉表現不佳的分店，重整期間關閉了19間。楊斌發現分店生意欠佳，其中一個重要理由是商圈的變化，意思是地理經濟轉型，導致商業環境和人流方向發生變動。

「大家樂」選擇分店的位置，一般考慮鄰近的環境，若果附近有寫字樓、住宅區、購物商場、交通要道，只要符合其中兩項，必定是人流

44 《中國餐飲行業發展報告2017》，2017年8月。
45 《大家樂集團有限公司2014-2015年報》，頁19。
46 《大家樂集團有限公司2017-2018年報》，頁15。

暢旺的商圈。可是，中國城市發展太過急速，商圈的變化速度比預期快，一些原來生意興旺的舖位，亦動輒因周邊環境變化以致門庭冷落。

其中一個例子是一間位於中山長途汽車站的分店。以前中國的長途汽車站整日都川流不息，附近通常有食肆吸納客流；現時中國的交通運輸網絡日趨發達，市民可選擇乘坐高鐵或自駕方式往返中山，因此，近年中山長途汽車站已不再是繁盛的商圈了。

另一個例子是東莞分店。1980年代，東莞是港商和台商投資開設工廠的重鎮，有世界工廠之名。今天，東莞不少鞋廠、玩具廠等勞力密集型企業遷移往內地城市或東南亞地區，以致「大家樂」在東莞的一些分店生意一落千丈。楊斌憶述「大家樂」在東莞的變遷。

> 「東莞的變化好大，過去是香港廠家的重地，『大家樂』選擇在東莞開設分店是正確選擇。開業時曾經生意冷清，分店同事估計分店位置太過偏僻，顧客沒有留意它的存在，同事們坐巴士到附近廠房逐家派發傳單，宣傳過後，一批批港職在中午時間坐車前來用膳，生意迅即客似雲來。30年後的今天，香港廠商大多已遷離東莞，失去了香港顧客，分店生意或多或少受影響。」

## 激勵士氣壯大中國團隊

分店表現不佳除了影響集團的業績，也打擊前線員工的士氣，加上集團為改善營運效率推出一些行政改革措施，亦影響了前線員工的情緒。作為高級管理層，楊斌一面忙於分析商圈的動態，一面留心分店的團隊士氣。他曾經以顧客身份探訪一些分店，發現食物與服務的質素都不夠穩定，例如湯的熱度不足，或者任由顧客用餐後的餐盤堆積在餐桌上。他發現服務質素欠佳，除了為前線員工和分店管理層加強培訓外，還要激勵團隊士氣。

楊斌與員工開會交流，聆聽他們申訴工作困難和心聲，他注意到部份員工做事勤力、進取，而且具有相當高的工作能力。華

南「大家樂」不少分店的管理層，如營運副總監、總經理、高級經理、分店經理等，年輕時加入集團，從前線員工做起，他們肯捱肯搏，而且具創業精神，例如早期有些分店生意欠佳，出現關店、裁員的危機，員工便主動尋找新的生意機會，例如為廠家承包午餐飯盒等。

楊斌眼中，一位勤奮拚搏的員工猶如一粒寶石，失去工作熱誠的員工猶如蒙塵的寶石，必須盡快把寶石擦亮使員工再顯光芒。他對員工管理有這樣的心得：

「若要加強團隊的凝聚力，我們必須加強與前線員工溝通，了解他們的需要。例如一些前線員工反映『福食』（即員工伙食）問題，質素欠佳、又經常重複，我們便作出回應，著手改善『福食』，增加新鮮豬肉排骨，讓員工自己烹調。這些看似微不足道的安排，正展示了管理層對前線員工的關心，務求令團隊上下一心。」

勤奮向上、不斷學習的員工是企業的重要資產。

中國團隊一面吸納有管理經驗的新血，一面培訓舊有員工，以壯大實力，為有實戰經驗的員工加強其管理能力的訓練。

「集團不乏管理人才，很多同事都是高中畢業，從紅褲出身升到總監、經理，他們其實都想做得更好，或者與對手競爭，打一場漂亮的仗，可惜缺乏策略和方法。我的責任便是向他們提供管理知識；擴闊他們的思維角度；提供形勢、數據分析；從而協助他們

制訂策略。」

在人力政策方面，「大家樂」已全面落實了本地化管理的目標，分店管理層如經理、總監等已全屬本地員工；集團核心管理層如研發部、市務部等總監，大部份都是本地員工，即使是非本地員工，無論來自何方，都必須具備豐富的中國市場經驗和熟悉國情。中國業務團隊全面本地化，可增加本地員工的晉升機會，提升員工的鬥志，由熟悉國情、有熱誠幹勁的本地員工管理中國業務，方可因應市場環境變化，充份發揮靈活應變的能力。

## 提高食物質素迎合中產市場

「大家樂」在華南以優閒餐飲為市場定位，向中產消費者供應精緻和安全可靠的食物。集團是怎樣提升品牌聲譽，融入中產的市場？

「大家樂」在華南，以中產階層為對象，這跟中國未來的經濟增長趨勢是相配合的。中國的中產階層崛起，帶來商機處處，麥肯錫顧問公司（McKinsey & Company）報告 47 將年收入約6萬至23萬元人民幣的人士，界定為中國的中產階層，由此估計在 2022 年將有 75% 的中國城市人口達到中產水平，即接近三億人口。而其中可分為大眾中產和上層中產，後者一般居住在中國的沿海大城市，例如廣州，家庭年均可支配收入在人民幣106,000 元至 229,000 元之間。面對這樣龐大的市場潛力，「大家樂」抓緊商機，為白領、小家庭、小老闆等中產階層，提供中價的優質餐飲。

如何吸引這批中產客群呢？中產消費層重視食物安全、講求用餐環境和食物質素，「大家樂」中國團隊當然在這三方面著手。首先，香港「大家樂」對食品安全要求嚴格（詳見第四章），中國「大家樂」亦以此為目標，並正逐步建立產品源頭追溯系統，集團在中國內地的所有中央產製中心均已獲得 ISO 22000 及 HACCP 等國際標準認證，為顧客提 | 47　Atsmon & Magni, March  2012.

供優質安全的食物。

在用餐體驗方面，華南「大家樂」開始裝修所有華南分店，推出第六代「大家樂」餐廳，為顧客提供具活力與現代化的用餐環境。

至於食物質素，華南「大家樂」的餐單，與香港不盡相同，一面提供皇牌產品，維持「大家樂」的品牌；一面供應富特色的地道食品。楊斌指出，顧客喜愛「大家樂」的經典食品，因此集團致力提高皇牌食品的質素。

「燒味是『大家樂』的核心產品之一，也是廣東人愛吃的食品。我請了在『大家樂』做了30多年的燒味師傅忠哥回來，協助我們提升燒味的品質。他對燒味的食材非常講究，例如叉燒要用湖南土豬的肉，燒腩要丹麥進口的靚腩；做燒鴨，門店過去是用凍鴨，忠哥堅持要冰鮮鴨，而內地比香港更有條件採用冰鮮鴨。當我們推出這些改善措施後，燒味銷量翻了一番。另一個例子是燒春雞，這是『大家樂』的經典產品，我們重新調校豉油的鹹淡味道；再者，我們要求門店維持『大家樂』所訂的食物標準，如確保雞的炸法，以及春雞送予顧客時的溫度，要符合『大家樂』的要求。」

華南「大家樂」曾不惜停賣雲吞麵半年，細心鑽研湯底、麵、雲吞皮，以至餡料的配搭和做法，務求送上餐桌的是正宗的

雲吞麵。傳統的雲吞麵採用鹼水麵，過去由於法規所限，便以全蛋麵代替，今次改革重新採用鹼水麵，但必須經過適當處理以符合法規；另以青蝦代替白蝦，令雲吞更爽口；又用大地魚熬湯，令湯底味道更鮮甜。另一個例子是為顧客提供非一般的雪糕紅豆冰，紅豆冰配以優質的 Häagen-Dazs 雪糕，別具一格。

## 應用科技開拓 O2O 市場

在中國，生活服務層面的資訊科技應用發展迅速，衍生出不少新營運方式，「大家樂」與時並進，搭上科技潮流列車。中國消費者毋須攜帶現金外出，也可無憂購物，從商品交易以至流動小販付款，都可透過一台手機，掃二維碼完成。「大家樂」近年採用「微信」和「支付寶」兩大電子支付平台，方便顧客付款，同時，這些電子平台也為集團提供額外的推銷渠道。

此外，在線餐飲外賣已廣泛滲透到消費者的日常生活，根據艾媒諮詢（iiMedia Research），2017 年，在線餐飲外賣市場已超過人民幣 2,000 億元，市場規模已進入穩定期，增長率減慢[48]。「大家樂」已有 70 多間分店加入「美團外賣」[49]，市場反應理想，成為了集團擴闊客源的渠道。

「大家樂」不單利用資訊科技平台拓展客源，並藉此加強與客戶溝通，顧客用餐後，可立刻掃二維碼給予意見或投訴，目前每月收到 20,000 至 30,000 份顧客意見書，集團會盡快回覆，並作歸位分析以制定市場策略。

經過過去兩年的重整和革新，「大家樂」中國業務又再回復升勢，在 2017 至 2018 年度，華南分店的同店銷售增長達 12%，收入較上一年度增加 10%，對集團整體的盈利貢獻亦有所提升[50]，分店數目再次回升至 100 間[51]。此外，集團的品牌知名度亦從獎項中得到引證[52]。

48 網上資料：〈2017-2018 年中國在線餐飲外賣市場研究〉（2018 年 1 月 17 日）。《艾媒網》。

49 「美團外賣」是流行於中國城市的網上訂餐 APP。

50 《大家樂集團有限公司 2017-2018 年報》，頁 18。

51 至 2018 年 8 月 1 日的最新數字。

52 獲廣州市工商行政管理局授予「廣州市著名商標」，並獲中國烹飪協會嘉許為「中國快餐卓越品牌」和「中國快餐百強企業」。

## 總結

　　經過 25 年的不斷嘗試和學習,「大家樂」從股權、管理權,以至門店營運模式,都不斷在摸索、嘗試中,吸收了豐富的經驗。今天,集團在華南市場已有明確定位,並定下了一套營運方式。

　　綜觀「大家樂」的歷程,越過重重挑戰,時而擴展,時而專注,以順應經營環境的變化,以及有效調配資源發展市場。

　　「大家樂」建立了香港第一中式快餐集團的實力後,便雄心壯志,於 1992 年,進軍中國市場,並派出經驗豐富的香港員工,在廣東、上海和北京開設了 20 家分店;原來一家香港的上市公司亦難以調撥資源應付偌大的中國版圖,加上中國餐飲市場尚未成熟,「大家樂」的鐘擺一下子盪向「專注」的一方,集團選擇從北方退向南方,保留華南幾間分店作試點,以檢討舊有模式,探索新的方向。集團這一階段的擴張成果,可說是開拓了中國這個新市場,將資源專注於華南地區,結果證實了「本地化」經營模式才可達至成功。

　　中國經濟持續增長,加上中央推動內部需求,鼓勵消費,2002 年「大家樂」捲土重來,正配合市民穩步上升的消費力。集團重新步入擴展階段,在華南全力拓展,在華東以不同模式開發這個新市場,中國分店曾經增加至 100 多間。然而,在華東,「大家樂」發現經營模式始終未能充份配合當地市場,於是決定與其分散資源於華南、華東,倒不如集中資源,專注在華南的發展。

　　放眼前路,專注華南,不等如收縮業務,而是令「大家樂」聚焦於大灣區市場,特別是深圳與廣州等一線城市,以及進一步提升食物安全和顧客體驗,滿足消費者的更高要求。再者,在互聯網技術與餐飲業結合的新趨勢下,「大家樂」投入更多資源於應用科技,擴展外賣 O2O 市場。「大家樂」承接過去在中國奠下的基礎,本著不斷開創的精神,繼續將華南市場打造為集團業務增長的火車頭。

　　「大家樂」在中國的經驗,又再印證了集團的企業精神:不

斷學習、從挫敗中累積經驗、以靈活應變的思維建立創新的模式，最終找到合適的市場定位。「大家樂」的企業文化是以顧客體驗為本，若謹守這經營原則，工作團隊還要繼續關注市場和社會環境的變化，既要保持市場優勢，亦要不斷追求創新。

# 6

## 傳承創新

2018年，「大家樂」正在慶祝它的50歲生辰，不經不覺中式快餐已經走過了50個年頭，集團同寅正在總結它的過去，盤點它的優和劣，去蕪存菁，以傳承這個有半世紀歷史的企業品牌。

「傳承」是一個近年香港社會的常用語，有人認為是保留舊建築、舊文化，有人認為是緬懷過去。「大家樂」沒有祖傳物業、家傳秘方，亦不願一味懷舊，那麼，集團的傳承應朝哪個方向走？

我們將從品牌、人才及企業管治三個方向討論「大家樂」的傳承課題。已經走過50年了，「大家樂」自覺這個本地品牌已建立了一定形象，有人會問，快餐只是簡單的平民飲食，有什麼傳承問題？且看下文，「大家樂」如何維持品牌的定位和形象。品牌的傳承倚仗人力、專才、組織和系統的投入才能持續下去，我們將從人力的傳承和企業管治的傳承兩個方面來討論。原來「大家樂」的企業持續發展理念，是將集團的企業文化與社會可持續發展的理念，融合一起衍生出來的，我們將會深入闡釋。

在這一章裡，我們一面總結這幾個方面的傳承課題，同時請來現任首席執行官（CEO）羅德承，跟我們一起暢談集團的傳承理念和方向。羅德承是創辦人羅開睦的兒子，1996年加入「大家樂」，做過採購、中央產製及租務等「後防」部門，2016年接任 CEO 之職，帶領高級管理層推動企業的發展，並且與現任董事局主席羅開光，一起探索「大家樂」的傳承方向，以延續「大家樂」的企業精神和文化。

# 品牌的傳承

談到快餐品牌的傳承，我們發現坊間的飲食資訊中有關快餐的內容非常少，對於有「美食天堂」稱譽的香港，大家的興趣主要在引人的美食或特別的進食環境；觀感上，快餐不是美食，看似沒有地區特色，只是以價廉、方便、快捷取勝，乏善足陳。

從政府的統計數字，我們發現了快餐並非無關痛癢，不值一哂。1977 年政府開始公佈餐飲業的統計數字，快餐店的銷售收入迅速上升，在 1980 至 1989 年間，以雙位數字增長，平均增長率達 25.1%；1990 至 1999 年為 13.1%。隨後增長率漸趨穩定，在 2008 至 2017 年近十年裡，平均每年以 6.1% 增長 [1]。這些數字反映快餐愈來愈被市民所接受。

在市場佔有率方面，1977 年的快餐收益佔食肆總收益 2.3%，自此逐步增長，1990 年開始突破單位數字，達 11.3%，快餐市場穩佔餐飲業一席位，在過去十年（2008 至 2017 年），快餐的平均佔有率為 17.8% [2]。可以想像，快餐消費已經成為一種生活習慣，市民外出用膳的消費中，約有 1/6 是花在快餐店的。

香港餐飲業的起伏跌宕與經濟環境有關，經濟好景時，餐飲業的收益上升，經濟變差時，餐飲業的收益下降，但當中快餐業的銷售收入比較穩定。例如 1998 年亞洲金融風暴時，本地生產總值下跌 6% [3]，餐飲業總收益比前一年縮減 7.9%，但快餐業卻有 2.1% 增幅；2003 年沙士期間，本地生產總值下跌 10%，餐飲業總收益下跌 13.7%，而快餐業只下跌 7.4%，當年快餐店收入佔餐飲市場更上升至 19% [4]。我們從這些數字推論，在經濟環境較差的時候，市民的消費意欲較低，外出用膳時傾向選擇快餐。

可見，快餐並非一個乏善足陳的課題，它與

1　《食肆的收入及購貨額按季統計調查報告》，1983-2017，歷年。
2　同上。
3　網上資料：〈世界發展指標〉，《世界銀行資料庫》。
4　《香港統計年刊》，1978 至 2017，歷年。

我們的生活息息相關。羅德承以「剛性需求」來形容市民對外出用膳的習慣，他發現外出用膳的理由不單只為填飽肚皮這生理需要，還有更重要的社會需要和價值。

「一家人一起吃頓飯，慶祝生日或節日，大多選擇外出用膳，由我的祖母一代到我的母親一代，一直堅持集齊全家一起吃飯，有什麼事情比家庭聚會更重要？只要一家人齊齊整整坐在一起，便是一件很溫馨美滿的事情，這就是香港人，甚至廣東人重視的家庭文化，由此帶來社會消費的需求。」

在第二章〈與城市同步〉及第三章〈開飯喇！〉，「大家樂」前線員工亦憶述過市民來快餐店舉行家庭聚會，此外，還有入戲院前來買小吃的、於中午趕吃飯的、與朋友閒聊聚會的、「無飯夫婦」來吃晚飯的、一家大小來慶祝節日的，甚至專誠來吃特色產品的。在快餐店用膳，包括為了填飽肚皮、娛樂、社交、慶典等形形色色的消費理由。「剛性需求」的背後，便是這些日常生活中為滿足個人、家庭和社交的生理和社會需要。

我們在第一章〈連鎖快餐品牌的誕生〉敘述了「大家樂」由小食店發展成連鎖中式快餐品牌的經過，1977 年，集團在它的第一個電視廣告裡，將連鎖分店稱為「香港人的大食堂」；40 年後，集團仍然矢志達成「香港人的大食堂」這個抱負 5。羅德承形容，這就是品牌的傳承。

「我們一直 stay focused，意思是焦點集中在做好一個社區食堂，『大家樂』產品的價格是一般階層可負擔的水平，顧客以合理的價錢品嚐味美、安全、衛生的食物。另一點是 stay relevant，意思是讓顧客可以在我們的分店裡找到需要的東西。」

50 年前創辦人以「摸著石頭過河」的方法發展「大家樂」，經過不斷學習和反思，今日的繼承者將過去所得，凝聚為「大家樂」的企業精神：專注於做好社區食堂的角色，定位於滿足市民大眾的日常所需。這套企業精神不變，但時代變遷促使集團不斷自我調節、更新，我們且看「大家樂」如何與時並進，不斷為「社區飯堂」注入新元素。

| 5 《2017 可持續發展報告》，頁 2。

在餐單方面,「大家樂」推出過多個招牌產品,最早期有漢堡包、熱狗、炸雞髀、蝦多士等小食,繼而有特色創新產品如粟米燒春雞、鐵板扒餐。經過多年沉澱後,創新食品變成長青產品,如焗豬扒飯、燒味、火鍋等,同時視乎顧客口味的變化和潮流趨勢,不斷推出時令食品和富地方特色的菜式,使「大家樂」快餐的餐單保持新鮮感。

在照顧社區需要方面,「大家樂」的分店原本集中在繁忙市區,隨著新市鎮的發展,分店擴展到新界、九龍、香港島的新舊社區;為配合小家庭的生活習慣,集團推出晚市中式套餐;為配合核心商業區的午飯壓力,商業區的分店實施多種快線措施以加快流量。

綜合而言,「大家樂」這個社區飯堂,以滿足市民日常所需為大原則,但形象和服務形式則追求創新、多變。別以為集團所指的「香港人的大食堂」限於連鎖快餐店,自1990年代初,「大家樂」開始進駐快餐以外的餐飲市場,我們在第三章〈開飯喇!〉中敍述了集團業務多元化的發展經過,既有機構飯堂、學童飯盒,也有休閒餐飲和新的餐飲品牌。換言之,「大家樂」集團旗下各餐飲服務一起扮演「社區食堂」的角色,以多元化的餐飲品牌組合,讓市民在不同情景下的飲食需要都得到滿足。

「大家樂」上市時,正值餐飲消費及快餐消費急速上升的時候,集團在上市後十年內的營業額以雙位數字增長,1986至1995年平均增長率是24.3% [6]。集團餐飲業務漸趨勢成熟,踏入千禧年代,2000至2017年期間,營業額的平均增長率為7%,較香港快餐業的總收益值的增幅為高;香港的人均國民收入已屬高收入國家水平,2017年為463,106元 [7],市民對生活質素的要求愈來愈高,無論是餐飲業或其他消費行業,都強調品質和服務水平以配合社會的需求。「大家樂」亦循這方向發展,不斷向產品品質和服務質素尋求創新和突破。

因此,除了提供多元化餐飲服務外,集團提出「顧客旅程」這新概念,以突出餐飲業的服務

6　《大家樂集團有限公司年報》,1986至2017,歷年。

7　網上資料:〈世界發展指標〉,《世界銀行資料庫》。

元素，從顧客的角度出發，規劃集團的餐飲供應流程和系統，由食物的品質、安全、性價比，以至顧客的進食經驗，即點餐、取餐、等待、進食環境和氣氛，以至堂食和外賣服務等整個流程，務求做到顧客有滿意的體驗。

「大家樂」引入「顧客旅程」的概念，令顧客從點餐、取餐、等待，進食環境和氣氛、以至用餐，都有滿意的體驗。

　　「大家樂」這個社區飯堂，50 年來角色不變，但餐單和服務形式追求創新和進步，不單只講求價廉物美和效率，還重視顧客體驗，為「物超所值」注入更豐富的理解。品牌傳承就是延續這套以顧客為本、求變創新的企業精神。

# 人才的傳承

1974年，「大家樂」首間自助式快餐店誕生，顧客要學習適應沒有侍應招呼，自行點餐、捧餐的文化；當時創辦人在餐具質素、裝修，甚至外賣飯盒，細心地考慮顧客的需要，引入別具心得的設計，可見「大家樂」早已有餐飲服務的理念。然而，要在自助快餐門店關心客情，集團就需要吸納和培養懂得留心客情、明白顧客需要的員工。

從分店前線員工的訪談，我們聽到分店的工作團隊如何觀察環境，靈活應變地安排工作流程，以滿足顧客的需要，大家可以在第二章〈與城市發展同步〉的前線故事中讀到。前線工作者早有照顧客情的意識，品牌的傳承必須有人員和人才的傳承，通過企業人員和組織將企業的精神和文化延續下去。因此，人才的傳承是企業持續發展的重要基礎。

過去50年，「大家樂」透過內部晉升來培養前線管理人才，俗語叫「紅褲子」出身。他們由基層員工做起，有些只有初中學歷，入職時被編排到廚房或水吧工作，從實務中吸收經驗，加上個人的才幹、用心投入，集團給予晉升機會，在不同崗位接受歷練，拾級而上，逐步晉升至總監級至總經理級職位。

我們在第一章亦談過分層分級的連鎖快餐店管理制度。這套內部培訓和晉升機制非常奏效，特別在1970至1980年代，當時香港教育機會不多，大量15至18歲的離校生，渴望於人浮於事的勞動市場中求職，在「大家樂」遇上難得的好機會便緊抓不放、勤奮向上，這可說是上世紀七、八十年代的工作態度。所謂制度，不獨是依章辦事，還可發揮員工的主動性和投入感。我們在2018年農曆年初三到訪過一些「大家樂」分店，春節期間，分店生意特別好，但人手較緊張，於是中層員工由見習經理、副經理至分店經理，發揮團隊精神，在水吧前面以敏捷靈活的動作和豐富的實務經驗來應付急轉的客流，分店內充滿生氣。

集團推行資歷架構認證計劃，吸引更多年輕生力軍加入。

　　可以肯定，這種工作拚勁在「大家樂」快餐前線的系統裡已經穩固地建立起來，但業務的擴展不能單靠拚勁。1986年集團上市，開始重視管理制度和系統，員工必須隨時代轉變提升工作能力，學習現代管理方法，如案頭規劃、數據分析、管理下屬、人際溝通等技能。50年來，集團規模持續膨脹，為了有效地管理多元化的業務，不斷引入科技以提升企業組織和管理制度，如分店管理和食物追蹤的互聯網資訊系統；目前香港分店正引入自動點餐機；中國分店則應用電子點餐系統。「紅褲子」出身的前線員工需要持續學習，適應科技化的管理方法。

　　新一代員工的優勢是教育水平較上一代高，較容易掌握資訊科技的應用和案頭文書工作，但如何讓新一代年輕人理解實戰鍛煉的重要性，願意如上一代的「紅褲子」般，一步步地提升個人的工作能力，拾級而上地追求個人事業發展？有人擔心年輕新一代未必能繼承上一代的工作態度，羅德承卻對年輕一代有樂觀的看法。

　　「今天我接觸到的年輕一代，七十後、八十後的都一樣肯捱肯搏，他們未必是為了加班費，可能是為了對團隊的承擔、追求達標的滿足感等。雖然兩代人的價值觀或生活習慣有差異，我希望大家可以互相體諒，維持大家庭互相關懷的氣氛。我很欣慰，目前的

分店經理或分店管理層之中有不少 30 來歲的新一代，他們在公司有十多年經驗，由暑期工、兼職收銀、兼職水吧做起，是新一代的『紅褲子』。」

為促進新一代的工作投入感和積極性，羅德承認為必須強調餐飲業的價值，在於人與人之間的相處，所以，餐飲業絕非可以輕易被科技或機器所替代。

「我的想法是不應以科技取代人力，若果餐飲業不斷以科技削減人力，門店變成售賣機般失去人性，餐飲門店跟賣『叮叮飯』的便利店有什麼分別？為了吸引年輕人，除了薪酬待遇，我們還強調技能的發揮，技能的意思不單只是埋頭苦幹的耐力，還有團隊合作、與人溝通、理解顧客需要、懂得滿足顧客需求的能力，顧客獲得良好服務後會表達讚賞，我希望年輕人懂得欣賞這些工作滿足感。」

在以顧客體驗為本的餐飲理念下，「大家樂」的前線團隊是服務業人員，工作方向是維持良好服務態度和人際溝通；技能要求是對顧客需求觀察入微、靈活變通、提供適切的服務，讓顧客吃得開心。後防團隊負責食物製造和供應管理，工作方向是維持品質和效率，持續供應安全、健康、性價比高的菜式產品；技能要求是專業知識和態度，讓顧客吃得放心。集團總部還有產品研發和推廣的團隊，工作方向是不斷構思及安排推出創新、物超所值的產品；技能要求是時刻留心市場脈搏和顧客口味的變化，讓顧客吃得順心。我們在第四章〈從農場到餐桌〉中講前線、後防、產品研發及宣傳推廣的團隊，如何各司其職和互相配合，一起為「大家樂」這社區飯堂提供物超所值的餐飲服務。

50 年來，後防與前線互相配合，前線熱情拚搏，負責衝鋒陷陣，應對瞬息萬變的商機；後防冷靜專業，以知識和觸覺輔助前線達至目標。一個企業有熱情拚勁的筋肌、專業冷靜的思想、靈活應變的態度，必可在時代急速轉變的環境下，保持競爭力。「大家樂」的歷史是由企業的成員創造出來的，所以培養和維繫人才，是維持企業競爭力的重要基礎。

# 企業管治的傳承

「大家樂」是一間有家族成員持股及管理的上市公司，集團品牌、人才和組織得以傳承，有賴良好的企業管治制度和文化。現在，讓我們討論一下這方面的傳承。

根據家族企業的理論，家族企業一般有幾個代際周期，第一代是父母創業，一手一腳打拚江山，有絕對擁有權；第二代是手足關係，兄弟姊妹成長過程中或有磨擦，當生意有困難時，手足不和就會表面化、白熱化；第三代是堂兄弟和表親，若果不能找到溝通共識，企業便要解散[8]。

跟這個傳統的代際周期不同，「大家樂」創辦人組合包括堂兄弟和叔侄，企業開創期已處於理論所界定的第三代。我們在第一章的開端已經闡述過，「大家樂」的創辦人是由羅氏四房兄弟叔侄所組成，第一代家族成員有羅騰祥、羅芳祥及他們的侄兒羅開睦，加上羅騰祥和羅芳祥的大哥羅階祥，前面三人親力親為地推動企業的開創工作；自羅芳祥另行組建「大快活」後，原來的四房成員變成三房，羅階祥兒子羅開親亦加入日常管理團隊，參與企業發展的工作。因此「大家樂」的家族成員於創立初期已建立共識的企業文化，大家有什麼不同意見，都懂得通過討論和溝通來達至共識。

「大家樂」至今已經歷三代人，每一代參與企業管治的家族成員一直都有三房的代表，繼承者加入企業管治的時間雖有先有後，但成員之間的關係始終包含兄弟、叔侄、堂兄弟姊妹等多元組合。隨著家族繁衍、成員間的利益分歧愈大，單是倚賴共識未必能協調不同意見，企業必須設立正式的機制去解決分歧，有些家族企業透過成立家族議會或家族約章來達到這個目的。

至於「大家樂」，創辦人羅騰祥和羅開睦可說甚具遠見，早於 1986 年已將「大家樂」上市，成為香港第一

8  Habbershon, et. al., 2010, pp.1-37.

間上市的快餐集團。上市的好處是借用香港聯合交易所（簡稱聯交所）的規例，將現代管理模式引入「大家樂」的管治制度之中。家族成員可透過股東大會和董事局參與討論企業的發展方向、監察企業的運作；與此同時，聯交所上市規則對股東大會、董事局都有嚴格的規定，換句說話，家族股東之間若有紛爭，可以透過既定的管治架構解決，以免因家族糾紛而危害企業的穩定性。

「大家樂」透過上市，一方面規範家族成員的參與方式；另一方面，以此提升企業的管治水平。「大家樂」由一間家族管理的私人公司，轉型為大眾持股公司，管理層必須向股東交代、負責。為了保障小股東的權益和知情權，聯交所制定愈來愈多指引和規範，這其實有助集團不斷完善其管治制度。

根據家族企業的理論[9]，當企業發展到第三代，或會浮現企業管治質素的問題，因為企業的生意做得好，規模愈大，決策和管理水平亦要提高，而最好的辦法是吸納專業人才進入管理層。換言之，當企業膨脹到一個階段，所需要的專才智慧未必可以在家族成員之間找到，這時，企業不應因家族缺乏相關人才而停步不前，應該透過招聘去擴大公司的人才庫。

「大家樂」創辦人明白科學化管理與吸納專才的重要性，集團一面從內部晉升，一面向外招攬人才承擔重要職務。1980 年代，羅氏的第二代成員陸續加入，由羅騰祥的女婿陳裕光、兒子羅開光及女兒羅碧靈承擔高級管理層的角色[10]。這幾位第二代家族成員有相當教育水平，曾在集團內不同部門接受歷練，與集團一同成長，跟員工、顧客、供應商建立長期的關係，熟悉行業的運作。因此他們既是家族成員，也是具備豐富管理經驗的專業經理。上市後一段長時間，董事會超過一半董事是家族成員，部份是執行董事，不過集團亦邀請專業人士出任非執行董事。踏入 2010 年代，第二代家族成員陸續從執行角色退下，羅開睦兒子羅德承及羅開親兒子羅名承兩位第三代成員，便繼承部份管理角色；集團採取更開放的態度，在董事局及高級管

9　Habbershon, et. al., 2010, pp.1-37.

10　陳裕光及羅碧靈的簡歷於第一章已有敘述；羅開光是羅騰祥的兒子，於香港出生，中學畢業後赴美國深造，獲史丹福大學化學工程碩士學位。1982 年加入「大家樂」，曾擔任過副行政總裁、行政總裁、首席執行官。2016 年退任管理層職務後出任董事局主席。

理局吸納更多非家族的專業人士加入。目前董事會由家族成員羅開光擔任主席，董事局一半成員是非家族成員；高級管理局方面，由家族成員羅德承出任 CEO，除了羅名承，其他成員全部是非家族成員，以專業水準負責日常管理及決策。

從工作文化和監督系統而言，加強非家族專業經理的角色為家族企業帶來了新的挑戰。傳統的家族企業裡，家族經理是公司老闆，即使決策出錯，下屬通常不敢反對，家族經理憑個人判斷下決定，是對是錯全由個人承擔後果，毋須向其他人交代，因此決策和執行上比較簡單和靈活。引入專業管理層後，凡事都要有計劃、方案、應變措施，而且要擬定階段性里程、預設具體目標和成果，無論計劃成敗都要向董事會交代和負責。

羅德承是家族企業的第三代繼承人，在香港出生，中學畢業後赴英國深造，獲醫學物理學博士學位，曾參與醫學研究工作；1998 年加入「大家樂」，2016 年接任 CEO 之職。那麼，他是專業經理抑或是家族經理？羅德承毫不猶豫地答道：

「我是以家族成員的身份擔當專業 CEO 的角色。CEO 獲得董事局授權去帶領企業發展，有什麼策略或者方案，我必須向董事局解釋，得到集體共識後便全力去把它完成；若計劃不成功，必須向董事局解釋原因，然後跟大家議定下一步的應變方案。

無論是家族或非家族 CEO，都必須認同企業的精神和文化，爭取董事局的信任，與董事局的溝通更是不可或缺。他不單要準確拿捏市場的變化，還要將市場的信息與董事局保持溝通，使大家在營運方針和政策上建立共識。」

這種專業執行與董事局監督的模式正在形成中，日後「大家樂」的企業管治模型將會有更清晰的分權、問責和監察機制。那麼，集團的企業管治傳承是否已經非常完備？

傳統的家族企業傳承安排比較簡單，新一代家族成員從上一代手上接任家族經理，同時繼承股權和管理權，家族成員親掌管理權，自己的生意當然會著緊它的盈虧存亡。假若企業的繼承方式是將所有權和管理權分拆，家族成員只保留所有權，將管理權

交由非家族專業經理接棒，萬一個別專業經理過於短視，以致經營不善令企業蒙受損失，他大可辭職引退，但家族股東便要承擔後果。因此，一些企業或許授予非家族專業經理部份股權，令專業經理將企業視為自己的事業，用心維護股東的利益。「大家樂」創辦人早已明白僱員與股東利益未必一致的問題，因此一直推行員工認股權計劃，讓僱員成為小股東，戮力為自己及公司創造財富。假如將來「大家樂」任用非家族成員出任 CEO，將以什麼方式處理這個問題？將是集團必須面對的挑戰。

總的來說，「大家樂」已有一套現代化的家族企業傳承理念：透過現有的管治架構，疏解家族成員之間可能出現的紛爭；吸納專才智慧加入管理層，促進集團的發展；以及平衡董事局和專業管理層之間的制衡關係，保障股東的權益。在這些方向下，集團正探索其中的具體環節，例如家族股東與專業經理之間的關係應該如何界定；兩者之間的制衡關係之中如何達至平衡，以免董事局過於寬鬆，等於一枚橡皮圖章，或是掌控過嚴，變成執行董事局。

# 企業的持續發展

有研究發現，家族企業經過幾代承繼後，逐漸失去競爭力，原因是創業者憑藉創意和雄心開創商機，第二代則以守業為重，第三代已忘卻創業者的精神 **11**。大家樂已經歷了三代人，將秉承過去 50 年的創業精神，令品牌、人才、管治架構繼續傳承，企業得以持續發展。集團還引入新思維，將企業與社會持續發展的目標相互結合。

社會持續發展的討論由來已久 **12**，近年，聯交所制定了可持續發展的框架 **13**，要求上市公司在環境、員工、顧客等各方面承擔責任，通過適當措施保障社會可持續發展，例如企業不能為了賺錢，令環境污染，或損害員工和顧客的利益。其實，社會可持續發展的理念，與家族企業的長遠利益，原則上是一致的，試想企業為了追求短期利益，剝削員工與欺騙顧客，企業最終無法挽留員工，被顧客離棄，利潤自然減少，最終難以生存。

「大家樂」明白箇中道理，在制定集團的可持續發展政策時，並沒有視為應付聯交所的例行公事，而是先總結集團歷來累積的經驗，並且分析企業長青的因素，從而擬訂出四項可持續發展政策：第一項是關於顧客滿意度；第二項是關顧員工；第三項是關心環保和資源優化；第四項是社區關懷、回饋社會。這四個方面是環環相扣，互為影響的。「大家樂」的定位是社區飯堂，企業能夠持續發展，視乎顧客是否滿意，這有賴員工能否向顧客提供適切服務，若要留住顧客，集團必須善待員工。相反，若果集團刻薄員工，員工將怒氣發洩到顧客身上，顧客便會離棄「大家樂」，企業無法生存便談不上傳承下去。顯而易見，企業傳承的理念可通過企業可持續發展政策得以落實。

11  Habbershon, et. al., 2010, pp.1-37.

12  根據聯合國於 1987 年發表的《我們的共同未來》（又稱布倫特蘭報告），「可持續發展」的概念是既滿足當代的需要，又不損及子孫後代滿足自身需要能力的發展過程。

13  自 2016 年 1 月 1 日開始的財政年度起，《上市規則》規定上市公司必須根據《環境、社會及管治報告指引》（以下簡稱《指引》）發表報告，報告一般稱之為「可持續發展報告」。《指引》包括環境及社會兩個範疇，「環境」範疇分為三項層面：排放物、資源使用，以及環境及天然資源；「社會」範疇分為八項層面：僱傭、健康與安全、發展及培訓、勞工準則、供應鏈管理、產品責任、反貪污，以及社區投資。上市公司須就兩個範疇共 11 個層面作一般政策性披露，再者，若有關層面的法律及規例出現變化，對企業有重大影響也須披露。網上資料：〈有關 2016/2017 年發行人披露環境、社會及管治常規情況的報告〉（2018 年 5 月）。《香港聯合交易所》。

第三項有關資源優化，看似跟企業的可持續發展拉不上關係，細問之下原來是息息相關的，且聽羅德承的闡述：

「做每一門生意都要投放資本，尤其是快餐生意，生產量大，投放資本高，但毛利率低，根本不容許我們浪費資源，如何控制食物成本？應該使用多少能源？面對割喉式的市場競爭，我們在這些資源使用的安排上，一定要有準確的估算，換言之，企業的角度是關心成本效益，社會的角度是善用資源，保護環境。所以企業持續發展與環境保護其實是殊途同歸的。」

2017年，「大家樂」舉辦的「區區開年飯」活動。透過盆菜等新年食品，與街坊一同分享節日氣氛，推動社區關懷。

事實上，社會對環境保護的呼聲愈來愈高，例如近期社會推廣「走塑」，即減少使用即棄塑膠餐具；又或英國、美國等對汽水飲品徵收糖稅等。面對環保的社會訴求，加上在全球一體化下，香港將會採納更多國際性的環境保護法規，「大家樂」的挑戰是不斷優化資源的運用，減少對環境的負面影響，以配合社會的可持續發展。羅德承明確指出：

「我們的原則是在顧客、員工、社會與環境之間必須找到平衡，投放的資源必須要讓顧客、員工和社會都感到合理，不可以偏重任何一面。可持續發展必須顧及各方面的利益，用形象化一點的說法，好像玩雜耍一樣，我們在同一時間拋出四個球，不能讓任何一個球掉到地上，否則遊戲便要結束了。」

# 總結

　　一間企業經過 50 年，為下一代建立了品牌、培訓了人才，以及組織了管治架構；讓下一代可以承先且可以持續發展的，還有企業精神和文化。無論是開拓市場、創立新業務，以及經營分店，集團各工作團隊均秉持不斷學習、創新、靈活應變，更是不怕失敗，懂得從中吸收經驗、以迎戰下一階段的挑戰。羅德承對傳承和持續發展有這樣的總結。

　　「我深信香港和廣東的餐飲市場正持續發展，『大家樂』在市場已經佔有優勢，我們應該善用目前的優勢增加自己的競爭力，穩佔市場地位。若果我們不思進取，很快便會被競爭對手所取代。做生意好像處於河流的漩渦中，不是旋向上便是旋向下，你是無法死守在原來的位置的，你的平衡動作做得對了，便可以在漩渦中向上旋，平衡動作做錯了，便會被漩渦捲下去。」

　　「大家樂」的傳承理念未必涉及深奧的理論，羅德承這個比喻一言以蔽之，做人做事「不進則退」，同時要找到平衡。套用這個理論來總結「大家樂」的傳承方向，就是要平衡顧客、員工、股東之間的利益；平衡管理層、董事局之間的信任、溝通和權力問責；平衡企業利潤、社會可持續發展的要求。各方的要求都得到平衡，企業便可以持續發展下去。

　　要平衡各方利益的道理看似簡單，但實行起來卻絕不容易。隨著市場的變化、時代的進步，不能「一本通書讀到老」，所謂承先啟後，集團必須承著過去所累積的成果，繼續放膽嘗試，細心觀察和反思，然後總結經驗，修改不足之處，然後再嘗試、再總結、再修改，不斷在漩渦中力爭上游並達至平衡。

　　「大家樂」要開創下一個 50 年，集團必須保持與時並進的企業文化，為此，團隊要時常留心身邊的事物、時代的轉向，拒絕定型。未必時刻都能走在別人的前方，然而，一旦選擇了方向，定必全力以赴，迎難而上，才不會被時代和社會淘汰。

# 參考資料

## 中文資料

### 書籍（依作者姓氏筆劃順序）

吳昊（1988）——《懷舊香港地》｜香港：博益出版社。

吳淑君（1997）——〈尖沙咀貧膚時〉。載張月鳳（編），《環頭環尾私檔案》（頁 16-19）｜香港：進一步。

李提慧、沙律、王天虹（2002）——〈百貨公司之死——八佰伴與師奶走過的日子〉。載吳俊雄、張志偉（編），《閱讀香港普及文化》（頁 374-379）｜香港：牛津大學出版社。

馬家輝（2002）——〈流行與分眾／百貨公司之死〉。載吳俊雄、張志偉（編），《閱讀香港普及文化》（頁 58-68）｜香港：牛津大學出版社。

郭少棠（編）（2002）——《走進社區覓舊情——尋找油尖旺舊人舊事》｜香港：油尖旺區議會、香港中文大學社區文化研究小組。

莊玉惜（2011）——《街邊有檔大牌檔》｜香港：三聯書店。

梁炳華（2008）——《觀塘風物志》｜香港：觀塘區議會。

梁美儀（1999）——《家：香港公屋四十五年》｜香港：香港房屋委員會。

梁款（2002）——〈西環人在八佰伴〉。載吳俊雄、張志偉（編）（修訂版），《閱讀香港普及文化：1970-2000》（頁 371-373）｜香港：牛津大學出版社。

黃夏柏（2007）——《憶記戲院記憶》｜香港：麥穗出版社。

黃敬業（2013）——《水上人家：筲箕灣人介紹筲箕灣》｜香港：Warrior Books。

陳惠英（1993）——〈樂天知命電視劇〉。載梁秉鈞（主編），《香港的流行文化》（頁 165-179）｜香港：三聯書店。

陳鳳萍、張靜敏、林錦清、葉嘉鳳、李文滔（1989）——〈女人街〉。載呂大樂、大橋健一（編），《城市接觸——香港街頭文化觀察》（頁 105-121）｜香港：商務印書館。

蔡利民、江瓊珠（2008）——《為您做足 100 分：大家樂集團四十年的蛻變與發展》｜香港：天地圖書有限公司。

潘國靈（2005）——〈朗豪坊效應〉。《城市學：香港文化筆記》｜香港：Kubrick。

鄧鍵一（2006）——〈朗豪碎蘭街的毀滅與創造〉。載馬傑偉、陳智遠（主編），《六個中國城市的十五條街道：逛街、看風景，透視超現代城市生活》（頁 72-85）｜香港：Roundtable Publishing，香港中文大學研究院傳播學部。

薛求理（2014）——《城境，香港建築 1946-2011》｜香港：商務印書館。

蕭國健（2000）——《油尖旺區風物志》｜香港：油尖旺區議會。

鍾寶賢（2004）——《香港影視業百年》｜香港：三聯書店。

鍾寶賢（2016）——《太古之道》｜香港：三聯書店。

饒秉才、歐陽覺亞、周無忌（編）（2001）——《廣州話方言詞典》（第三版）｜香港：商務印書館。

### 期刊（依期刊筆劃順序）

〈中國之通貨膨脹〉（1995 年 6 月）——《恒生經濟月報》。

〈中國的外來直接投資：趨勢與展望〉（1994 年 12 月）——《恒生經濟月報》。

〈中國的經濟狀況〉（1994 年 8 月）——《恒生經濟月報》。

〈中國經濟現況及其對香港的影響〉（1993 年 6 月）——《恒生經濟月報》。

《香港年鑑》（歷年）｜香港：華僑日報出版社。

《香港電話號碼簿》（歷年）｜香港：香港電話公司。

〈送別難忘的一九九二年〉（1993 年 9 月）——《1993 年香港經濟年鑑》（頁 48）｜香港：經濟導報。

《茶點》（1959）——新年特大號。

### 新聞媒體資料（依出版日期順序）

〈太平洋飲冰室開幕〉（1920 年 9 月 26 日）——《華字日報》。《華字日報》是香港開埠初期的中文報章。

〈安樂園冰室廣告〉（1922 年 12 月 1 日，1932 年 11 月 3 日）——《華字日報》。

郁琅（1939 年 1 月 15 日）——〈食在香港〉｜《申報》（香港版）。《申報》是中國近現代史上最早出版的報紙，有上海版（1872-1949）、漢口版（1938）、香港版（1938-1939）等不同期數，是研究清末至民國時期的中國國情、社會和對外關係的重要資料素材。

〈解決午中區午餐擠迫 嘉頓供應盒裝快餐〉（1965 年 7 月 25 日）——《工商晚報》。

〈冠華餐廳 特價快餐〉（1966 年 10 月 6 日）——《華僑日報》。

〈十月又有 235 家三資企業落戶企業落戶〉（1992 年 11 月 9 日）——《深圳特區報》。

〈11 月 23 日—11 月 26 日國務院糾風辦在廣州召開糾正行業不正之風工作座談會〉（1994 年 11 月 28 日）——《人民日報》。

〈學校飯盒中毒無一檢控，食環署解釋證據不足〉（2000 年 7 月 14 日）——《蘋果日報》。

〈小學全日制未落實學校午餐市場先開戰〉（2002 年 10 月 12 日）——《經濟一週》。

〈闊別八載「大家樂」再登陸上海〉（2004 年 11 月 11 日）——《香港經濟日報》。

〈觀塘蛻變潮，工廈先嚐甜頭〉（2007 年 1 月 6 日）——《經濟一週》。

〈東九龍甲廈平均呎租 17 元，空置率跌至 20%〉（2009 年 12 月 1 日）——《星島日報》。

〈活化觀塘〉（2012 年 7 月 14 日）——《再展風華》｜香港：亞洲電視。

〈好噁！ 782 噸餿水油變香豬油 高雄強冠企業涉嫌販售劣質油，

恐有653噸流入市面〉（2014年9月5日）——《工商時報》。

〈港沒進口台灣劣質豬油〉（2014年9月9日）——《香港政府新聞公告》。

〈禁售豬油增至25款〉（2014年9月12日）——《香港政府新聞公告》。

〈粵港澳大灣區規劃現雛形2030成全球第一〉（2017年7月11日）——《香港經濟日報》。

機構刊物（依出版日期排序）

《香港年報》（歷年）｜香港：政府印務局。

《食物業規例》（第132X章）第31條。

《小販（認可區）宣布》［第132章第83B（4）條］——《1975年第70號法律公告》。

政府統計處（1978至2017，歷年）——《香港統計年刊》｜香港：政府印務局。

政府統計處（1980-2017，歷年）——《進出口貿易、批發及零售業以及住宿及膳食服務業的業務表現及營運特色》。https://www.censtatd.gov.hk/hkstat/sub/sp320_tc.jsp?product-Code=B1080002

政府統計處（1984-2018，歷年）——《食肆的收入及購貨額按季統計調查報告》。https://www.censtatd.gov.hk/hkstat/sub/sp320_tc.jsp?productCode=B1080002

政府統計處（2007-2017，歷年）——《香港——知識型經濟》。https://www.censtatd.gov.hk/hkstat/sub/sp120_tc.jsp?productCode=FA100040

《沙田工商指南》（1986）｜香港：沙田區議會。

屯門區議會工商業委員會（編）（1988）——《屯門的工業發展一九八八年調查》｜香港：屯門區議會。

《中國經濟改革狀況報告》（1992年8月）｜香港：香港貿易發展局研究部。

《調查政府與醫院管理局對嚴重急性呼吸系統綜合症爆發的處理手法專責委員會報告》（2004年7月）｜香港：立法會專責委員會。

〈淘大花園的疫情〉（2004年7月）——《調查政府與醫院管理局對嚴重急性呼吸系統綜合症爆發的處理手法專責委員會報告》｜香港：立法會「調查政府與醫院管理局對嚴重急性呼吸系統綜合症爆發的處理手法專責委員會」。

《旺角購物區地區改善計劃，行政摘要》（2009）｜香港：規劃署。

《2009-2010年度施政報告》。

《起動九龍東》宣傳冊子（2011）。

《中國餐飲行業發展報告2017》（2017年8月）｜北京：商務部服務貿易和商貿服務業司。

《粵港澳大灣區概況》（2018年2月23日）｜香港：立法會秘書處資訊服務部資料研究組。

香港歷史檔案館資料（依出版日期排序）

Press statement on urban council's decision to illegal food caterers (issued on 16/1/73)——檔案編號：HKRS70-6-629-2。

UMELCO visit to Central District on 12 th December 1973——檔案編號：HKRS337-4-6968，文件編號1。

UMELCO visit to Central District on 12 th December 1973——檔案編號：HKRS337-4-6968，文件編號3。

「大家樂」刊物（依最早出版日期排序）

《滿Fun》（1983年7月創刊號至1993年10月第42期）。

鄺文、朱子義（1983年9月1日）——《大家樂食譜》。

《大家樂企業有限公司年報》（1986-2018，歷年）。

《大家樂集團有限公司可持續發展報告》（2007-2018，歷年）。

網上資料（依網站筆劃排序）

〈2017-2018年中國在線餐飲外賣市場研究〉（2018年1月17日）——《艾媒網》。http://www.iimedia.cn/60449.html

〈支持環保海鮮〉——《世界自然基金會》。https://www.wwf.org.hk/whatwedo/oceans/supporting_sustainable_sea-food/

〈世界發展指標〉——《世界銀行資料庫》。http://databank.worldbank.org/data/reports.aspx?source=world-develop-ment-indicators

〈觀塘市中心計劃〉——《市區重建局》。https://www.ura.org.hk/tc/project/redevelopment/kwun-tong-town-centre-project

〈沙田今昔人物專訪〉——《馬鞍山民康促進會》。http://mos.hk/shatin/10/11/19

〈食物安全焦點（二零一三年一月第七十八期）〉——《食物安全中心》。http://www.cfs.gov.hk/tc_chi/multimedia/multimedia_pub/multimedia_pub_fsf_78_01.html

〈食物安全焦點（二零一六年三月第一百一十六期）〉——《食物安全中心》。http://www.cfs.gov.hk/tc_chi/multimedia/multime-dia_pub/multimedia_pub_fsf_116_01.html

〈食物安全專頁：產自台灣的「劣質油脂」〉——《食物安全中心》。http://www.cfs.gov.hk/tc_chi/whatsnew/whatsnew_fst/whatsnew_fst_Substandard_Oil_Produced_in_Taiwan.html

〈徙置區〉——《香港地方》。http://www.hk-place.com/view.php?id=203

〈建設及建築物〉——《香港地方》。http://www.hk-place.com/view.php?id=200

〈房委會物業位置及資料〉——《香港房屋委員會》。http://www.housingauthority.gov.hk/tc/global-elements/estate-loca-tor/detail.html

〈往昔家園：從寮屋到公屋〉——《香港記憶》。http://www.hkmemory.hk/collections/public_housing/land_squatters/index_cht.html

〈香港童軍發展史〉——《香港童軍總會》。http://www.scout.org.hk/chi/history/hohks/00000561.html

《香港影庫》。http://hkmdb.com/db/people/view.mhtml?id=18653&display_set=big5

〈有關2016/2017年發行人披露環境、社會及管治常規情況的報告〉（2018年5月）——《香港聯合交易所》。http://www.hkex.com.hk/listing/rules-and-guidance/other-resources/listed-issuers/environmental-social-and-governance/ex-change-publications-on-esg?sc_lang=zh-hk

〈太古城〉——《維基百科》。https://zh.wikipedia.org/wiki/ 太古城

〈香港已結業戲院列表〉——《維基百科》。https://zh.wikipedia.org/ 香港已結業戲院列表

〈馮兩努〉——《維基百科》。https://zh.wikipedia.org/wiki/%E9%A6%AE%E5%85%A9%E5%8A%AA

# 英文資料

書籍、報告、期刊、報章（依作者姓氏字母排序）

Al, S. (ed.) (2016). *Mall city: Hong Kong's dreamworlds of consumption*. Hong Kong: Hong Kong University Press.

Atsmon, Y., & Magni, M. (March 2012). Meet the Chinese consumer of 2020. *McKinsey Quarterly*. https://www.mckinsey.com/featured-insights/asia-pacific/meet-the-chinese-consumer-of-2020

Bell, D., & Shelman, Mary L. (2011). KFC's radical approach to China. *Harvard Business Review: HBR, 89*(11), 137-142.

Bristow, M.R. (1989). *Hong Kong's new towns: A selective review*. Hong Kong: Oxford University Press.

Census and Statistics Department (1969). *Hong Kong statistics, 1947-1967*. Hong Kong: Government Printer.

Census and Statistics Department (1978 -1994). *Hong Kong annual digest of statistics*. Hong Kong: Government Printer.

Census and Statistics Department (1975). *The household expenditure survey 1973-74 and the consumer price indexes* (p.63). Hong Kong: Government Printer.

Denman, Gillian P. (1966, July 26). Dear hamburgers. [Letter to the editor]. *South China Morning Post*, p.13.

Far East Enterprises. (1953). *Faree's tourists guide to Hong Kong*. Hong Kong: Far East Enterprises.

Habbershon, Timothy G. et. al. (2010). "Transgenerational entrepreneurship." In Mattias Norqvist and Thomas M. Zell-weger (eds.), *Transgenerational entrepreneurship: Exploring growth and performance in family firms across generations* (pp.1 -37). Glos and Northampton, MA: Edward Edgar Publishing Ltd.

Hong Kong Research (August 1992). *Hong Kong smaller companies review*. Hong Kong: Baring Securities.

Hongkong Burger (1966, July 30). Price of hamburgers. [Letter to the editor]. *South China Morning Post*, p.13.

Kharas, H. (2017). *The unprecedented expansion of the global middle class: An update*. The Brookings Institution. https://www.brookings.edu/research/the-unprecedented-expansion-of-the-global-middle-class-2/

Love, J. (1995). *McDonald's : Behind the arches (Rev. ed.)* (pp.9-29). New York: Bantam Books.

Lui, T.L. (2001). The malling of Hong Kong. In G. Mathews and T.L. Lui (Eds.), *Consuming Hong Kong* (pp.23 -45). Hong Kong: Hong Kong University Press.

Phoon, Chung-ching Clara. (1957). *The development of Shaukiwan*. Thesis (B.A.). Hong Kong: The University of Hong Kong.

SARS Expert Committee (2003). *SARS in Hong Kong: From experience to action*. Hong Kong: SARS Expert Committee.

Territory Development Department. (1997). *Tseung Kwan O and Sai Kung development programme*. Hong Kong: Territory Development Department.

World Commission on Environment and Development & Bruntland Commission (1987). *Our common future: Report of the world commission on environment and development*.

網上資料（依網站字母排序）

Frequently Asked Questions on Food Supply of Hong Kong, *Food and Health Bureau*. https://www.fhb.gov.hk/download/press_and_publications/otherinfo /110318 _food_supply_faq/e_food_supply_faq.pdf

*Hong Kong Refugee Camp 1975 -2000*. http://www.refugeecamps.net/HKStory.htm

About ISO, *International Organization for Standardization*. https://www.iso.org/about-us.html

Group Profile, *Sodexo Group*. https://sodexo.com/home/group/profile.html

TheDataBlog, *The World Bank*. https://blogs.worldbank.org/opendata/new-country-classifications-income-level-2017-2018

United Nations, Department of Economic and Social Affairs, Population Division (2017). *World Population Prospects: The 2017 Revision*. https://population.un.org/wpp/

三聯書店
http://jointpublishing.com

JPBooks.Plus
http://jpbooks.plus

責任編輯　寧礎鋒
版式設計　麥繁桁
封面設計　麥穎思

香港人的大食堂——再創嚐樂新世紀
作者　王惠玲、高君慧

出版　　三聯書店（香港）有限公司
　　　　香港北角英皇道四九九號北角工業大廈二十樓
　　　　Joint Publishing (H.K.) Co., Ltd.
　　　　20/F., North Point Industrial Building,
　　　　499 King's Road, North Point, Hong Kong
香港發行　香港聯合書刊物流有限公司
　　　　香港新界大埔汀麗路三十六號三字樓
印刷　　美雅印刷製本有限公司
　　　　香港九龍觀塘榮業街六號四樓 A 室
版次　　二〇一八年九月香港第一版第一次印刷
規格　　十六開（170 mm × 240 mm）二百八十面
國際書號　ISBN 978-962-04-4394-7